駿台受験シリーズ

国公立標準問題集 第3版

CanPass

数学III・C

[複素数平面, 式と曲線]

桑田 孝泰・古梶 裕之 共著

問題編

駿台文庫

目　次

（各章の収録大学名は五十音順）

1

［A］福井大学，［B］鹿児島大学 | ★★☆ | 各20分

［A］　$z=\dfrac{1}{4}\{(\sqrt{3}+1)+(\sqrt{3}-1)i\}$ とする．ただし，i は虚数単位である．

(1)　z^2 の極形式を求めよ．ただし，偏角 θ は $0\leqq\theta<2\pi$ とする．

(2)　z^{13} の値を求めよ．

［B］　方程式 $z^4=-1$ を解け．

2

佐賀大学 | ★★☆ | 各15分

0 でない複素数 z の極形式を $r(\cos\theta+i\sin\theta)$ とするとき，次の複素数を極形式で表せ．ただし，$0\leqq\theta<2\pi$ とし，また z と共役な複素数を $\bar{z}$ で表す．

(1)　$-\bar{z}$

(2)　$\dfrac{1}{z^2}$

(3)　$z-|z|$

3

琉球大学｜★★☆｜各20分

i を虚数単位とし，$z = \cos\dfrac{2\pi}{5} + i\sin\dfrac{2\pi}{5}$ とおく．次の問いに答えよ．

(1) z^5 および $z^4 + z^3 + z^2 + z + 1$ の値を求めよ．

(2) $t = z + \dfrac{1}{z}$ とおく．$t^2 + t$ の値を求めよ．

(3) $\cos\dfrac{2\pi}{5}$ の値を求めよ．

(4) 半径 1 の円に内接する正五角形の 1 辺の長さの 2 乗を求めよ．

4

千葉大学｜★★★｜各25分

$z = \cos\dfrac{2\pi}{7} + i\sin\dfrac{2\pi}{7}$ （i は虚数単位）とおく．

(1) $z + z^2 + z^3 + z^4 + z^5 + z^6$ を求めよ．

(2) $\alpha = z + z^2 + z^4$ とするとき，$\alpha + \overline{\alpha}$，$\alpha\overline{\alpha}$ および α を求めよ．ただし，$\overline{\alpha}$ は α の共役複素数である．

(3) $(1-z)(1-z^2)(1-z^3)(1-z^4)(1-z^5)(1-z^6)$ を求めよ．

5

[A] 0でない複素数 z に対し, $\alpha = z + \dfrac{1}{z}$, $\beta = iz + \dfrac{1}{iz}$ とする. ただし, i は虚数単位とする. 次の問いに答えよ.

(1) α が実数となる点 z の全体が表す図形を, 複素数平面上に図示せよ.

(2) 等式 $|\alpha| = |\beta|$ を満たす点 z の全体が表す図形を, 複素数平面上に図示せよ.

[B] 複素数平面上の点 z と点 w の関係は, $w = \dfrac{z-i}{z+i}$ であるとする. ただし, i は虚数単位である.

(1) $z = 1 - 2i$ のとき, w の実部を求めよ.

(2) 点 w が点 $-1+i$ を中心とする半径 1 の円周上を動くとき, 点 z が描く図形を複素数平面上に図示せよ.

[C] (1) 複素数平面上で関係式 $2|z-i| = |z+2i|$ を満たす複素数 z の描く図形 C を求め, 図示せよ.

(2) 複素数 z が(1)の図形 C 上を動くとき, $w = \dfrac{iz}{z-2i}$ の描く図形を求め, 図示せよ.

6

複素数平面上において, 右図のように三角形 ABC の各辺の外側に正方形 ABEF, BCGH, CAIJ をつくる.

(1) 点 A, B, C がそれぞれ複素数 α, β, γ で表されているとき, 点 F, H, J を α, β, γ の式で表せ.

(2) 3つの正方形 ABEF, BCGH, CAIJ の中心をそれぞれ P, Q, R とする. このとき線分 AQ と線分 PR は長さが等しく, AQ⊥PR であることを証明せよ.

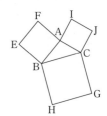

7

複素数平面上を，点 P が次のように移動する.

1. 時刻 0 では，P は原点にいる. 時刻 1 まで，P は実軸の正の方向に速さ 1 で移動する. 移動後の P の位置を $Q_1(z_1)$ とすると，$z_1 = 1$ である.

2. 時刻 1 に P は $Q_1(z_1)$ において進行方向を $\frac{\pi}{4}$ 回転し，時刻 2 までその方向に速さ $\frac{1}{\sqrt{2}}$ で移動する. 移動後の P の位置を $Q_2(z_2)$ とすると，$z_2 = \frac{3+i}{2}$ である.

3. 以下同様に，時刻 n に P は $Q_n(z_n)$ において進行方向を $\frac{\pi}{4}$ 回転し，時刻 $n+1$ までその方向に速さ $\left(\frac{1}{\sqrt{2}}\right)^n$ で移動する. 移動後の P の位置を $Q_{n+1}(z_{n+1})$ とする. ただし n は自然数である.

$\alpha = \frac{1+i}{2}$ として，次の問いに答えよ.

(1) z_3, z_4 を求めよ.

(2) z_n を α, n を用いて表せ.

(3) P が $Q_1(z_1)$, $Q_2(z_2)$, …… と移動するとき，P はある点 $Q(w)$ に限りなく近づく. w を求めよ.

(4) z_n の実部が(3)で求めた w の実部より大きくなるようなすべての n を求めよ.

8

n を 2 以上の整数とする. 複素数平面上の原点を中心とし，半径 1 の円を n 等分する円周上の点を A_1, A_2, ……, A_n とする. 線分 A_1A_n, A_2A_n, ……, $A_{n-1}A_n$ の長さをそれぞれ a_1, a_2, ……, a_{n-1} とするとき，$a_1 a_2 \cdots\cdots a_{n-1} = n$ であることを証明せよ.

9

［A］山梨大学，［B］愛知教育大学 | ★☆☆ | 各15分

［A］　方程式 $2y^2+3x+4y+5=0$ の表す放物線の焦点の座標は $(\boxed{},\boxed{})$

であり，準線の方程式は $\boxed{}$ である．

［B］　(1)　点 A$(2,\ 0)$ を中心とする半径1の円と直線 $x=-1$ の両方に接し，点
A を内部に含まない円の中心の軌跡は放物線を描く．この放物線の方程
式，焦点の座標，準線の方程式を求めよ．

　(2)　$a>0$ に対して，Q$(-a,\ 0)$ とする．この放物線上の点 P が，AP＝AQ
を満たすとき，直線 PQ の方程式を求めよ．

　(3)　直線 PQ はこの放物線の接線であることを示せ．

10

［A］山梨大学，［B］名古屋市立大学 | ★★☆ | 各15分

［A］　楕円 $9x^2+4y^2+36x-40y+100=0$ の2つの焦点のうち，y 座標が大きい
方の座標は $\boxed{}$ である．この楕円の長軸の長さは $\boxed{}$ である．

［B］　円 $C:x^2+y^2=1$ と点 A$(x_0,\ 0)$ があり，
$0<x_0<1$ とする．原点 O と円 C 上の点 B を通る
直線 l_1 と線分 AB の垂直二等分線 l_2 の交点を P
とする．点 B が円 C 上を動くとき，点 P の軌跡
の方程式を求めよ．また，その方程式が表す図形
を図示せよ．

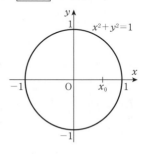

11

[A]　頂点間の距離が24であり，焦点が$(20,\ 0)$と$(-20,\ 0)$である双曲線の方程式を求めよ．

[B]　方程式$\dfrac{x^2}{2-t}+\dfrac{y^2}{1-t}=1$で表される2次曲線について，次の問いに答えよ．ただし，$t \neq 1$，$t \neq 2$とする．

(1)　2次曲線$\dfrac{x^2}{2-t}+\dfrac{y^2}{1-t}=1$が点$(1,\ 1)$を通るとき，$t$の値を定めよ．また，そのときの焦点の座標を求めよ．

(2)　定点$(a,\ a)$$(a \neq 0)$を通る2次曲線$\dfrac{x^2}{2-t}+\dfrac{y^2}{1-t}=1$は2つあり，1つは楕円，もう1つは双曲線であることを示せ．また，それらは同一の焦点をもつことを示せ．

12

楕円$C:\dfrac{x^2}{16}+\dfrac{y^2}{9}=1$の，直線$y=mx$と平行な2接線を$l_1$，$l_1{}'$とし，$l_1$，$l_1{}'$に直交する$C$の2接線を$l_2$，$l_2{}'$とする．

(1)　l_1，$l_1{}'$の方程式をmを用いて表せ．

(2)　l_1と$l_1{}'$の距離d_1およびl_2と$l_2{}'$の距離d_2をそれぞれmを用いて表せ．ただし，平行な2直線l，l'の距離とは，l上の1点と直線l'の距離である．

(3)　$(d_1)^2+(d_2)^2$はmによらず一定であることを示せ．

(4)　l_1，$l_1{}'$，l_2，$l_2{}'$で囲まれる長方形の面積Sをd_1を用いて表せ．さらにmが変化するとき，Sの最大値を求めよ．

$x^2 - y^2 = 2$ で表される曲線を C とし，$P(x_0,\ y_0)$ を C 上の点とする．次の問いに答えよ．

(1) 曲線 C の点 P における接線 l の方程式は

$$x_0 x - y_0 y = 2$$

となることを証明せよ．

(2) 原点 O から l に下ろした垂線を OH とする．H の座標を $(x_1,\ y_1)$ とするとき，x_1，y_1 を x_0 と y_0 で表せ．

(3) $F(1,\ 0)$, $F'(-1,\ 0)$ とする．$FH \cdot F'H$ は点 P のとり方によらず一定であることを証明せよ．また，その値を求めよ．

14

xy 平面上の点 $(x,\ y)$ が t を媒介変数として $x=5\cos t-2$，$y=3\sin t+1$ と表された楕円を C とする．また，C と直線 $x=2$ との交点のうち，y 座標が負であるものを A とする．

⑴　t を消去して x，y の方程式に直し，C の中心と焦点の座標を求めてその概形を図示せよ．

⑵　点 $(x,\ y)$ が点 A にあるとき，$\tan t$ の値を求めよ．また，点 A における楕円 C の接線を l とするとき，その傾きを求めよ．

⑶　l と x 軸との交点を T とする．T の座標を求めよ．

⑷　楕円 C の 2 つの焦点のうち，点 A に近い方の焦点を F とし，遠い方の焦点を G とする．G を通り，FA に平行な直線が l と交わる点を B とする．このとき，$\angle\mathrm{FAT}=\angle\mathrm{GAB}$ となることを示せ．

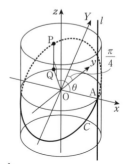

15 佐賀大学｜★★★｜30分

x 軸，y 軸，z 軸を座標軸，原点を O とする座標空間において，z 軸を中心軸とする半径 1 の円柱を考える．次に，x 軸を含み xy 平面とのなす角が $\dfrac{\pi}{4}$ となる平面を α とし，平面 α による円柱の切り口の曲線を C とする．また，点 A$(1,\ 0,\ 0)$ とする．さらに，曲線 C 上の点 P から xy 平面に下ろした垂線を PQ とし，$\angle$AOQ$=\theta\ (0\leqq\theta<2\pi)$ とする．このとき，次の問いに答えよ．

(1) 点 P の座標を θ を用いて表せ．

(2) 点 A を通り z 軸に平行な直線を l とする．l によって円柱の側面を切り開いた展開図の上に，曲線 C の概形をかけ．

(3) 図のように，平面 α と yz 平面の交線を Y 軸とする．xY 平面における曲線 C の方程式を求め，その概形をかけ．

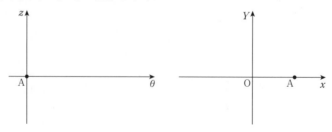

16

極方程式 $r = \dfrac{3}{2+\sin\theta}$ が表す曲線を C とする.

(1)　曲線 C を直交座標の方程式で表し，その概形をかけ.

(2)　x 軸の正の部分と曲線 C が交わる点を P とする. 点 P における曲線 C の接線の方程式を求めよ.

(3)　曲線 C の第 1 象限の部分と x 軸および y 軸で囲まれた図形の面積を求めよ.

17

座標平面上で，極方程式 $r = \sqrt{\cos 2\theta}$ が表す曲線の $0 \leqq \theta \leqq \dfrac{\pi}{4}$ に対応する部分を C とする.

(1)　曲線 C 上の点 P の直交座標 $(x,\ y)$ を θ の式で表せ.

(2)　曲線 C 上の点 Q の極座標を $(r,\ \theta)$ とする. 点 Q における C の接線の傾きが -1 であるとき θ の値を求めよ.

(3)　曲線 C と x 軸によって囲まれる図形の $x \geqq \dfrac{\sqrt{6}}{4}$ の部分の面積 S を求めよ.

18

a, b を正の実数とするとき，極限 $c = \lim\limits_{n \to \infty} \dfrac{1 + b^n}{a^{n+1} + b^{n+1}}$ を考える.

(1) $a = 2$, $b = 2$ のとき，c の値を求めよ.

(2) $a > 2$, $b = 2$ のとき，c の値を求めよ.

(3) $b = 3$ のとき，$c = \dfrac{1}{3}$ となる a の範囲を求めよ.

19

3点 $O(0, 0)$，$A(2, 0)$，$B(1, \sqrt{3})$ を頂点とする △OAB がある. 点 O から辺 AB に引いた垂線を OH_1 とする. 次に，点 H_1 から辺 OA に引いた垂線を H_1H_2，点 H_2 から辺 OB に引いた垂線を H_2H_3，点 H_3 から辺 AB に引いた垂線を H_3H_4 とする. 以下，辺 OA，OB，AB 上に，この順で垂線を引くことをくり返し，点 H_n を決め，線分 $H_{n-1}H_n$ の長さを a_n $(n \geqq 2)$ とする. $a_1 = OH_1$ とするとき，次の問いに答えよ.

(1) a_2, a_3, a_4 を求めよ.

(2) a_n を n を用いて表せ.

(3) $\lim\limits_{n \to \infty} a_n$ を求めよ.

20

和歌山県立医科大学 ｜ ★★★ ｜ 25分

　隣り合う辺の長さが a, b の長方形がある．その各辺の中点を順に結んで四角形をつくる．さらにその四角形の各辺の中点を順に結んで四角形をつくる．このような操作を無限に続ける．

(1)　最初の長方形も含めたこれらの四角形の周の長さの総和 S を求めよ．

(2)　関係 $a+b=1$ を満たしながら a, b が動くときの S の最小値を求めよ．

21

首都大学東京 ｜ ★★☆ ｜ 25分

　数列 $\{a_n\}$ を初項 $a_1=1$, 漸化式 $a_{n+1}=\sqrt{a_n+2}$ $(n\geqq1)$ により定義する．

(1)　すべての自然数 n に対して，$1\leqq a_n<2$ が成り立つことを証明せよ．

(2)　すべての自然数 n に対して，$2-a_{n+1}\leqq\dfrac{1}{2+\sqrt{3}}(2-a_n)$ が成り立つことを証明せよ．

(3)　数列 $\{a_n\}$ が収束することを示し，極限値 $\displaystyle\lim_{n\to\infty}a_n$ を求めよ．

[A] 無限等比級数 $\sum_{n=1}^{\infty}(3-2x)^n$ が収束するような実数 x の範囲と, そのときの

和を求めよ.

[B] x を実数とし, 次の無限級数を考える.

$$x^2+\frac{x^2}{1+x^2-x^4}+\frac{x^2}{(1+x^2-x^4)^2}+\cdots\cdots+\frac{x^2}{(1+x^2-x^4)^{n-1}}+\cdots\cdots$$

(1) この無限級数が収束するような x の範囲を求めよ.

(2) この無限級数が収束するとき, その和として得られる x の関数を $f(x)$
と書く. また, $h(x)=f(\sqrt{|x|})-|x|$ とおく. このとき, $\lim_{x\to 0}h(x)$ を求めよ.

(3) (2)で求めた極限値を a とするとき, $\lim_{x\to 0}\dfrac{h(x)-a}{x}$ は存在するか. 理由を

つけて答えよ.

[A] (1) $\lim_{x\to\infty}(\sqrt{x^2-3x+2}-x)=\boxed{}$

(2) $\lim_{x\to 3}\dfrac{\sqrt{x+k}-3}{x-3}$ が有限な値になるように, 定数 k の値を定め, その極限

値を求めよ.

[B] $\lim_{x\to 0}\dfrac{1-\cos 2x}{x^n}$ が 0 でない実数になるような自然数 n を求めよ.

24

　平面上に半径 1 の円 C がある．この円に外接し，さらに隣り合う 2 つが互いに外接するように，同じ大きさの n 個の円を図（例 1）のように配置し，その 1 つの円の半径を R_n とする．また，円 C に内接し，さらに隣り合う 2 つが互いに外接するように，同じ大きさの n 個の円を図（例 2）のように配置し，その 1 つの円の半径を r_n とする．ただし，$n \geqq 3$ とする．

(1)　R_6，r_6 を求めよ．

例 1：$n = 12$ の場合

例 2：$n = 4$ の場合

(2)　$\displaystyle \lim_{n \to \infty} n^2 (R_n - r_n)$ を求めよ．ただし，$\displaystyle \lim_{\theta \to 0} \frac{\sin \theta}{\theta} = 1$ を用いてよい．

25

　θ を $0 \leqq \theta \leqq \pi$ を満たす実数とする．単位円上の点 P を，動径 OP と x 軸の正の部分とのなす角が θ である点とし，点 Q を x 軸の正の部分の点で，点 P からの距離が 2 であるものとする．また，$\theta = 0$ のときの点 Q の位置を A とする．

(1)　線分 OQ の長さを θ を使って表せ．

(2)　線分 QA の長さを L とするとき，極限値 $\displaystyle \lim_{\theta \to 0} \frac{L}{\theta^2}$ を求めよ．

26

[A]宮崎大学, [B]長崎大学, [C]奈良教育大学 | ★★☆ | 各15分

[A] 次の関数を微分せよ. ただし, $\log x$ は x の自然対数を表す.

(1) $y = e^{\sqrt{x}}$ (2) $y = \dfrac{\log|\cos x|}{x}$

[B] $x \neq 1$ のとき, 等比数列の和の公式 $\displaystyle\sum_{k=0}^{n-1} x^k = \dfrac{x^n - 1}{x - 1}$ の両辺を x で微分せよ.

その結果を利用して, $\displaystyle\sum_{k=1}^{n-1} k x^k$ を求めよ.

[C] (1) 関数 $f(x) = \dfrac{1}{2}\left(x - \dfrac{1}{x}\right)$ $(x > 0)$ の逆関数を求めよ.

(2) 関数 $g(x) = \dfrac{1}{2}(e^x - e^{-x})$ の逆関数 $h(x)$ を求めよ.

(3) 上で求めた関数 $h(x)$ の導関数を求めよ.

27

［A］　(1)　$f(x)=(e^x+e^{-x})\sin x$ とおくとき，$f''(x)=0$ となる x を求めよ.

(2)　$g(x)=\sqrt{\dfrac{x^3(x+2)}{(x+1)^5}}$ $(x>0)$ とおくとき，$\dfrac{g'(x)}{g(x)}$ を求めよ.

［B］　n は 0 または正の整数とする.　$f_n(x)=\sin\left(x+\dfrac{n}{2}\pi\right)$ とするとき，次の問いに答えよ.

(1)　$\dfrac{d}{dx}f_0(x)=f_1(x)$,　$\dfrac{d}{dx}f_1(x)=f_2(x)$ を示せ.

(2)　$n>0$ のとき，$\dfrac{d^n}{dx^n}f_0(x)=f_n(x)$ を数学的帰納法を用いて示せ.

(3)　$0<x<\dfrac{\pi}{2}$ のとき，$g(x)=\dfrac{f_0(x)}{\sqrt{1-\{f_0(x)\}^2}}$ とする.　導関数 $\dfrac{d}{dx}g(x)$ を，$g(x)$ を用いて表せ.

28

[A] 曲線 $y=x^2$ の上を動く点 $P(x, y)$ がある．この動点の速度ベクトルの大きさが一定 C のとき，次の問いに答えよ．ただし，動点 $P(x, y)$ は時刻 t に対して x が増加するように動くとする．

(1) $P(x, y)$ の速度ベクトル $\vec{v}=\left(\dfrac{dx}{dt}, \dfrac{dy}{dt}\right)$ を x で表せ．

(2) $P(x, y)$ の加速度ベクトル $\vec{\alpha}=\left(\dfrac{d^2x}{dt^2}, \dfrac{d^2y}{dt^2}\right)$ を x で表せ．

[B] 自然数の底 e を，$e=\lim_{h \to 0}(1+h)^{\frac{1}{h}}$ により定義する．次の問いに答えよ．

(1) $\lim_{h \to 0}\dfrac{\log_e(1+h)}{h}=1$ を示せ．

(2) 関数 $f(x)=\log_e x$ の導関数を定義に従って求めよ．

(3) 関数 $y=e^x$ の導関数を逆関数の導関数の公式と(2)の結果を用いて求めよ．

29

[A] 関数 $y=x+\dfrac{1}{x^2}$ のグラフの概形をかけ．

[B] 関数 $y=\dfrac{x-3}{(x+1)(x-2)}$ の増減を調べ，極値を求めよ．また，そのグラフをかけ．ただし，グラフの凹凸は調べなくてよい．

30

関数 $y=f(x)=e^{-\frac{x^2}{2}}$ について，次の問いに答えよ．

(1) 第1次導関数 y' を求めよ．

(2) 第2次導関数 y'' を求めよ．

(3) 関数 $y=f(x)$ の増減，極値，グラフの凹凸および変曲点を調べて，そのグラフをかけ．

31

$x>1$ において $f(x)=\sqrt{x}-\log x$，$g(x)=\dfrac{x}{\log x}$ とするとき，次の問いに答えよ（ただし，対数は自然対数とする）．

(1) $f(x)>0$ を示せ．

(2) $g(x)>\sqrt{x}$ を示せ．これを用いて，$\displaystyle\lim_{x\to\infty}g(x)=\infty$ を示せ．

(3) $g'(x)$，$g''(x)$ を計算し，$g(x)$ の極値，変曲点の座標を求めよ．

(4) 関数 $y=g(x)$ のグラフをかけ．

32

点 O を中心とする半径 1 の円周上に 2 点 A, B をとり, $\angle AOB = 2\theta$ とする. θ の範囲を $0 < \theta < \dfrac{\pi}{2}$ とするとき, $\triangle AOB$ の内接円の半径の最大値を求めよ.

33

細長い長方形の紙があり, 短い方の辺の長さが a で長い方が $9a$ であったとする. 右図のように, この長方形の 1 つの角(かど)を反対側の長い方の辺に接するように折る. 図に示した 2 つの三角形 A, B について, 次の問いに答えよ.

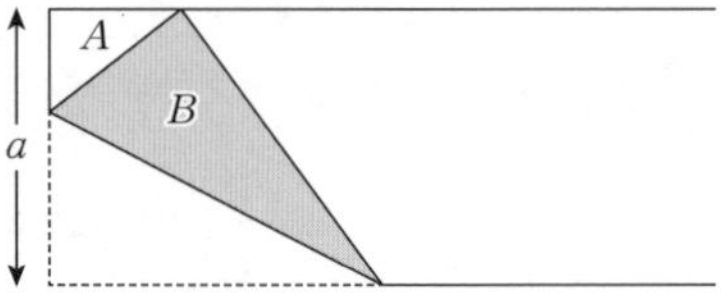

(1) 三角形 A の面積の最大値を求めよ.

(2) 三角形 B の面積の最小値を求めよ.

34

関数 $f(x)=x^3\log x$ $(x>0)$ について，次の問いに答えよ．ただし，

$\displaystyle\lim_{x\to+0} x^n\log x=0$ $(n=1,\ 2,\ 3,\ \cdots\cdots)$ を用いてよい．

(1) 第 1 次導関数 $f'(x)$ および第 2 次導関数 $f''(x)$ を求めよ．

(2) $f(x)$ の極値および変曲点の座標を求め，$f(x)$ のグラフの概形をかけ．

(3) a を定数とする．(2)のグラフを利用して，方程式 $f(x)=a$ の実数解 $(x>0)$ の個数を求めよ．

35

方程式 $a\cdot2^x-x^2=0$ が異なる 3 つの解をもつような実数 a をすべて求めよ．

関数 $f(x)=e^{-x}\sin x$ について次の問いに答えよ.

(1) 区間 $x>0$ における関数 $y=f(x)$ の極値とそのときの x の値を求めよ.

(2) x についての方程式 $f(x)=k$ が区間 $x>0$ においてちょうど4つの解をもつ ような定数 k の値の範囲を求めよ.

m, n を自然数とするとき,次の問いに答えよ.

(1) 関数 $f(x)=\dfrac{\log x}{x}$ は $x\geqq e$ において単調に減少することを示せ.

(2) $n>m\geqq 3$ のとき,$m^n>n^m$ が成り立つことを示せ.

(3) $2^n\leqq n^2$ を満たす n をすべて求めよ.

(4) $m^n=n^m$ を満たす自然数の組 $(m,\ n)$ をすべて求めよ.

38

(1) a を実数とするとき，関数

$$f(x)=(x-a)(e^x+e^a)-2(e^x-e^a)$$

について，$x>a$ ならば，$f(x)>0$ であることを示せ.

(2) 曲線 $y=e^x$ 上で，x 座標が a, b, $\log\dfrac{e^a+e^b}{2}$ $(a<b)$ である点をそれぞれ A，B，C とする．点 C における曲線 $y=e^x$ の接線の傾きは，直線 AB の傾きより大きいことを示せ.

39

関数 $f(x)=\log(x^2-x+2)$ $(0\leqq x\leqq1)$ に対して，次の問いに答えよ．ただし，対数は自然対数を表している.

(1) $y=f(x)$ $(0\leqq x\leqq1)$ の極値を求めよ.

(2) x についての方程式 $\log(x^2-x+2)=x$ は $\dfrac{1}{2}<x<1$ の範囲に実数解をただ1つもつことを示せ．必要であれば，$\log2<0.7$，$\log7>1.9$ であることを用いてよい.

(3) $y=f'(x)$ $(0\leqq x\leqq1)$ の最大値と最小値を求めよ.

(4) 平均値の定理を用いることで，$0\leqq a<b\leqq1$ となる実数 a, b に対して，$|f(b)-f(a)|<\dfrac{1}{2}|b-a|$ となることを示せ.

40　[A](1) 広島市立大学，(2) 岡山県立大学，[B][C]広島市立大学 | ★☆☆ | 各10分

[A]　次の不定積分を求めよ.

(1) $\displaystyle\int \frac{x^2}{2-x}dx$　　(2) $\displaystyle\int \frac{x+1}{x^2+x-2}dx$

[B]　次の不定積分を求めよ.

(1) $\displaystyle\int \log(1+2x)dx$　　(2) $\displaystyle\int \frac{1}{1+e^x}dx$

[C]　次の不定積分を求めよ.

(1) $\displaystyle\int \frac{\log x}{\sqrt[3]{x}}dx$　　(2) $\displaystyle\int \sin^9 x \cos x\, dx$　　(3) $\displaystyle\int \sin^9 x \cos^3 x\, dx$

41　[A](1) 宮崎大学，(2) 横浜国立大学，[B]奈良教育大学，[C]弘前大学，[D]埼玉大学 | ★★☆ | 各15分

[A]　次の定積分を求めよ.

(1) $\displaystyle\int_1^2 \frac{x-1}{x^2-2x+2}dx$　　(2) $\displaystyle\int_0^1 \sqrt{1+2\sqrt{x}}\,dx$

[B]　(1)　関数 $y=\sqrt{4-x^2}$ のグラフの概形を描け.

(2)　定積分 $\displaystyle\int_{-1}^1 \sqrt{4-x^2}\,dx$ を求めよ.

[C]　定積分 $\displaystyle\int_0^1 \{x(1-x)\}^{\frac{3}{2}}dx$ を求めよ.

[D]　(1)　$f(x)$ を区間 $0\leqq x\leqq 1$ で定義された連続関数とする. 次の等式が成り立つことを示せ.

$$\int_0^\pi xf(\sin x)dx=\frac{\pi}{2}\int_0^\pi f(\sin x)dx$$

(2)　$a>1$ とする. (1)を用いて，積分 $\displaystyle\int_0^\pi \frac{x(a^2-4\cos^2 x)\sin x}{a^2-\cos^2 x}dx$ を求めよ.

42

[A]　定積分 $I_n = \displaystyle\int_0^{\frac{\pi}{4}} \tan^n x \, dx$ （$n=1, 2, 3, \cdots\cdots$）について，次の問いに答えよ．

(1)　I_1，I_2 を求めよ．

(2)　I_{n+2} を I_n で表せ．

(3)　I_6 を求めよ．

[B]　自然数 n に対して，$S_n = \displaystyle\int_0^{\pi} \sin^n x \, dx$ とする．

(1)　S_1 および S_2 を求めよ．

(2)　$\dfrac{S_{n+2}}{S_n} = \dfrac{n+1}{n+2}$ を示せ．

(3)　$\displaystyle\lim_{n \to \infty} n S_n S_{n+1}$ を求めよ．

43

(1)　定積分 $\displaystyle\int_{-\pi}^{\pi} x \sin 2x \, dx$ を求めよ．

(2)　m，n が自然数のとき，定積分 $\displaystyle\int_{-\pi}^{\pi} \sin mx \sin nx \, dx$ を求めよ．

(3)　a，b を実数とする．a，b の値を変化させたときの定積分

$I = \displaystyle\int_{-\pi}^{\pi} (x - a \sin x - b \sin 2x)^2 dx$ の最小値，およびそのときの a，b の値を求めよ．

関数 $f(x)$ を $f(x)=\displaystyle\int_0^{\frac{\pi}{2}}|\sin t - x\cos t|\,dt\ (x>0)$ とおく.

(1) $a>0$ のとき, $a=\tan\theta$ を満たす $\theta\ \left(0<\theta<\dfrac{\pi}{2}\right)$ に対して, $\cos\theta$ を a を用いて表せ.

(2) $f(x)$ を求めよ.

(3) $f(x)$ の最小値とそのときの x の値を求めよ.

曲線 $y^2-2xy+x^3=0$ について, 次の問いに答えよ. ただし, x および y は $x\geqq 0,\ y\geqq 0$ の実数とする.

(1) y についての解を求めよ.

(2) 曲線の概形を描き, x および y のとり得る値の範囲を求めよ.

(3) 直線 $y=x$ と曲線のうち $y\geqq x$ を満たす線分で囲まれた部分の面積 S を求めよ.

46

曲線 $C_1 : y = \sin 2x$ $\left(0 \leqq x \leqq \dfrac{\pi}{2}\right)$ と x 軸で囲まれた図形が，曲線 $C_2 : y = k \cos x$

$\left(0 \leqq x \leqq \dfrac{\pi}{2},\ k \text{は正の定数}\right)$ によって 2 つの部分に分割されているとする．その

うちの，C_1 と C_2 で囲まれた部分の面積を S_1 とし，C_1 と C_2 および x 軸で囲まれた部分の面積を S_2 とする．

(1)　2 曲線 C_1，C_2 の，点 $\left(\dfrac{\pi}{2},\ 0\right)$ と異なる交点の x 座標を α とするとき，k を α

を用いて表せ．

(2)　S_1 を α を用いて表せ．

(3)　$S_1 = 2S_2$ のとき，k の値を求めよ．

47

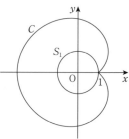

xy 平面上に原点 O を中心とする半径 1 の円 S_1 と，点 A を中心とする半径 1 の円 S_2 がある．円 S_2 は円 S_1 に外接しながら，すべることなく円 S_1 のまわりを反時計回りに一周する．点 A の出発点は $(2, 0)$ であり，円 S_2 上の点で，このとき $(1, 0)$ に位置している点を P とする．点 A が $(2, 0)$ から出発し，$(2, 0)$ に戻ってくるとき，点 P の描く曲線を C とすると，図のようになる．また，動径 OA と x 軸の正の部分とのなす角が θ $(0 \leqq \theta \leqq 2\pi)$ であるときの点 P の座標を $(x(\theta), y(\theta))$ とする．このとき，次の問いに答えよ．

(1) $x(\theta)$，$y(\theta)$ を θ を用いて表せ．

(2) 曲線 C が x 軸に関して対称であることを証明せよ．

(3) 曲線 C と円 S_1 によって囲まれた部分の面積を求めよ．

48

$I = \displaystyle\int e^{-x}\sin x\,dx$, $J = \displaystyle\int e^{-x}\cos x\,dx$ とするとき，次の問いに答えよ．

(1) 次の関係式が成り立つことを証明せよ．

$$I = J - e^{-x}\sin x, \quad J = -I - e^{-x}\cos x$$

(2) I，J を求めよ．

(3) 曲線 $y = e^{-x}\sin x$ $(x \geqq 0)$ と x 軸とで囲まれた図形で x 軸の下側にある部分の面積を，y 軸に近い方から順に S_1，S_2，S_3，…… とするとき，無限級数 $\displaystyle\sum_{n=1}^{\infty} S_n$ を求めよ．

49

[A]　次の問いに答えよ. ただし, 対数は自然対数とする.

(1)　k が自然数のとき, 次の不等式を示せ.

$$\frac{1}{k+1} \leq \int_k^{k+1} \frac{1}{x}\,dx \leq \frac{1}{k}$$

(2)　n が2以上の自然数のとき, 次の不等式を示せ.

$$\log(n+1) \leq \sum_{k=1}^{n} \frac{1}{k} \leq 1 + \log n$$

(3)　極限 $\displaystyle\lim_{n\to\infty} \frac{1}{\log n} \sum_{k=1}^{n} \frac{1}{k}$ を求めよ.

[B]　次の不等式が成り立つことを示せ.

(1)　$0 \leq x \leq 1$ のとき, $1 - \dfrac{1}{3}x \leq \dfrac{1}{\sqrt{1+x^2}} \leq 1$

(2)　$\dfrac{\pi}{3} - \dfrac{1}{6} \leq \displaystyle\int_0^{\frac{\sqrt{3}}{2}} \frac{1}{\sqrt{1-x^4}}\,dx \leq \dfrac{\pi}{3}$

50

[A]　自然数 n に対して, $S_n = \displaystyle\sum_{k=n+1}^{2n} \frac{\log k - \log n}{k}$ とするとき, $\displaystyle\lim_{n\to\infty} S_n = \boxed{}$

である.

[B]　極限 $\displaystyle\lim_{n\to\infty} \left\{ \frac{(2n)!}{n!\,n^n} \right\}^{\frac{1}{n}}$ を求めよ.

[A] 曲線 $C : y = \dfrac{\log x}{x}$ について次の問いに答えよ. 答えを導く過程を記すこと.

(1) 原点から曲線 C に引いた接線 l の方程式と接点の座標を求めよ.

(2) 曲線 C と接線 l および x 軸とで囲まれた部分の面積を求めよ.

(3) 曲線 C と接線 l および x 軸とで囲まれた図形を x 軸のまわりに1回転してできる立体の体積を求めよ.

[B] 曲線 $y = \dfrac{1-x^2}{1+x^2}$ と x 軸とで囲まれた図形を S とする. 次の問いに答えよ.

(1) S の面積を求めよ.

(2) S を y 軸のまわりに1回転してできる立体の体積を求めよ.

[C] (1) $-\dfrac{\pi}{2} \leqq x \leqq \dfrac{\pi}{2}$ において次の不等式を解け. $\sin x + \cos 2x \geqq 0$

(2) $-\dfrac{\pi}{2} \leqq x \leqq \dfrac{\pi}{2}$ において, 曲線 $y = \sin x$ と曲線 $y = -\cos 2x$ および直線 $x = -\dfrac{\pi}{2}$ が囲む図形の面積 S を求めよ.

(3) 上の図形の $0 \leqq x \leqq \dfrac{\pi}{2}$ の部分を x 軸のまわりに1回転してできる回転体の体積 V を求めよ.

52

xyz 空間において，点 A(1, 0, 0)，B(0, 1, 0)，C(0, 0, 1) を通る平面上にあり，正三角形 ABC に内接する円板を D とする．円板 D の中心を P，円板 D と辺 AB の接点を Q とする．

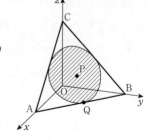

(1) 点 P と点 Q の座標を求めよ．

(2) 円板 D が平面 $z=t$ と共有点をもつ t の範囲を求めよ．

(3) 円板 D と平面 $z=t$ の共通部分が線分であるとき，その線分の長さを t を用いて表せ．

(4) 円板 D を z 軸のまわりに回転してできる立体の体積を求めよ．

53

(1) 定積分 $\displaystyle\int_0^1 \frac{t^2}{1+t^2}dt$ を求めよ．

(2) 不等式 $x^2+y^2+\log(1+z^2)\leqq\log 2$ の定める立体の体積を求めよ．

54

媒介変数 t を用いて $x=t^2$, $y=t^3$ と表される曲線を C とする. ただし, t は実数全体を動くとする. また, 実数 a $(a \neq 0)$ に対して, 点 (a^2, a^3) における C の接線を l_a とする. 次の問いに答えよ.

(1) l_a の方程式を求めよ.

(2) 曲線 C の $0 \leq t \leq 1$ に対応する部分の長さを求めよ. ただし, 曲線 $x=f(t)$,

$y=g(t)$ の $\alpha \leq t \leq \beta$ に対応する部分の長さは $\displaystyle\int_{\alpha}^{\beta} \sqrt{\left(\frac{dx}{dt}\right)^2 + \left(\frac{dy}{dt}\right)^2}\, dt$ で与えられる.

(3) 曲線 C と直線 l_1 で囲まれた図形の面積を求めよ.

(4) 曲線 C と直線 l_1 で囲まれた図形を y 軸のまわりに 1 回転してできる回転体の体積を求めよ.

55

正の実数 a と関数 $f(x)=|x^2-a^2|$ $(-2a \leq x \leq 2a)$ がある. $y=f(x)$ のグラフを y 軸のまわりに回転させてできる形の容器に $\pi a^2\,(\text{cm}^3/\text{秒})$ の割合で水を静かに注ぐ. 水を注ぎ始めてから容器がいっぱいになるまでの時間を T (秒) とする. ただし, 長さの単位は cm とする. 次の問いに答えよ.

(1) $y=f(x)$ のグラフの概形を描け.

(2) 水面の高さが $a^2\,(\text{cm})$ になったとき, 容器中の水の体積を $V\,(\text{cm}^3)$ とする. V を a を用いて表せ.

(3) T を a を用いて表せ.

(4) 水を注ぎ始めてから t 秒後の水面の高さを $h\,(\text{cm})$ とする. h を a と t を用いて表せ. ただし, $0<t<T$ とする.

(5) 水を注ぎ始めてから t 秒後の水面の上昇速度を $v\,(\text{cm}/\text{秒})$ とする. v を a と t を用いて表せ. ただし, $0<t<T$ とする.

56

[A] 関数 $f(x)$ は $f(x) = \cos x + \displaystyle\int_0^{2\pi} f(y)\sin(x-y)dy$ を満たすものとする.

  (1) $f(x)$ は $f(x) = a\sin x + b\cos x$ の形に表されることを示せ. ただし, a と b は定数である.

  (2) $f(x)$ を求めよ.

[B] 関数 $f(x)$ は微分可能で, 導関数 $f'(x)$ は連続であるとする. $p(x) = xe^{2x}$ とおくとき, $f(x)$ は $\displaystyle\int_0^x f(t)\cos(x-t)dt = p(x)$ を満たしている.

  (1) $f(0) = p'(0)$ を示せ.

  (2) $f'(x) = p(x) + p''(x)$ を示せ.

  (3) $f(x)$ を求めよ.

第6章 微分方程式

57

［A］琉球大学，［B］埼玉大学 | ★☆☆ | 各15分

［A］ 微分方程式 $\dfrac{dy}{dx}=(2y-3)x$ の解で，$x=0$ のとき $y=1$ となるものを求めよ.

［B］ 関数 $f(x)$ が与えられているとき，微分方程式 $\dfrac{dy}{dx}-xy=f(x)$ を $x=0$ のとき $y=1$ という初期条件のもとで考える.

(1) 上の微分方程式の解 y を $y=u(x)e^{\frac{x^2}{2}}$ とおくことによって，関数 $f(x)$ を用いて表せ.

(2) $f(x)=x^3$ のとき，上の微分方程式の解を求めよ.

58

信州大学 | ★☆☆ | 15分

点 $(1,\ 1)$ を通る曲線 $y=f(x)$ $(x>0)$ 上の任意の点 P における接線が x 軸と交わる点を Q，点 P から x 軸に下ろした垂線と x 軸との交点を R とする. このとき，三角形 PQR の面積が常に $\dfrac{1}{2}$ となるような減少する関数 $f(x)$ を求めよ.

59

三重大学 | ★★☆ | 25分

放物線 $y=x^2$ を y 軸のまわりに回転してできる容器に，深さ h まで水を満たし，この容器の底に穴をあけ，水を流出させた.

(1) 水面の高さが $y\,(<h)$ となるまでにどれだけの水が流出したか. y の関数として表せ.

(2) t 秒後までに流出する水の量を $f(t)$ とするとき $df(t)/dt=2\sqrt{y}$ が成り立つ. 容器の水が空になるまでに要する時間を求めよ.

(3) 容器の水の量が最初の $\dfrac{1}{16}$ になったとき，水面の降下速度 v を求めよ.

60

[A] 関数 $f(x)$ が $f(x+y)=f(x)f(y)$ (x, y は任意の実数) を満たすとする. 更に関数 $g(x)$ があって $\lim_{x \to 0} g(x)=1$, $g(0)=1$ を満たし, $f(x)=1+xg(x)$ と表されるとする.

(1) $f(x)$ は $x=0$ において微分可能で, $f'(0)=1$ であることを示せ.

(2) $f(x)$ は任意の点において微分可能で, 微分方程式 $f'(x)=f(x)$ を満たすことを示せ.

(3) $F(x)=e^{-x}f(x)$ とおくとき, $F'(x)=0$ となることを示せ.

(4) (3)を用いて, $f(x)$ を求めよ.

[B] 次の問いに答えよ.

(1) 微分方程式 $y''(x)=-y(x)$ を満たす関数 $y(x)$ は, $\dfrac{d}{dx}\{y^2+(y')^2\}=0$ を満足することを示せ.

(2) $z(0)=z'(0)=0$ かつ $z''(x)=-z(x)$ を満足する関数 $z(x)$ を求めよ.

(3) $y(x)=\sin x+\cos x$ は, $y(0)=y'(0)=1$ かつ $y''(x)=-y(x)$ を満たすことを示せ.

(4) $y''(x)=-y(x)$ かつ $y(0)=y'(0)=1$ を満たす関数 $y(x)$ と $\sin x+\cos x$ との差を $z(x)$ とおくとき, $z(x)$ は, $z(0)=z'(0)=0$ かつ $z''(x)=-z(x)$ を満足することを示し, $y''(x)=-y(x)$ かつ $y(0)=y'(0)=1$ を満足する関数は, $y(x)=\sin x+\cos x$ のみであることを証明せよ.

— MEMO —

国公立標準問題集

CanPass

数学III・C [複素数平面, 式と曲線]

第3版

駿台受験シリーズ

国公立標準問題集 第3版

CanPass

数学III・C

[複素数平面, 式と曲線]

桑田 孝泰・古梶 裕之　共著

駿台文庫

は じ め に

　数学Ⅲ，数学C(本書には「複素数平面」「式と曲線」のみ収録)の内容は正直，難しいです．教科書で勉強したひとならば，それまでのⅠ，A，Ⅱ，Bの教科書と比べて，その難易度に戸惑ったひとも多いことでしょう．

　では，ナニがそうさせるのか，を考えてみましょう．

　まず，今まで以上に厳密なところまで気を配って考えなければならないことでしょう．定義域や連続性，微分可能性など，ともすれば，今まではあまり気にしなくてもよかったところまで考えていかなければならないことがままあります．また，分数関数，無理関数，三角関数や指数・対数関数など新しく学習した関数が数多く登場して，更にそれらが単発ではなく，組合せられて，関数が複雑になり，式も複雑になります．結果として，計算量が増えて正確に計算をするためには，それなりの訓練(＝計算練習)がかなり必要となります．

　このあたりの理由で数学Ⅲ，数学Cは難しいと感じることが多いと思います．

　確かに，考え方は細かく複雑ですが，そこは数学ですから，必ず考え方のルールがあります．考え方の本質を理解して，納得するように勉強を進めていけば，難しい問題でも解けるようになります．解き方ばかりを暗記するのではなく，なぜそのように考えるのか，を常に意識して問題に取り組んでください．この問題集の解答，解説にはどうように考えていけばよいのか，をできる限り載せてあります．

　数学Ⅲ，数学Cは一旦理解をすると，標準的な問題ならば方針が全く立たないということはあまりありません．ですが，方針が立ってやることはわかっているけれど，計算がシンドくて，最後の答えまで解き抜くことは難しいことが多いです．

　そこで，普段数学の勉強をするときには，必ず紙と鉛筆を用意して，辛くても，最後まで自分の力で計算をすることを心掛けて勉強を進めてください．

　努力は必ず報われます．

　跳ね返されても，跳ね返されても，前を向いて"日々是好日"です．

　頑張っていきましょう！

　最後に，本書を刊行するにあたって，駿台文庫の加藤達也さん，林拓実さんには大変にお世話になりました．ありがとうございました．

桑田孝泰，古梶裕之

数学学習の心得

1. 問題文を正確に読むこと

与えられた条件がナニで，ナニを求めよ，示せと問われているのかを正確に把握すること．すべてはここから始まる．

2. 問題を具体化すること

グラフを描いたり，具体的な例を考えたりすることにより問題を具体化すること．ここでの試行錯誤は重要である．あれこれ実際に手を動かして問題解決の糸口を探ること．ここで手を抜くことは解答を放棄することである．

3. 解答全体の流れを考えて解答を進めること

行き当たりばったりで問題を解かないこと．自分がどのような方針で解答を進めるのか，具体的な筋道をたてて，意識をしながら解答を進めること．

4. 必ず，紙に解答を書くこと

具体的に方針が決まったら，紙に書いてみること．実際に解答を書いていく中で課題が見つかることが多い．安易にアタマの中で"こんな感じで"ということを考えるだけで解答を見ることがないようにすること．最後の答えまできちんと求める習慣を身につけること．

5. 計算は迅速かつ正確に実行すること

いくら方針が正しくても"計算"が正確でなければ正解には到達できない．制限時間内に答案を仕上げることも試験の重要な要素であることを認識すること．

6. 答えを検証すること

自分が導き出した答え，証明が正しいかどうか，解答で確認する前に検証するクセをつけること．試験場ではすぐに解答を見ることはできない．実際に数値を代入するなり，数値が適当かどうか，論証に飛躍はないか，など自分なりにチェックポイントを設定することの重要性を認識すること．

本書の利用法

この『国公立標準問題集 CanPass 数学Ⅲ・C［複素数平面, 式と曲線］〈第3版〉』は全国の人気国公立大学の入試問題から標準的な良問を精選し, このレベルの問題までは解けて欲しい, このレベルの問題まで解ければ十分に合格圏内, という問題を中心に, みなさんが自信をもって試験に臨めるように, 執筆・編集したものです.

教科書の内容はひととおりマスターした, という諸君が受験勉強を始めるのに最適な内容になっています.

1　まず問題を解いてみましょう. 基本的な姿勢は**"数学学習の心得"**を参照してください.

2　5分考えてわからなかったら解答の先頭に書いてある 思考のひもとき を見てください. この問題を解くにあたってのヒントや必要な知識がまとめられています.

3　各問題には難易度(★☆☆：標準, ★★☆：やや難, ★★★：難)と標準解答時間を示してあります。標準解答時間は, 実際にその位の時間で解答してほしい, という目標です.

4　構成は, 思考のひもとき → 解答 → 解説 (→ 別解)という構成になっています. 別解 は全部の問題についているわけではありません.

5　自力で解けないときは, 解答を読み, 理解できたと思ったら, その解答を見ないで再現してみてください.

目　次

（各章の収録大学名は五十音順）

第1章　複素数平面

1

[A] $z=\dfrac{1}{4}\{(\sqrt{3}+1)+(\sqrt{3}-1)i\}$ とする．ただし，i は虚数単位である．

   (1)　z^2 の極形式を求めよ．ただし，偏角 θ は $0\le\theta<2\pi$ とする．

   (2)　z^{13} の値を求めよ． （福井大）

[B]　方程式 $z^4=-1$ を解け． （鹿児島大）

思考のひもとき ∽∽∽∽

1. 複素数平面上の原点でない点 $\mathrm{P}(z)$ に対して $r=|z|$，$\theta=\arg z$ とすると

$$z=\boxed{r(\cos\theta+i\sin\theta)}$$

と表せる．このような形の表し方を $\boxed{\text{極形式}}$ という．

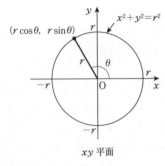
xy 平面

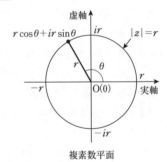
複素数平面

2. n が整数のとき

$$(\cos\theta+i\sin\theta)^n=\boxed{\cos n\theta+i\sin n\theta}\quad\text{（ド・モアブルの定理）}$$

3. 複素数 z, w に対して　$|zw|=\boxed{|z||w|}$

解答

[A]　(1)　$z^2=\dfrac{1}{16}\{(\sqrt{3}+1)^2-(\sqrt{3}-1)^2+2(\sqrt{3}+1)(\sqrt{3}-1)i\}$

$$=\dfrac{1}{16}(4\sqrt{3}+4i)=\dfrac{1}{4}(\sqrt{3}+i)$$

ここで　$|\sqrt{3}+i|=\sqrt{(\sqrt{3})^2+1^2}=2$

であるから　$\sqrt{3}+i=2\cdot\dfrac{\sqrt{3}+i}{2}=2\left(\cos\dfrac{\pi}{6}+i\sin\dfrac{\pi}{6}\right)$

したがって，z^2 の極形式は

$$z^2 = \frac{1}{2}\left(\cos\frac{\pi}{6} + i\sin\frac{\pi}{6}\right)$$

(2)　$z^{13} = z \cdot z^{12}$ であり，ド・モアブルの定理より

$$z^{12} = (z^2)^6 = \frac{1}{2^6}\left(\cos\frac{\pi}{6} + i\sin\frac{\pi}{6}\right)^6 = \frac{1}{64}(\cos\pi + i\sin\pi) = -\frac{1}{64}$$

であるから，z^{13} の値は

$$z^{13} = z \cdot z^{12} = \frac{1}{4}\{(\sqrt{3}+1) + (\sqrt{3}-1)i\} \cdot \left(-\frac{1}{64}\right)$$

$$= -\frac{1}{256}\{(\sqrt{3}+1) + (\sqrt{3}-1)i\}$$

［B］　　　$z^4 = -1$　……①

の両辺の絶対値をとると

$$|z^4| = |-1|$$

$$\therefore \quad |z|^4 = 1 \qquad \therefore \quad |z| = 1 \quad (\because \ |z| \text{ は 0 以上の実数})$$

したがって

$$z = \cos\theta + i\sin\theta \quad (0 \leq \theta < 2\pi)$$

とおくことができる．そこでド・モアブルの定理を用いると

$$z^4 = (\cos\theta + i\sin\theta)^4 = \cos 4\theta + i\sin 4\theta$$

となり，①より

$$\cos 4\theta + i\sin 4\theta = -1 \qquad \therefore \quad \cos 4\theta = -1, \ \sin 4\theta = 0$$

$0 \leq 4\theta < 8\pi$ の範囲では

$$4\theta = \pi, \ 3\pi, \ 5\pi, \ 7\pi \qquad \therefore \quad \theta = \frac{\pi}{4}, \ \frac{3}{4}\pi, \ \frac{5}{4}\pi, \ \frac{7}{4}\pi$$

よって，①の解は

$$z = \cos\frac{\pi}{4} + i\sin\frac{\pi}{4}, \ \cos\frac{3}{4}\pi + i\sin\frac{3}{4}\pi, \ \cos\frac{5}{4}\pi + i\sin\frac{5}{4}\pi, \ \cos\frac{7}{4}\pi + i\sin\frac{7}{4}\pi$$

$$\therefore \quad z = \frac{1+i}{\sqrt{2}}, \ \frac{-1+i}{\sqrt{2}}, \ \frac{-1-i}{\sqrt{2}}, \ \frac{1-i}{\sqrt{2}}$$

解説

1°　　　$\cos\dfrac{\pi}{12} = \dfrac{\sqrt{6}+\sqrt{2}}{4} = \dfrac{\sqrt{3}+1}{2\sqrt{2}}, \quad \sin\dfrac{\pi}{12} = \dfrac{\sqrt{6}-\sqrt{2}}{4} = \dfrac{\sqrt{3}-1}{2\sqrt{2}}$

であることを知っていれば，［A］では，$z = \dfrac{1}{\sqrt{2}}\left(\cos\dfrac{\pi}{12} + i\sin\dfrac{\pi}{12}\right)$ と表し

(1) $z^2 = \dfrac{1}{2}\left(\cos\dfrac{\pi}{6} + i\sin\dfrac{\pi}{6}\right)$

(2) $z^{12} = \dfrac{1}{64}(\cos\pi + i\sin\pi) = -\dfrac{1}{64}$ だから $z^{13} = -\dfrac{z}{64}$

より答を得る.

2° [B]では, $|z|=1$ に気づき, $z = \cos\theta + i\sin\theta$ $(0 \leqq \theta < 2\pi)$ とおくことがポイントである.

気づかなくて, $z = r(\cos\theta + i\sin\theta)$ $(r>0,\ 0 \leqq \theta < 2\pi)$ とおくと

$$z^4 = r^4(\cos 4\theta + i\sin 4\theta) = -1$$

より $r^4 = 1,\ \cos 4\theta = -1,\ \sin 4\theta = 0$

r は正の実数だから, $r=1$ であり, $0 \leqq 4\theta < 8\pi$ より, 4θ が求まり, 解答と同じようにして答を得る.

3° $z = x + yi$ $(x,\ y$ は実数) とおき, ①に代入しても解答できる.

$x^4 - 6x^2y^2 + y^4 = -1,\ xy(x^2 - y^2) = 0$ の連立方程式を解くと次のようになる.

第2式より

$$x=0 \quad \text{または} \quad y=0 \quad \text{または} \quad y = \pm x$$

これらを第1式に代入する.

$x=0$ のとき, $y^4 = -1$ で, これを満たす実数 y は存在しない.

$y=0$ のとき, $x^4 = -1$ で, これを満たす実数 x は存在しない.

$y = \pm x$ のとき, $x^4 = \dfrac{1}{4}$ より, $x = \pm\dfrac{1}{\sqrt{2}}$

$$\therefore \quad (x,\ y) = \left(\dfrac{1}{\sqrt{2}},\ \dfrac{1}{\sqrt{2}}\right),\ \left(-\dfrac{1}{\sqrt{2}},\ -\dfrac{1}{\sqrt{2}}\right),\ \left(\dfrac{1}{\sqrt{2}},\ -\dfrac{1}{\sqrt{2}}\right),\ \left(-\dfrac{1}{\sqrt{2}},\ \dfrac{1}{\sqrt{2}}\right)$$

4° n を正の整数とし, α を複素数とする. このとき, 方程式 $z^n = \alpha$ の解を α の **n 乗根** という. [B]は, -1 の4乗根を求めよという問題である.

5° ①の解を1つ見つけて(たとえば, $\alpha = \cos\dfrac{\pi}{4} + i\sin\dfrac{\pi}{4} = \dfrac{1}{\sqrt{2}}(1+i)$), 「1の4乗根が $\pm 1,\ \pm i$ である」ことに帰着して次のように解答してもよい.

$\alpha = \cos\dfrac{\pi}{4} + i\sin\dfrac{\pi}{4} = \dfrac{1}{\sqrt{2}}(1+i)$ とおくと, $\alpha^4 = -1$ だから, ①:$z^4 = \alpha^4$, つまり

$\left(\dfrac{z}{\alpha}\right)^4 = 1$ を解くと, $\dfrac{z}{\alpha} = \pm 1,\ \pm i$ より $z = \pm\alpha,\ \pm i\alpha = \pm\dfrac{1+i}{\sqrt{2}},\ \pm\dfrac{-1+i}{\sqrt{2}}$

6°
$$z^4+1=(z^2+1)^2-(\sqrt{2}\,z)^2=(z^2+\sqrt{2}\,z+1)(z^2-\sqrt{2}\,z+1)$$

と因数分解できることに気づくと

$$z^2+\sqrt{2}\,z+1=0 \quad または \quad z^2-\sqrt{2}\,z+1=0$$

を解いて答を得る.

2　0でない複素数zの極形式を$r(\cos\theta+i\sin\theta)$とするとき，次の複素数を極形式で表せ．ただし，$0\leqq\theta<2\pi$とし，また$z$と共役な複素数を$\bar{z}$で表す．

(1)　$-\bar{z}$

(2)　$\dfrac{1}{z^2}$

(3)　$z-|z|$

（佐賀大）

思考のひもとき　〰〰〰

1. 0でない複素数zに対して，$r=|z|$，$\theta=\arg z$とすると，

　$z=\boxed{r(\cos\theta+i\sin\theta)}$ $\left(z の \boxed{極形式}\right)$ と表せる．

2. 2点$\mathrm{P}(z)$，$\mathrm{Q}(w)$に対して，複素数$w-z$は$\boxed{\overrightarrow{\mathrm{PQ}}}$を表す．

　図のように，$r=|\overrightarrow{\mathrm{PQ}}|$，$\theta=\angle\mathrm{XPQ}$の場合，

　$w-z=\boxed{r(\cos\theta+i\sin\theta)}$

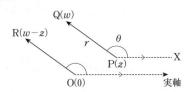

解答

(1)　$z=r(\cos\theta+i\sin\theta)$のとき

$$\bar{z}=r\cos\theta-ir\sin\theta$$

であるから

$$-\bar{z}=-r\cos\theta+ir\sin\theta$$
$$=r(-\cos\theta+i\sin\theta) \quad\cdots\cdots①$$

　ここで，$\cos(\pi-\theta)=-\cos\theta$，$\sin(\pi-\theta)=\sin\theta$である

から，①より，$-\bar{z}$を極形式で表すと

$$-\bar{z}=r\{\cos(\pi-\theta)+i\sin(\pi-\theta)\}$$

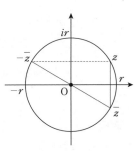

(2) ド・モアブルの公式を用いて，$\dfrac{1}{z^2}$ を極形式で表すと

$$\dfrac{1}{z^2}=z^{-2}=r^{-2}(\cos\theta+i\sin\theta)^{-2}=\dfrac{1}{r^2}\{\cos(-2\theta)+i\sin(-2\theta)\}$$

(3) 　　　　$z-|z|=r(\cos\theta+i\sin\theta)-r$　$(\because\ \ |z|=r)$

　　　　　　　　$=r(\cos\theta-1)+ir\sin\theta$

$0<\theta<\pi$ のとき

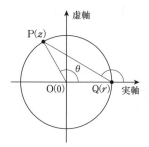

　　　3 点 $\mathrm{O}(0)$，$\mathrm{P}(z)$，$\mathrm{Q}(|z|)$ を頂点とする

△OQP を考える．

　　　　$|z-|z||=|\overrightarrow{\mathrm{QP}}|=2r\sin\dfrac{\theta}{2}$

　　　　$\arg(z-|z|)=(\angle\mathrm{OQP}\ \text{の外角})=\pi-\dfrac{\pi-\theta}{2}$

　　　　　　　　　　　　　　　　$=\dfrac{\pi+\theta}{2}$

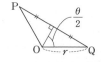

であるから

　　　$z-|z|=2r\sin\dfrac{\theta}{2}\left(\cos\dfrac{\pi+\theta}{2}+i\sin\dfrac{\pi+\theta}{2}\right)$　……②

$0\leqq\theta<2\pi$ の範囲の任意の θ についても

　　　$\cos\dfrac{\pi+\theta}{2}=-\sin\dfrac{\theta}{2}$，　$\sin\dfrac{\pi+\theta}{2}=\cos\dfrac{\theta}{2}$

であるから

　　　$(\text{②の右辺})=2r\sin\dfrac{\theta}{2}\left(-\sin\dfrac{\theta}{2}+i\cos\dfrac{\theta}{2}\right)=r(\cos\theta-1)+ir\sin\theta$

　　　$\left(\because\ \ 2\sin^2\dfrac{\theta}{2}=1-\cos\theta,\ 2\sin\dfrac{\theta}{2}\cos\dfrac{\theta}{2}=\sin\theta\right)$

となり，②が成り立つ．

　　よって，$z-|z|$ を極形式で表すと

　　　　$z-|z|=2r\sin\dfrac{\theta}{2}\left(\cos\dfrac{\pi+\theta}{2}+i\sin\dfrac{\pi+\theta}{2}\right)$

となる．

解説

1° 　θ が鋭角のとき，図を参照すると，$|-\overline{z}|=|z|=r$，$\arg(-\overline{z})=\pi-\theta$ だから，$-\overline{z}$ を極形式で表すと

$$-\overline{z}=r\{\cos(\pi-\theta)+i\sin(\pi-\theta)\} \quad \cdots\cdots ③$$

である．このように図を描いて解答しても $0\leqq\theta<2\pi$ の範囲のすべての θ に対する答にはならない．任意の θ に対しても

$$(③の右辺)=r(-\cos\theta+i\sin\theta)$$
$$=-r(\cos\theta-i\sin\theta)=-\overline{z}$$

が成り立つことを確認して正答を得る．

2° (3)においては，$|z|$ を複素数と認識し，P(z)，Q($|z|$) とおくと，複素数 $z-|z|$ がベクトル $\overrightarrow{QP}$ を表すことに気づくことが大切である．そこで，$0<\theta<\pi$ のとき，**思考のひもとき2**を用いると

$$|\overrightarrow{QP}|=|z-|z||, \quad \arg(z-|z|)=(\angle OQP \text{ の外角})$$

であるから，②を得る．

---

3 i を虚数単位とし，$z=\cos\dfrac{2\pi}{5}+i\sin\dfrac{2\pi}{5}$ とおく．次の問いに答えよ．

(1) z^5 および $z^4+z^3+z^2+z+1$ の値を求めよ．

(2) $t=z+\dfrac{1}{z}$ とおく．t^2+t の値を求めよ．

(3) $\cos\dfrac{2\pi}{5}$ の値を求めよ．

(4) 半径 1 の円に内接する正五角形の 1 辺の長さの 2 乗を求めよ． （琉球大）

思考のひもとき 〜〜〜

1. 複素数 z は，$z=\boxed{x+yi\ (x,\ y\text{は実数})}$ の形の数のことである．このとき，x を z の $\boxed{実部}$ といい，$\mathrm{Re}(z)$ で表し，y を z の $\boxed{虚部}$ といい，$\mathrm{Im}(z)$ で表す．z の**共役複素数** $\overline{z}$ は

$$\overline{z}=\boxed{x-yi}$$

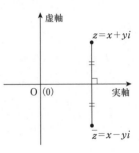

$$|z|^2 = x^2 + y^2 = \boxed{z \cdot \overline{z}}$$

$$\mathrm{Re}(z) = \frac{z + \overline{z}}{2}$$

2. $az^4 + bz^3 + cz^2 + bz + a = 0$ のように次数の1番高いものと1番低いもの，2番目に高いものと2番目に低いもの，……が同じ係数をもつ偶数次の方程式を**相反方程式**という．

3. A(α)，B(β) とすると

$$\mathrm{AB} = \boxed{|\beta - \alpha|}$$

（2点 A，B の距離は，複素数 $\beta - \alpha$ の大きさに等しいということ）

解答

(1) ド・モアブルの定理を用いると

$$z^5 = \left(\cos\frac{2\pi}{5} + i\sin\frac{2\pi}{5}\right)^5 = \cos 2\pi + i\sin 2\pi = 1 \quad \cdots\cdots①$$

$$(z-1)(z^4 + z^3 + z^2 + z + 1) = z^5 - 1 = 0 \quad (\because \quad ①)$$

であり，$z = \cos\dfrac{2\pi}{5} + i\sin\dfrac{2\pi}{5} \neq 1$ であるから，両辺を $z-1(\neq 0)$ で割り

$$z^4 + z^3 + z^2 + z + 1 = 0 \quad \cdots\cdots②$$

(2)
$$t^2 + t = \left(z + \frac{1}{z}\right)^2 + \left(z + \frac{1}{z}\right)$$

$$= z^2 + 2 + \frac{1}{z^2} + z + \frac{1}{z}$$

$$= \frac{1}{z^2}(z^4 + z^3 + z^2 + z + 1) + 1$$

$$= 0 + 1 = 1$$

(3) $\cos\dfrac{2\pi}{5} = \mathrm{Re}(z)$ であることに注意する．

$t^2 + t - 1 = 0$ を解き

$$t = \frac{-1 \pm \sqrt{5}}{2}$$

ここで，$|z| = 1$ だから，$\dfrac{1}{z} = \dfrac{\overline{z}}{z\overline{z}} = \dfrac{\overline{z}}{|z|^2} = \overline{z}$ となるから

$$t = z + \frac{1}{z} = z + \overline{z} = 2\cos\frac{2\pi}{5} > 0$$

$$\therefore \quad t = \frac{-1+\sqrt{5}}{2} \qquad \therefore \quad \cos\frac{2\pi}{5} = \frac{1}{2}t = \boldsymbol{\frac{-1+\sqrt{5}}{4}}$$

(4)
$$z^k = \left(\cos\frac{2\pi}{5} + i\sin\frac{2\pi}{5}\right)^k$$

$$= \cos\frac{2k\pi}{5} + i\sin\frac{2k\pi}{5} \quad (k=1,\ 2,\ 3,\ 4,\ 5)$$

の5点

$$A_k\left(\cos\frac{2k\pi}{5} + i\sin\frac{2k\pi}{5}\right) \quad (k=1,\ 2,\ 3,\ 4,\ 5)$$

を頂点とする五角形は，半径1の円に内接する正五角形
となる．その1辺の長さは $A_1A_5 = |1-z|$ であるから，
その2乗は

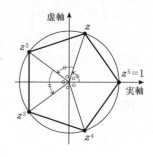

$$|1-z|^2 = (1-z)(\overline{1-z}) = (1-z)(1-\overline{z})$$

$$= 1 - (z+\overline{z}) + |z|^2 = 2 - t = \boldsymbol{\frac{5-\sqrt{5}}{2}}$$

解説

1° 点 α に，$\cos\theta + i\sin\theta$ を掛けてできる点

$$\alpha \cdot (\cos\theta + i\sin\theta)$$

は，点 α を原点のまわりに θ だけ回転した点である．

したがって，z を掛けると，次々と

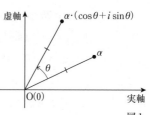

図1

$$1 \longrightarrow z \longrightarrow z \cdot z = z^2 \longrightarrow z^2 \cdot z = z^3 \longrightarrow z^3 \cdot z = z^4 \longrightarrow z^4 \cdot z = z^5$$

$\dfrac{2}{5}\pi$ ずつ原点のまわりを回転していき（図2参照），

$z^5 = 1$ となる．

また，$1,\ z,\ z^2,\ z^3,\ z^4$ の5点を結ぶと正五角形ができ，その重心が原点 $O(0)$ であることを考えると

$$z^4 + z^3 + z^2 + z + 1 = 0$$

は当然とも思える．

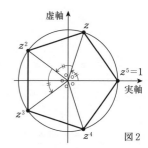

図2

4 $z = \cos\dfrac{2\pi}{7} + i\sin\dfrac{2\pi}{7}$ （i は虚数単位）とおく.

(1) $z + z^2 + z^3 + z^4 + z^5 + z^6$ を求めよ.

(2) $\alpha = z + z^2 + z^4$ とするとき, $\alpha + \bar{\alpha}$, $\alpha\bar{\alpha}$ および α を求めよ. ただし, $\bar{\alpha}$ は α の共役複素数である.

(3) $(1-z)(1-z^2)(1-z^3)(1-z^4)(1-z^5)(1-z^6)$ を求めよ. （千葉大）

思考のひもとき ∞∞

1. 複素数 z, w に対して

$$\overline{z+w} = \bar{z} + \bar{w}, \quad \overline{zw} = \bar{z} \cdot \bar{w}$$

2. n が自然数のとき

$$z^n - 1 = (z-1)(z^{n-1} + \cdots\cdots + z + 1)$$

解答

(1) $\theta = \dfrac{2\pi}{7}$ とおくと, $7\theta = 2\pi$ であるから, ド・モアブルの定理を用いると

$$z^7 = (\cos\theta + i\sin\theta)^7$$

$$= \cos 7\theta + i\sin 7\theta$$

$$= \cos 2\pi + i\sin 2\pi = 1$$

$$\therefore \quad z^7 = 1 \quad\cdots\cdots①$$

ここで, $z^7 - 1 = (z-1)(z^6 + z^5 + z^4 + z^3 + z^2 + z + 1)$ であるから, ①より

$$(z-1)(z^6 + z^5 + z^4 + z^3 + z^2 + z + 1) = 0 \quad\cdots\cdots②$$

$z = \cos\dfrac{2\pi}{7} + i\sin\dfrac{2\pi}{7} \neq 1$ であるから, ②より

$$z^6 + z^5 + z^4 + z^3 + z^2 + z + 1 = 0$$

$$\therefore \quad z + z^2 + z^3 + z^4 + z^5 + z^6 = \mathbf{-1}$$

(2) $\alpha = z + z^2 + z^4$ のとき

$$\bar{\alpha} = \overline{z + z^2 + z^4}$$

$$= \bar{z} + \overline{z^2} + \overline{z^4}$$

$$= \bar{z} + (\bar{z})^2 + (\bar{z})^4$$

$z \cdot \bar{z} = |z|^2 = \cos^2\theta + \sin^2\theta = 1$ であるから, ①より

$$\bar{z} = \frac{1}{z} = z^6$$

したがって

$$\overline{\alpha}=z^6+z^{12}+z^{24}=z^6+z^5+z^3 \quad (\because \quad z^{12}=z^7\cdot z^5=z^5, \ z^{24}=(z^7)^3\cdot z^3=z^3)$$

となり，(1)の結果を用いて

$$\alpha+\overline{\alpha}=(z+z^2+z^4)+(z^6+z^5+z^3)=\boldsymbol{-1}$$

また

$$\alpha\overline{\alpha}=(z+z^2+z^4)(z^3+z^5+z^6)$$

$$=(z^4+z^6+z^7)+(z^5+z^7+z^8)+(z^7+z^9+z^{10})$$

$$=z^4+z^6+1+z^5+1+z+1+z^2+z^3 \quad (\because \quad ①)$$

$$=(z+z^2+z^3+z^4+z^5+z^6)+3=\boldsymbol{2} \quad (\because \quad (1)の結果)$$

　そこで，解と係数の関係を用いると，$\alpha, \ \overline{\alpha}$ は

$$t^2+t+2=0 \quad \cdots\cdots③$$

の2解である．

　③を解くと　　$t=\dfrac{-1\pm\sqrt{7}\,i}{2}$

ここで，$z^k=\cos\dfrac{2k\pi}{7}+i\sin\dfrac{2k\pi}{7}$ （k は整数）だから

$$\mathrm{Im}(\alpha)=\sin\dfrac{2\pi}{7}+\sin\dfrac{4\pi}{7}+\sin\dfrac{8\pi}{7}=\sin\dfrac{2\pi}{7}+\sin\dfrac{4\pi}{7}-\sin\dfrac{\pi}{7}>0$$

$$\left(\because \quad 0<\sin\dfrac{\pi}{7}<\sin\dfrac{2\pi}{7}, \quad \sin\dfrac{4\pi}{7}>0\right)$$

であるから

$$\alpha=\dfrac{\boldsymbol{-1+\sqrt{7}\,i}}{\boldsymbol{2}}$$

(3)　　　$(1-z)(1-z^2)(1-z^4)=1^3-(z+z^2+z^4)\cdot1^2+(z^3+z^5+z^6)\cdot1-z^7$

$$=-\alpha+\overline{\alpha}$$

$$(1-z^3)(1-z^5)(1-z^6)=1^3-(z^3+z^5+z^6)\cdot1^2+(z^8+z^9+z^{11})\cdot1-z^{14}$$

$$=-\overline{\alpha}+\alpha$$

$$(\because \quad z^8+z^9+z^{11}=z+z^2+z^4=\alpha)$$

であるから

$$(1-z)(1-z^2)(1-z^3)(1-z^4)(1-z^5)(1-z^6)$$

$$=-(\alpha-\overline{\alpha})^2=-(\alpha+\overline{\alpha})^2+4\alpha\overline{\alpha}$$

$$=-(-1)^2+4\cdot2=\boldsymbol{7}$$

解説

1° ド・モアブルの定理より

$$z^k = (\cos\theta + i\sin\theta)^k = \cos k\theta + i\sin k\theta \quad (k=1,\ 2,\ 3,\ 4,\ 5,\ 6)$$

であるから，$z^k\ (k=1,\ 2,\ 3,\ 4,\ 5,\ 6)$ は図の6点
を表す．

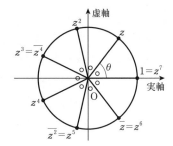

$\theta + 6\theta = 2\theta + 5\theta = 3\theta + 4\theta = 7\theta = 2\pi$ に注意し，
図を参照すると

$$\overline{z} = z^6,\quad \overline{z^2} = z^5,\quad \overline{z^4} = z^3$$

がわかるから

$$\overline{\alpha} = \overline{z} + \overline{z^2} + \overline{z^4} = z^6 + z^5 + z^3$$

としてもよい．

2° (3)では

$$t^7 - 1 = (t-1)(t-z)(t-z^2)(t-z^3)(t-z^4)(t-z^5)(t-z^6)$$

であることを知っていると，次のように解答できる．

$$f(t) = (t-z)(t-z^2)(t-z^3)(t-z^4)(t-z^5)(t-z^6)$$

とおくと

$$(t-1)f(t) = t^7 - 1 = (t-1)(t^6 + t^5 + t^4 + t^3 + t^2 + t + 1)$$

より

$$f(t) = t^6 + t^5 + t^4 + t^3 + t^2 + t + 1$$

となり，$t=1$ とすると

$$(1-z)(1-z^2)(1-z^3)(1-z^4)(1-z^5)(1-z^6) = f(1) = 7$$

を得る．

3° $z^2 - 1 = (z-1)(z+1)$，$z^3 - 1 = (z-1)(z^2 + z + 1)$ のように，一般には，
$z^n - 1 = (z-1)(z^{n-1} + z^{n-2} + \cdots\cdots + z + 1)$（$n$ は自然数）と因数分解できる．これについ
て少し解説をする．

$g(z) = z^n - 1$ とおくと $g(1) = 0$ だから，因数定理により $g(z)$ は $z-1$ で割り切れる．
そこで $z^n - 1$ を $z-1$ で割ると商が $z^{n-1} + z^{n-2} + \cdots\cdots + z + 1$ となる．

5 [A] 0でない複素数 z に対し，$\alpha=z+\dfrac{1}{z}$，$\beta=iz+\dfrac{1}{iz}$ とする．ただし，i は虚数単位とする．次の問いに答えよ．

(1) α が実数となる点 z の全体が表す図形を，複素数平面上に図示せよ．

(2) 等式 $|\alpha|=|\beta|$ を満たす点 z の全体が表す図形を，複素数平面上に図示せよ． (奈良女子大)

[B] 複素数平面上の点 z と点 w の関係は，$w=\dfrac{z-i}{z+i}$ であるとする．ただし，i は虚数単位である．

(1) $z=1-2i$ のとき，w の実部を求めよ．

(2) 点 w が点 $-1+i$ を中心とする半径1の円周上を動くとき，点 z が描く図形を複素数平面上に図示せよ． (群馬大)

[C] (1) 複素数平面上で関係式 $2|z-i|=|z+2i|$ を満たす複素数 z の描く図形 C を求め，図示せよ．

(2) 複素数 z が(1)の図形 C 上を動くとき，$w=\dfrac{iz}{z-2i}$ の描く図形を求め，図示せよ． (埼玉大)

思考のひもとき ∽∽∽

1. 複素数 $z=x+yi$（x, y は実数）について

$$z \text{ が実数} \iff \boxed{\mathrm{Im}(z)=0}$$

$$\iff z=\boxed{\bar{z}}$$

2. 点 z は，中心 α，半径 r の円を描く $\iff \boxed{|z-\alpha|=r}$

$$\iff \boxed{(z-\alpha)\cdot\overline{(z-\alpha)}=r^2}$$

$$\iff \boxed{(z-\alpha)(\bar{z}-\bar{\alpha})=r^2}$$

解答

[A] (1) $\alpha=z+\dfrac{1}{z}$ より

$$\bar{\alpha}=\overline{z+\dfrac{1}{z}}=\bar{z}+\dfrac{1}{\bar{z}}$$

であるから，$z \neq 0$ のもとで

$$\alpha \text{ が実数} \iff \alpha = \bar{\alpha}$$

$$\iff z + \frac{1}{z} = \bar{z} + \frac{1}{\bar{z}}$$

$$\iff z - \bar{z} = \frac{z - \bar{z}}{z\bar{z}}$$

$$\iff (z - \bar{z})\left(1 - \frac{1}{|z|^2}\right) = 0$$

$$\iff z = \bar{z} \quad \text{または} \quad |z|^2 = 1$$

$$\iff z \text{ は実数} \quad \text{または} \quad |z| = 1$$

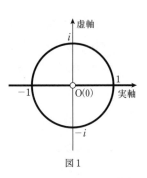

図1

よって，条件を満たす z 全体の図形は，0 以外の実数，または，原点中心，半径 1 の円となり，図1のようになる．ただし，白丸の点（原点）を除く．

(2) $\beta = iz + \dfrac{i}{i^2 z} = i\left(z - \dfrac{1}{z}\right)$ より

$$|\beta| = |i|\left|z - \frac{1}{z}\right| = \left|z - \frac{1}{z}\right|$$

であるから

$$|\alpha|^2 = \alpha \cdot \bar{\alpha} = \left(z + \frac{1}{z}\right)\left(\bar{z} + \frac{1}{\bar{z}}\right), \quad |\beta|^2 = \left|z - \frac{1}{z}\right|^2 = \left(z - \frac{1}{z}\right)\left(\bar{z} - \frac{1}{\bar{z}}\right)$$

したがって，$z \neq 0$ のもとで

$$|\alpha| = |\beta| \iff |\alpha|^2 = |\beta|^2 \iff \left(z + \frac{1}{z}\right)\left(\bar{z} + \frac{1}{\bar{z}}\right) = \left(z - \frac{1}{z}\right)\left(\bar{z} - \frac{1}{\bar{z}}\right)$$

$$\iff \frac{z}{\bar{z}} + \frac{\bar{z}}{z} = 0$$

$$\iff z^2 + (\bar{z})^2 = 0 \quad \cdots\cdots ①$$

ここで，$z = x + yi$ (x, y は実数) とおくと，①は

$$(x + yi)^2 + (x - yi)^2 = 0$$

$$\therefore \quad x^2 - y^2 = 0 \qquad \therefore \quad y = \pm x$$

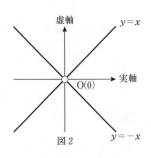

図2

よって，条件を満たす z の全体が表す図形は2直線 $y = \pm x$ となり，図2のようになる．ただし，白丸（原点）を除く．

[B] (1) $z = 1 - 2i$ のとき

$$w = \frac{1 - 3i}{1 - i} = \frac{(1 - 3i)(1 + i)}{(1 - i)(1 + i)} = \frac{4 - 2i}{2} = 2 - i$$

であるから，w の実部は

$$\mathrm{Re}(w)=2$$

(2) 点 w が点 $-1+i$ を中心とする半径1の円周上を動くとき，w は

$$|w-(-1+i)|=1$$

を満たすから，点 z は

$$\left|\frac{z-i}{z+i}+1-i\right|=1 \ \text{つまり} \ |(2-i)z+1|=|z+i| \quad \cdots\cdots①$$

を満たしながら動く．

$$① \iff |(2-i)z+1|^2=|z+i|^2$$
$$\iff \{(2-i)z+1\}\{(2+i)\overline{z}+1\}=(z+i)(\overline{z}-i)$$
$$\iff 5z\overline{z}+(2-i)z+(2+i)\overline{z}+1=z\overline{z}-iz+i\overline{z}+1$$
$$\iff 4z\overline{z}+2z+2\overline{z}=0$$
$$\iff z\overline{z}+\frac{1}{2}z+\frac{1}{2}\overline{z}=0$$
$$\iff \left(z+\frac{1}{2}\right)\left(\overline{z}+\frac{1}{2}\right)=\frac{1}{4}$$
$$\iff \left|z+\frac{1}{2}\right|^2=\frac{1}{4}$$
$$\iff \left|z+\frac{1}{2}\right|=\frac{1}{2}$$

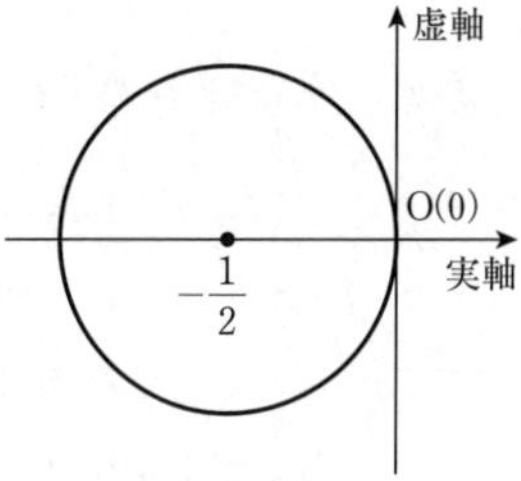

よって，点 z が描く図形は，点 $-\dfrac{1}{2}$ を中心とする

半径 $\dfrac{1}{2}$ の円であり，図3のようになる．

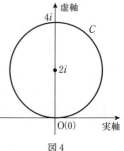

図3

[C] (1) $2|z-i|=|z+2i| \iff 4|z-i|^2=|z+2i|^2$
$$\iff 4(z-i)(\overline{z}+i)=(z+2i)(\overline{z}-2i)$$
$$\iff z\overline{z}+2iz-2i\overline{z}=0$$
$$\iff (z-2i)(\overline{z}+2i)=4$$
$$\iff |z-2i|^2=4$$
$$\iff |z-2i|=2$$

これを満たす z の描く図形 C は，点 $2i$ を中心とする半径2の円であり，図4のようになる．

図4

(2) z を w で表すと，$w=\dfrac{iz}{z-2i}$ から　　$w(z-2i)=iz$

$$z(w-i)=2iw \qquad \therefore\quad z=\dfrac{2iw}{w-i}$$

したがって

$$z\in C \iff |z-2i|=2$$

$$\iff \left|\dfrac{2iw}{w-i}-2i\right|=2$$

$$\iff \left|\dfrac{-2}{w-i}\right|=2$$

$$\iff |w-i|=1$$

よって，点 w の描く図形は，点 i を中心とする半径 1 の円となり，図 5 のようになる．

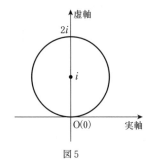

図 5

解説

$1°$　[A](2)で　①　$\iff (\bar{z})^2=-z^2=i^2z^2$

$$\iff \bar{z}=\pm iz$$

であることに注目し，$P(z)$，$Q(iz)$，$R(-iz)$ とおくと，点 P を原点 $O(0)$ のまわりに $\pm\dfrac{\pi}{2}$ だけ回転してできる点がそれぞれ Q，R である．

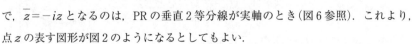

$\bar{z}=iz$ となるのは，PQ の垂直 2 等分線が実軸のときで，$\bar{z}=-iz$ となるのは，PR の垂直 2 等分線が実軸のとき（図 6 参照）．これより，点 z の表す図形が図 2 のようになるとしてもよい．

$2°$　点 z の描く図形を求めるときは，与えられた条件から z の満たすべき関係式を求めればよい．

$3°$　[A]，[C](1)では，$z=x+yi$（x，y は実数）とおき，与えられた条件を x，y で表し，x，y の満たすべき関係式を求めていく，という方針で解答してもよい（別解 1）．また，[A](1)については，z を極形式で表す解法もある（別解 2）．

$4°$　[C](1)において，$A(i)$，$B(-2i)$，$P(z)$ とおくと，関係式は，$2AP=BP$，つまり，$AP:BP=1:2$ を意味する．このように，定点 A，B，正の定数 m，n（$m\ne n$）に対して $AP:BP=m:n$ を満たす点 P の軌跡は円であり，これを**アポロニウスの円**という．

▶▶▶ **別解 1** ◀

[A]　(1)　$z=x+yi$（x, y は実数で，$(x, y) \neq (0, 0)$）とおくと

$$\frac{1}{z} = \frac{\overline{z}}{z\overline{z}} = \frac{x-yi}{x^2+y^2}$$

であるから

$$\alpha = z + \frac{1}{z} = x + yi + \frac{x-yi}{x^2+y^2}$$

$$= \frac{x(x^2+y^2+1)}{x^2+y^2} + \frac{y(x^2+y^2-1)}{x^2+y^2}i$$

したがって，α が実数となるための z の満たすべき条件は

$$\frac{y(x^2+y^2-1)}{x^2+y^2} = 0$$

$$\therefore \quad y(x^2+y^2-1) = 0$$

$$\therefore \quad y=0 \ \text{または} \ x^2+y^2=1$$

　これを満たす $z=x+yi$（$(x, y) \neq (0, 0)$）全体の図形は図 1 のようになる.

(2)　$\displaystyle |\beta| = \left| z - \frac{1}{z} \right|$, $\displaystyle z - \frac{1}{z} = x + yi - \frac{x-yi}{x^2+y^2} = \frac{x(x^2+y^2-1)}{x^2+y^2} + \frac{y(x^2+y^2+1)}{x^2+y^2}i$

であるから

$$|\alpha| = |\beta| \iff |\alpha|^2 = |\beta|^2$$

$$\iff \frac{x^2(x^2+y^2+1)^2}{(x^2+y^2)^2} + \frac{y^2(x^2+y^2-1)^2}{(x^2+y^2)^2}$$

$$= \frac{x^2(x^2+y^2-1)^2}{(x^2+y^2)^2} + \frac{y^2(x^2+y^2+1)^2}{(x^2+y^2)^2}$$

$$\iff (x^2-y^2)\{(x^2+y^2+1)^2 - (x^2+y^2-1)^2\} = 0$$

$$\iff (x^2-y^2)(x^2+y^2) = 0$$

$$\iff x^2-y^2 = 0$$

$$\iff y = \pm x$$

　よって，求める点 z の全体が表す図形は，図 2 のようになる.

[C]　(1)　$z=x+yi$（x, y は実数）とおくと

$$|z-i|^2 = |x+(y-1)i|^2 = x^2 + (y-1)^2$$

$$|z+2i|^2 = |x+(y+2)i|^2 = x^2 + (y+2)^2$$

であるから

$$2|z-i| = |z+2i| \iff 4|z-i|^2 = |z+2i|^2$$

$$\iff 4\{x^2+(y-1)^2\}=x^2+(y+2)^2$$

$$\iff x^2+y^2-4y=0$$

$$\iff x^2+(y-2)^2=4 \quad \cdots\cdots ①$$

よって，これを満たす z の描く図形 C は，点 $2i$ を中心とする半径 2 の円であり，図 4 のようになる.

▶▶▶ **別解2** ◀

$z\neq0$ のとき，$z=r(\cos\theta+i\sin\theta)$ $(r>0,\ 0\leqq\theta<2\pi)$ とおくことができる．これを利用して［A］(1)を解く.

［A］ (1) $z\neq0$ であるから，極形式で表し

$$z=r(\cos\theta+i\sin\theta) \quad (r>0,\ 0\leqq\theta<2\pi)$$

とおくことができる．このとき

$$\frac{1}{z}=r^{-1}\cdot(\cos\theta+i\sin\theta)^{-1}$$

$$=\frac{1}{r}\{\cos(-\theta)+i\sin(-\theta)\}$$

$$=\frac{1}{r}(\cos\theta-i\sin\theta)$$

$$\alpha=z+\frac{1}{z}$$

$$=r(\cos\theta+i\sin\theta)+\frac{1}{r}(\cos\theta-i\sin\theta)$$

$$=\left(r+\frac{1}{r}\right)\cos\theta+i\left(r-\frac{1}{r}\right)\sin\theta$$

したがって

$$\alpha \text{ が実数} \iff \frac{r^2-1}{r}\sin\theta=0$$

$$\iff r^2-1=0 \text{ または } \sin\theta=0$$

$$\iff r=1 \text{ または「}\theta=0 \text{ または } \pi\text{」}\ (\because\ r>0,\ 0\leqq\theta<2\pi)$$

$r=1$ は，原点 $O(0)$ を中心とする半径 1 の円を表す.

$r>0$ に注意すると，「$\theta=0$ または π」は，実軸から原点を除いたものを表す.

以上より，答を得る.

6 複素数平面上において，右図のように三角形 ABC の各辺の外側に正方形 ABEF，BCGH，CAIJ をつくる.

(1) 点 A，B，C がそれぞれ複素数 α，β，γ で表されているとき，点 F，H，J を α，β，γ の式で表せ.

(2) 3つの正方形 ABEF，BCGH，CAIJ の中心をそれぞれ P，Q，R とする. このとき線分 AQ と線分 PR は長さが等しく，AQ⊥PR であることを証明せよ.

(岡山大)

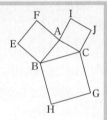

思考のひもとき ∞∞∞

1. 点 z に $\cos\theta+i\sin\theta$ を掛けてできる点 $z\cdot(\cos\theta+i\sin\theta)$ は，点 z を原点のまわりに $\boxed{\theta\,\text{だけ回転した点}}$ である.

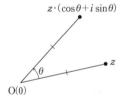

2. 図において

$$\gamma-\alpha=(\beta-\alpha)\cdot\boxed{i}$$

$$\delta-\alpha=(\beta-\alpha)\cdot\boxed{(-i)}$$

解答

(1) F(f)，H(h)，J(j) とおく.

$\overrightarrow{\mathrm{AF}}$ は，$\overrightarrow{\mathrm{AB}}$ を $-\dfrac{\pi}{2}$ 回転したものだから，$\overrightarrow{\mathrm{AF}}$ に対応する複素数は $-i\cdot(\beta-\alpha)$ となり（図1）

$$f-\alpha=-i(\beta-\alpha)$$

$$\therefore\quad f=\alpha-i(\beta-\alpha)=(1+i)\alpha-i\beta$$

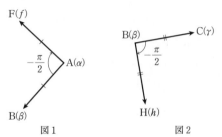

図1　　　　図2

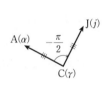

図3

同じようにして(図2, 図3)

$$\begin{cases} h-\beta=-i(\gamma-\beta) \\ j-\gamma=-i(\alpha-\gamma) \end{cases} \text{より} \quad \begin{cases} h=(1+i)\beta-i\gamma \\ j=(1+i)\gamma-i\alpha \end{cases}$$

(2) $P(p)$, $Q(q)$, $R(r)$ とおく.

正方形 ABEF の中心 P は, 対角線 BF の中点であるから

$$p=\frac{\beta+f}{2}=\frac{(1+i)\alpha+(1-i)\beta}{2}$$

同じようにすると

$$q=\frac{(1+i)\beta+(1-i)\gamma}{2}, \quad r=\frac{(1+i)\gamma+(1-i)\alpha}{2}$$

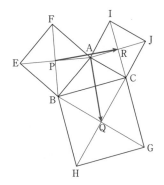

したがって, $\overrightarrow{AQ}$, $\overrightarrow{PR}$ を表す複素数は

$$\overrightarrow{AQ}=q-\alpha=-\alpha+\frac{1}{2}(1+i)\beta+\frac{1}{2}(1-i)\gamma$$

$$\overrightarrow{PR}=r-p=-i\alpha-\frac{1}{2}(1-i)\beta+\frac{1}{2}(1+i)\gamma$$

$$=i\left\{-\alpha+\frac{1}{2}(1+i)\beta+\frac{1}{2}(1-i)\gamma\right\}$$

$$\therefore \quad r-p=i(q-\alpha)$$

よって, $\overrightarrow{PR}$ は $\overrightarrow{AQ}$ を(原点のまわりに) $\frac{\pi}{2}$ だけ回転したもの.

ゆえに $\begin{cases} AQ=PR \\ AQ\perp PR \end{cases}$ □

解説

1° 解答ではベクトルを用いて表現したが, ベクトルを持ち出さずに,

(1)の点 F(f) は, 点 B(β) を点 A(α) のまわりに $-\frac{\pi}{2}$ 回転した点だから

$$f-\alpha=-i(\beta-\alpha)$$

のように書いてもよい.

いずれの表現で書くにしても, (1)のポイントは

$$f-\alpha=-i(\beta-\alpha), \quad h-\beta=-i(\gamma-\beta), \quad j-\gamma=-i(\alpha-\gamma)$$

であることに気づくことである.

2°　$A(\alpha)$, $B(\beta)$ を結ぶ線分を $m:n$ に内分した点を表す複素数は

$$\frac{n\alpha + m\beta}{m+n}$$

である．特に，中点の場合（$m=n$ の場合）

$$\frac{\alpha+\beta}{2}$$

である．(2)ではこの中点の公式を用いた．

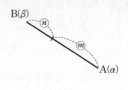

3°　右図において

$$\overrightarrow{\mathrm{PR}} \text{ は } \overrightarrow{\mathrm{AQ}} \text{ を } \theta \text{ 回転したものである}$$

$$\Longleftrightarrow \quad r-p = (q-\alpha)\cdot(\cos\theta + i\sin\theta)$$

特に，$\theta = \dfrac{\pi}{2}$ として

$$\overrightarrow{\mathrm{PR}} \text{ は, } \overrightarrow{\mathrm{AQ}} \text{ を } \frac{\pi}{2} \text{ 回転したものである}$$

$$\Longleftrightarrow \quad r-p = (q-\alpha)\cdot i$$

この基本事項が(2)の鍵となる．

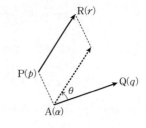

7 複素数平面上を，点Pが次のように移動する．

1. 時刻 0 では，P は原点にいる．時刻 1 まで，P は実軸の正の方向に速さ 1 で移動する．移動後のPの位置を $\mathrm{Q}_1(z_1)$ とすると，$z_1 = 1$ である．

2. 時刻 1 に P は $\mathrm{Q}_1(z_1)$ において進行方向を $\dfrac{\pi}{4}$ 回転し，時刻 2 までその方向に速さ $\dfrac{1}{\sqrt{2}}$ で移動する．移動後のPの位置を $\mathrm{Q}_2(z_2)$ とすると，$z_2 = \dfrac{3+i}{2}$ である．

3. 以下同様に，時刻 n に P は $\mathrm{Q}_n(z_n)$ において進行方向を $\dfrac{\pi}{4}$ 回転し，時刻 $n+1$ までその方向に速さ $\left(\dfrac{1}{\sqrt{2}}\right)^n$ で移動する．移動後のPの位置を $\mathrm{Q}_{n+1}(z_{n+1})$ とする．ただし n は自然数である．

$\alpha = \dfrac{1+i}{2}$ として，次の問いに答えよ．

(1) z_3, z_4 を求めよ．

(2) z_n を α, n を用いて表せ．

(3) P が $\mathrm{Q}_1(z_1)$，$\mathrm{Q}_2(z_2)$，……と移動するとき，P はある点 $\mathrm{Q}(w)$ に限りなく近づく．w を求めよ．

(4) z_n の実部が(3)で求めた w の実部より大きくなるようなすべての n を求めよ．

(広島大)

思考のひもとき 〰〰〰

1. 右図において

$$r - p = (q - p) \cdot \boxed{(\cos\theta + i\sin\theta)}$$

2. $\overrightarrow{\mathrm{PQ}}$ を θ 回転させ，a 倍すると $\overrightarrow{\mathrm{PR}}$ となるとき

$$r - p = (q - p) \cdot \boxed{a(\cos\theta + i\sin\theta)}$$

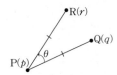

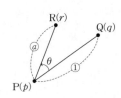

解答

(1) $\mathrm{Q}_0(0)$，$z_0 = 0$ とする．条件1，2，3より

$$\overrightarrow{\mathrm{Q}_0\mathrm{Q}_1} \text{ を } \dfrac{\pi}{4} \text{ 回転させ，} \dfrac{1}{\sqrt{2}} \text{ 倍すると } \overrightarrow{\mathrm{Q}_1\mathrm{Q}_2} \text{ になり}$$

$$\overrightarrow{\mathrm{Q}_1\mathrm{Q}_2} \text{ を } \dfrac{\pi}{4} \text{ 回転させ，} \dfrac{1}{\sqrt{2}} \text{ 倍すると } \overrightarrow{\mathrm{Q}_2\mathrm{Q}_3} \text{ になり}$$

$\overrightarrow{Q_2Q_3}$ を $\dfrac{\pi}{4}$ 回転させ，$\dfrac{1}{\sqrt{2}}$ 倍すると $\overrightarrow{Q_3Q_4}$ になるから

$\alpha = \dfrac{1+i}{2} = \dfrac{1}{\sqrt{2}}\left(\cos\dfrac{\pi}{4} + i\sin\dfrac{\pi}{4}\right)$ を用いると

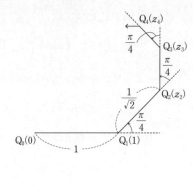

$$\begin{cases} z_2 - z_1 = \alpha(z_1 - z_0) = \alpha \\ z_3 - z_2 = \alpha(z_2 - z_1) \\ z_4 - z_3 = \alpha(z_3 - z_2) \end{cases}$$

$$\therefore \begin{cases} z_3 = z_2 + \alpha(z_2 - z_1) \\ \quad = \dfrac{3+i}{2} + \dfrac{1+i}{2}\cdot\dfrac{1+i}{2} = \dfrac{3+2i}{2} \\ z_4 = z_3 + \alpha(z_3 - z_2) \\ \quad = \dfrac{3+2i}{2} + \dfrac{1+i}{2}\cdot\dfrac{i}{2} = \dfrac{5+5i}{4} \end{cases}$$

(2) 条件 1，2，3 より

$\overrightarrow{Q_{k-1}Q_k}$ を $\dfrac{\pi}{4}$ 回転させ，$\dfrac{1}{\sqrt{2}}$ 倍すると

$\overrightarrow{Q_kQ_{k+1}}$ $(k=1,\ 2,\ 3,\ \cdots\cdots)$

となるから

$$z_{k+1} - z_k = \alpha\cdot(z_k - z_{k-1}) \quad (k=1,\ 2,\ 3,\ \cdots\cdots) \quad \cdots\cdots①$$

が成り立つ．①は，数列 $\{z_k - z_{k-1}\}$ が公比 α の等比数列であることを示しているから

$$z_{n+1} - z_n = \alpha^n\cdot(z_1 - z_0) = \alpha^n \quad (n=0,\ 1,\ 2,\ \cdots\cdots) \quad \cdots\cdots②$$

$n\geqq 1$ のとき，② より

$$z_n = z_0 + \sum_{k=1}^{n}(z_k - z_{k-1}) = \sum_{k=1}^{n}\alpha^{k-1} = \dfrac{1-\alpha^n}{1-\alpha} \quad (\because \quad \alpha \neq 1)$$

(3) $\quad |\alpha^n| = |\alpha|^n = \left(\dfrac{1}{\sqrt{2}}\right)^n \longrightarrow 0 \quad (n\longrightarrow\infty \text{ のとき}) \quad \left(\because \quad 0 < \dfrac{1}{\sqrt{2}} < 1\right)$

より，$n\longrightarrow\infty$ のとき，α^n は限りなく 0 に近づくから，z_n は

$$w = \dfrac{1-0}{1-\alpha} = \dfrac{2}{1-i} = 1+i \text{ に限りなく近づく．}$$

(4) z_n の実部 $\mathrm{Re}(z_n)$ が，w の実部 $\mathrm{Re}(w)=1$ より大きくなる n を求めればよい．

ここで，ド・モアブルの公式を用いると

$$\alpha^n = \left(\dfrac{1}{\sqrt{2}}\right)^n\left(\cos\dfrac{\pi}{4} + i\sin\dfrac{\pi}{4}\right)^n = \left(\dfrac{1}{\sqrt{2}}\right)^n\left(\cos\dfrac{n\pi}{4} + i\sin\dfrac{n\pi}{4}\right)$$

$$z_n = (1-\alpha^n) \cdot \frac{1}{1-\alpha} = \left\{1 - \left(\frac{1}{\sqrt{2}}\right)^n \cos\frac{n\pi}{4} - i\cdot\left(\frac{1}{\sqrt{2}}\right)^n \sin\frac{n\pi}{4}\right\}(1+i)$$

であるから，z_n の実部は

$$\mathrm{Re}(z_n) = 1 - \left(\frac{1}{\sqrt{2}}\right)^n\left(\cos\frac{n\pi}{4} - \sin\frac{n\pi}{4}\right)$$

したがって，$\mathrm{Re}(z_n) > 1 = \mathrm{Re}(w)$ となる条件は

$$\cos\frac{n\pi}{4} < \sin\frac{n\pi}{4}$$

これを満たす n を求めて

$$\frac{n\pi}{4} = 2k\pi + \frac{\pi}{2},\ \ 2k\pi + \frac{3}{4}\pi,\ \ 2k\pi + \pi$$

$$\therefore\ \ n = 8k+2,\ 8k+3,\ 8k+4 \quad (k \text{ は 0 以上の整数})$$

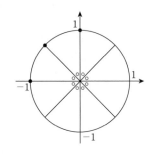

解説

$1°$ (3)において，$\alpha^n = \left(\frac{1}{\sqrt{2}}\right)^n\left(\cos\frac{n\pi}{4} + i\sin\frac{n\pi}{4}\right)$ であり

$$\left|\left(\frac{1}{\sqrt{2}}\right)^n \cos\frac{n\pi}{4}\right| \leqq \left(\frac{1}{\sqrt{2}}\right)^n \longrightarrow 0 \quad (n \longrightarrow \infty \text{ のとき})$$

$$\left|\left(\frac{1}{\sqrt{2}}\right)^n \sin\frac{n\pi}{4}\right| \leqq \left(\frac{1}{\sqrt{2}}\right)^n \longrightarrow 0 \quad (n \longrightarrow \infty \text{ のとき})$$

であるから，$n \longrightarrow \infty$ のとき，α^n は 0 に限りなく近づくといってもよい．

$2°$ z_n の実部，虚部をそれぞれ x_n，y_n とし，$z_n = x_n + y_n i$ とする．

$$\alpha^4 = \left(\frac{1}{\sqrt{2}}\right)^4(\cos\pi + i\sin\pi) = -\frac{1}{4}$$

$$\alpha^8 = \frac{1}{16}$$

であるから，$\alpha^{8k} = \left(\frac{1}{16}\right)^k = \left(\frac{1}{\sqrt{2}}\right)^{8k}$ であり

$$z^{8k} = \left\{1 - \left(\frac{1}{\sqrt{2}}\right)^{8k}\right\}(1+i)$$

$$\therefore\ \ x_{8k} = 1 - \left(\frac{1}{\sqrt{2}}\right)^{8k} \quad (k \text{ は 0 以上の整数})$$

$$\overrightarrow{Q_{8k}Q_{8k+1}} = \left(\frac{1}{\sqrt{2}}\right)^{8k}\overrightarrow{Q_0 Q_1}\ \text{だから}$$

$$x_{8k+1} = x_{8k} + \left(\frac{1}{\sqrt{2}}\right)^{8k} = 1$$

同様にして

$$x_{8k+2} = x_{8k+1} + \left(\frac{1}{\sqrt{2}}\right)^{8k+1} \cdot \frac{1}{\sqrt{2}} = 1 + \left(\frac{1}{\sqrt{2}}\right)^{8k+2}$$

$$x_{8k+3} = x_{8k+2}$$

$$x_{8k+4} = x_{8k+3} - \left(\frac{1}{\sqrt{2}}\right)^{8k+3} \cdot \frac{1}{\sqrt{2}} = 1 + \left(\frac{1}{\sqrt{2}}\right)^{8k+4}$$

$$x_{8k+5} = x_{8k+4} - \left(\frac{1}{\sqrt{2}}\right)^{8k+4} = 1$$

$$x_{8k+6} = x_{8k+5} - \left(\frac{1}{\sqrt{2}}\right)^{8k+5} \cdot \frac{1}{\sqrt{2}} = 1 - \left(\frac{1}{\sqrt{2}}\right)^{8k+6}$$

$$x_{8k+7} = x_{8k+6}$$

$$x_{8k+8} = x_{8k+7} + \left(\frac{1}{\sqrt{2}}\right)^{8k+7} \cdot \frac{1}{\sqrt{2}} = 1 - \left(\frac{1}{\sqrt{2}}\right)^{8k+8}$$

したがって

$$x_{8k+6} = x_{8k+7} < x_{8k+8} < 1 = x_{8k+1} = x_{8k+5} < x_{8k+4} < x_{8k+2} = x_{8k+3}$$

となり，答を得ることもできる．

---

8 n を 2 以上の整数とする．複素数平面上の原点を中心とし，半径 1 の円を n 等分する円周上の点を A_1, A_2, ……, A_n とする．線分 A_1A_n, A_2A_n, ……, $A_{n-1}A_n$ の長さをそれぞれ a_1, a_2, ……, a_{n-1} とするとき，$a_1 a_2 \cdots a_{n-1} = n$ であることを証明せよ．

（島根医科大）

思考のひもとき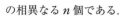

1. 2 点 $A(\alpha)$, $B(\beta)$ を結ぶ線分 AB の長さは

$$AB = \boxed{|\beta - \alpha|}$$

2. $\alpha = \cos\dfrac{2\pi}{n} + i\sin\dfrac{2\pi}{n}$ とすると，$z^n - 1 = 0$ の解は

$$z = \boxed{1, \ \alpha, \ \alpha^2, \ \cdots\cdots, \ \alpha^{n-1}}$$

の相異なる n 個である．

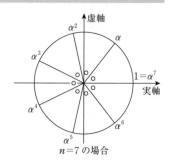

n=7 の場合

解答

右図のように，$A_n(1)$ となるように複素数平面を設

定し，$A_1(\alpha)$ とおくと，

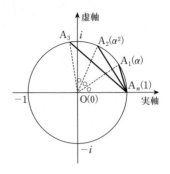

$\angle A_1OA_n = \dfrac{2\pi}{n}$ であるから

$$\alpha = \cos\frac{2\pi}{n} + i\sin\frac{2\pi}{n}$$

である．このとき，ド・モアブルの定理より

$$\alpha^k = \left(\cos\frac{2\pi}{n} + i\sin\frac{2\pi}{n}\right)^k$$

$$= \cos\frac{2k\pi}{n} + i\sin\frac{2k\pi}{n}$$

であり

$$A_k(\alpha^k), \quad a_k = A_kA_n = |1-\alpha^k| \quad (k=1, 2, 3, \cdots\cdots, n-1)$$

である．

したがって

$$a_1a_2\cdots\cdots a_{n-1} = |1-\alpha||1-\alpha^2|\cdots\cdots|1-\alpha^{n-1}|$$

$$= |(1-\alpha)(1-\alpha^2)\cdots\cdots(1-\alpha^{n-1})|$$

となる．ここで

$$f(z) = (z-\alpha)(z-\alpha^2)\cdots\cdots(z-\alpha^{n-1})$$

とおくと　　$a_1a_2\cdots\cdots a_{n-1} = |f(1)|$

一方，$z^n-1=0$ の解は，$z=1, \alpha, \alpha^2, \cdots\cdots, \alpha^{n-1}$ の相異なる n 個であるから，因数

定理より

$$z^n-1 = (z-1)(z-\alpha)(z-\alpha^2)\cdots\cdots(z-\alpha^{n-1})$$

$$z^n-1 = (z-1)(z^{n-1}+\cdots\cdots+z+1)$$

であることを考えると

$$f(z) = (z-\alpha)(z-\alpha^2)\cdots\cdots(z-\alpha^{n-1})$$

$$= z^{n-1}+\cdots\cdots+z+1$$

$$\therefore \quad f(1) = n$$

ゆえに　　$a_1a_2\cdots\cdots a_{n-1} = |f(1)| = n$　□

解説

1° $n=3$, 4 の場合

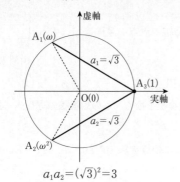

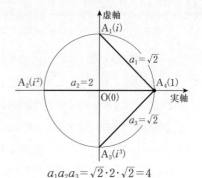

$$a_1 a_2 = (\sqrt{3})^2 = 3$$

$$a_1 a_2 a_3 = \sqrt{2} \cdot 2 \cdot \sqrt{2} = 4$$

のように具体的に求められる $\left(\omega = \cos\dfrac{2\pi}{3} + i\sin\dfrac{2\pi}{3} = \dfrac{-1+\sqrt{3}\,i}{2}\right.$ とおくと,

$\omega^2 = \dfrac{-1-\sqrt{3}\,i}{2}$, $\omega^3 = 1\Big)$. $a_1 = A_1 A_n$, $a_2 = A_2 A_n$, ……, $a_{n-1} = A_{n-1} A_n$ のように,

扱うすべての線分の端点の1つが A_n であるから, やはり, $A_n(1)$ とおき, 正の向き

に順に A_1, A_2, ……, A_{n-1} となるように複素数平面を設定したくなる.

2° 2以上の整数 n に対して, 1の n 乗根, つまり $z^n = 1$ の解は

$$z = \cos\frac{2k\pi}{n} + i\sin\frac{2k\pi}{n} \quad (k=0,\ 1,\ 2,\ \cdots\cdots,\ n-1) \qquad \cdots\cdots(*)$$

の n 個である.

　このことは, ド・モアブルの定理を用い, 問題1の[B]と同じようにすると示すこ

とができる.

　ここで, $\alpha = \cos\dfrac{2\pi}{n} + i\sin\dfrac{2\pi}{n}$ とおくと

$$\alpha^k = \cos\frac{2k\pi}{n} + i\sin\frac{2k\pi}{n}$$

となるから, $(*)$ の n 個の解は

$$z = 1,\ \alpha,\ \alpha^2,\ \cdots\cdots,\ \alpha^{n-1}$$

と表すこともできる.

　そこで, 因数定理を用いると

$$z^n - 1 = (z-1)(z-\alpha)(z-\alpha^2)\cdots\cdots(z-\alpha^{n-1})$$

と因数分解できることが示される.

9 [A]　方程式 $2y^2+3x+4y+5=0$ の表す放物線の焦点の座標は（ □ , □ ）

であり，準線の方程式は □ である．　　　　　　　　　（山梨大）

[B]　(1)　点 A(2, 0) を中心とする半径1の円と直線 $x=-1$ の両方に接し，点 A

を内部に含まない円の中心の軌跡は放物線を描く．この放物線の方程式，焦

点の座標，準線の方程式を求めよ．

(2)　$a>0$ に対して，$Q(-a, 0)$ とする．この放物線上の点 P が，AP＝AQ を

満たすとき，直線 PQ の方程式を求めよ．

(3)　直線 PQ はこの放物線の接線であることを示せ．　　　　（愛知教育大）

思考のひもとき 〰〰〰〰

1.　定点 F と定直線 l のいずれ

に対する距離も等しいような

点の軌跡を 放物線 という．

この定点 F を 焦点 ，定直線

l を 準線 という（図1）.

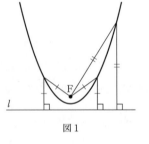

図1

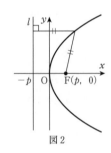

図2

2.　焦点 $(p, 0)$，準線 $x=-p$ の放物線（図2）の方程式は

$$y^2=4px$$

解答

[A]　与えられた方程式は

$$(y+1)^2=-\frac{3}{2}(x+1) \quad \cdots\cdots ①$$

と変形できる．これは，放物線 $y^2=-\dfrac{3}{2}x$ $\cdots\cdots ②$

を x 軸方向に -1，y 軸方向に -1 だけ平行移動し

た放物線を表す．②の焦点は $\left(-\dfrac{3}{8}, 0\right)$，準線は

$x=\dfrac{3}{8}$.

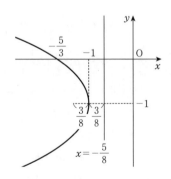

したがって，①の焦点は，$\left(-\dfrac{3}{8},\ 0\right)+(-1,\ -1)$ より　$\left(-\dfrac{11}{8},\ -1\right)$

準線は，$x=\dfrac{3}{8}-1$ より　$x=-\dfrac{5}{8}$

［B］　(1)　中心 A(2, 0)，半径 1 の円 C_0 と直線 $x=-1$ の両方に接し，点 A を内部に含まない円を C，その中心を P，半径を r とする．

　　　C が C_0 に接するのは，内接と外接の場合があるが，C が C_0 の内側で内接すると $x=-1$ と接することはできないし，C が C_0 を内部に含んで内接すると点 A を内部に含んでしまう．よって，円 C は円 C_0 と外接することになるから

　　　　　(中心間距離)=(半径の和)　　　∴　AP=1+r

　　　円 C は直線 $x=-1$ に右側から接するから，中心 P と直線 $x=-1$ の距離が r であり，点 P から直線 $x=-2$ への垂線の長さは，PH=r+1 となる．

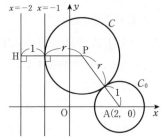

　　　したがって　　PA=PH

　　　これを満たす点 P の軌跡は，焦点 A(2, 0)，準線 $x=-2$ の放物線である．その方程式は

　　　　　$y^2=4\cdot2x$　　　∴　$y^2=8x$　……①

(2)　Q($-a$, 0)($a>0$) に対して　　AQ=a+2

　　　AP=AQ を満たす①上の点 P(x, y) は

$$\begin{cases} y^2=8x \\ (x-2)^2+y^2=(a+2)^2 \end{cases}$$

を満たす．y を消去すると

　　　　　$(x-2)^2+8x=(a+2)^2$

　　　∴　$x^2+4x-a^2-4a=(x-a)(x+a+4)=0$

　　　$x\geqq0$ であるから　　$x=a$，$y=\pm2\sqrt{2a}$

　　　∴　P(a, $\pm2\sqrt{2a}$)

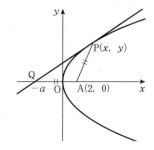

　　　このとき

　　　　　(PQ の傾き)$=\dfrac{\pm2\sqrt{2a}}{a+a}=\pm\sqrt{\dfrac{2}{a}}$

となり，求める直線 PQ の方程式は

　　　　　$y=\pm\sqrt{\dfrac{2}{a}}(x+a)$

(3) 直線 PQ の方程式は $x=\pm\sqrt{\dfrac{a}{2}}\,y-a$ と表せる．これを①に代入し，x を消去し

てできる y の2次方程式は

$$y^2=8\left(\pm\sqrt{\frac{a}{2}}\,y-a\right) \qquad \therefore \quad (y\mp 2\sqrt{2a})^2=0$$

となる．

これは重解をもつから，直線 PQ は，放物線①の接線である． $\square$

解説

1° ［A］について．①より頂点が $(-1,\ -1)$ で，$y^2=4\cdot\left(-\dfrac{3}{8}\right)x$ ……Ⓐ と合同な放物

線であることがわかる．Ⓐの頂点 $(0,\ 0)$，焦点 $\left(-\dfrac{3}{8},\ 0\right)$，準線 $x=\dfrac{3}{8}$ なので，図

を参照して考えればよい．

2° ［B］(1)で，円 C が円 C_0 と接するのは，内接と外接がある．

C が C_0 の中で内接すると，C は直線 $x=-1$ と接することはできないし，C_0 が C の
中で内接すると，C は点 A を内部に含んでしまう．これより，内接はありえない．
したがって，C は C_0 と外接することになる．

3° ［B］(1)で，$P(x,\ y)$ とおき，$AP=r+1$ を求めた後，次のように軌跡の方程式を求
めてもよい．

$AP=r+1$ より $\quad\sqrt{(x-2)^2+y^2}=r+1$ ……Ⓑ

一方，円 C は右側から $x=-1$ に接するから

(中心 P と $x=-1$ との距離)$=$(円 C の半径) より

$\qquad x+1=r,\ x>-1$

これをⒷに代入して $\quad\sqrt{(x-2)^2+y^2}=x+2$

両辺2乗して $\quad (x-2)^2+y^2=(x+2)^2$

$\qquad \therefore \quad y^2=8x$

4° ［B］(3)では，①の両辺を x で微分する方法で次のように解答してもよい．

①の両辺を x で微分すると

$$2y\frac{dy}{dx}=8 \qquad \therefore \quad \frac{dy}{dx}=\frac{4}{y} \quad (y\neq 0 \text{のとき})$$

$2\sqrt{2a}\neq 0$ であるから，点 $P(a,\ \pm 2\sqrt{2a})$ における接線の方程式は

$$y = \pm \frac{4}{2\sqrt{2a}}(x-a) \pm 2\sqrt{2a} \quad \text{(複号同順)}$$

$$\therefore \quad y = \pm \sqrt{\frac{2}{a}}(x+a)$$

(2)の結果と合わせると，直線PQは，この放物線のPにおける接線である． □

5° ［B］(2)，(3)の結果より次のことがわかる．

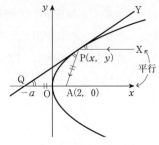

右図のようにx軸に平行にPXを，またYをとると

$$\angle XPY = \angle PQA = \angle APQ$$

となる．これより，放物線には，「対称軸に平行に
入ってきた光線は，反射すると必ず焦点を通る」性
質があることがわかる．

6° 放物線の接線について，次のような公式がある．

> 放物線 $y^2 = 4px$ 上の点 $(x_0,\ y_0)$ における接線は　　$y_0 y = 2p(x+x_0)$

(∵ $(x_0,\ y_0)$ は，$y^2 = 4px\ (p \neq 0)$ ……Ⓐ 上にあるから　　$y_0{}^2 = 4px_0$

Ⓐの両辺を x で微分すると

$$2yy' = 4p \qquad \therefore \quad y' = \frac{2p}{y} \quad (y \neq 0 \text{ のとき})$$

（ⅰ）$y_0 \neq 0$ のとき，接線の傾きは $\dfrac{2p}{y_0}$ となるから，接線の方程式は

$$y = \frac{2p}{y_0}(x-x_0) + y_0 \qquad \therefore \quad y_0 y = 2px - 2px_0 + y_0{}^2$$

$y_0{}^2 = 4px_0$ だから　　$y_0 y = 2p(x+x_0)$

（ⅱ）$y_0 = 0$ のとき，$x_0 = 0$ で，原点における接線は $x = 0$ であり，

$y_0 y = 2p(x+x_0)$ と表せる．

（ⅰ），（ⅱ）より，公式を得る． □）

これを用いて，［B］(3)を解くと次のようになる．

▶▶▶ **別解** ◀

［B］(3)　放物線 $y^2 = 8x$ 上の点 $P(a,\ \pm 2\sqrt{2a})$ における接線は

$$\pm 2\sqrt{2a}\, y = 4(x+a) \qquad \therefore \quad y = \pm \sqrt{\frac{2}{a}}(x+a)$$

と表せる．(2)の結果と合わせると，これは直線PQと一致する． □

10 [A] 楕円 $9x^2+4y^2+36x-40y+100=0$ の2つの焦点のうち，y 座標が大きい方の座標は ☐ である．この楕円の長軸の長さは ☐ である． （山梨大）

[B] 円 $C:x^2+y^2=1$ と点 $A(x_0, 0)$ があり，

$0<x_0<1$ とする．原点 O と円 C 上の点 B を通る直線 l_1 と線分 AB の垂直二等分線 l_2 の交点を P とする．点 B が円 C 上を動くとき，点 P の軌跡の方程式を求めよ．また，その方程式が表す図形を図示せよ．

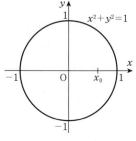

（名古屋市立大）

思考のひもとき

1. 2つの定点 F_1，F_2 への距離の和が一定な点 P の軌跡を **楕円** という．この2つの定点を **焦点** という．

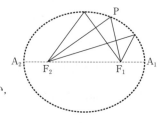

このとき，右図の A_1A_2 をこの楕円の **長軸** といい，その長さは，**距離の和である一定値と等しい**．

2. $\dfrac{x^2}{a^2}+\dfrac{y^2}{b^2}=1$ について．

(i) $0<b<a$ のとき

焦点 $(\pm\sqrt{a^2-b^2}, 0)$，

長軸の長さ $2a$

の横長の楕円を表す．

(ii) $0<a<b$ のとき

焦点 $(0, \pm\sqrt{b^2-a^2})$，

長軸の長さ $2b$

の縦長の楕円を表す．

(i)
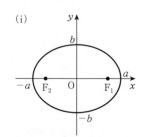

(ii)
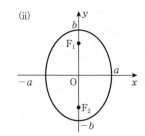

解答

［A］　与えられた方程式は

$$9(x+2)^2+4(y-5)^2=36 \qquad \therefore \quad \frac{(x+2)^2}{2^2}+\frac{(y-5)^2}{3^2}=1 \quad \cdots\cdots ①$$

と変形できる．これは楕円 $\dfrac{x^2}{2^2}+\dfrac{y^2}{3^2}=1$ を x 軸方向に -2,

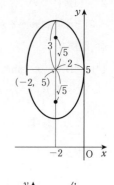

y 軸方向に5だけ平行移動した楕円を表す．

$\sqrt{3^2-2^2}=\sqrt{5}$ だから，①の焦点は $(-2,\ 5\pm\sqrt{5})$ の2つで，

そのうち y 座標が大きい方は　　$\mathbf{(-2,\ 5+\sqrt{5})}$

長軸の長さは　　$2\times3=\mathbf{6}$

［B］　l_2 は AB の垂直二等分線であるから，PA＝PB となる．

したがって

$$PO+PA=PO+PB=OB=1（一定）$$

を満たしながら点Pは動く．

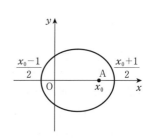

よって，点Pの軌跡は，2点O，Aを焦点とする

長軸の長さ1の楕円である．

O，A は x 軸上にあり，OA の中点が $\left(\dfrac{x_0}{2},\ 0\right)$ で

あることを考えると，この楕円は

$$\frac{\left(x-\dfrac{x_0}{2}\right)^2}{\left(\dfrac{1}{2}\right)^2}+\frac{y^2}{b^2}=1 \quad \left(0<b<\frac{1}{2}\right)$$

と表せる．ここで焦点がO，Aであることから

$$\sqrt{\left(\frac{1}{2}\right)^2-b^2}=\frac{x_0}{2} \qquad \therefore \quad b=\frac{\sqrt{1-x_0{}^2}}{2}$$

ゆえに，点Pの軌跡である楕円の方程式は

$$\frac{\left(x-\dfrac{x_0}{2}\right)^2}{\left(\dfrac{1}{2}\right)^2}+\frac{y^2}{\left(\dfrac{\sqrt{1-x_0{}^2}}{2}\right)^2}=\mathbf{1}$$

であり，図示すると右のようになる．

解説

1° ［A］について．①より，楕円の中心は$(-2, 5)$で，$0<2<3$だから縦長で，中心から上下へ$\sqrt{3^2-2^2}=\sqrt{5}$だけずれた所に焦点があるとわかる．

2° ［B］について．解答のように，$\mathrm{PO}+\mathrm{PA}=1$（一定）に気づけば，点Pの軌跡が楕円とすぐにわかるが，気がつかないと，次のように解くことになる．

▶▶▶ 別解 ◀

［B］　$\mathrm{B}(\cos\theta, \sin\theta)\ (0\leqq\theta<2\pi)$と表せる．

このとき　　$l_1 : x\sin\theta-y\cos\theta=0$　……①

一方，l_2は，ABの中点$\left(\dfrac{x_0+\cos\theta}{2},\ \dfrac{\sin\theta}{2}\right)$を通り，$\overrightarrow{\mathrm{AB}}=\begin{pmatrix}\cos\theta-x_0\\\sin\theta\end{pmatrix}$に垂直な直線だから

$$l_2 : (\cos\theta-x_0)\left(x-\frac{x_0+\cos\theta}{2}\right)+(\sin\theta)\left(y-\frac{\sin\theta}{2}\right)=0 \quad \cdots\cdots ②$$

l_1とl_2の交点Pの軌跡を求めるには，①，②からθを消去し，x，yの関係式を求めればよい．そこで②を変形し

$$x\cos\theta+y\sin\theta=x_0 x+\frac{1}{2}(1-x_0{}^2) \quad \cdots\cdots ②'$$

①，②′の両辺を2乗して，辺々たすと

$$x^2+y^2=\left\{x_0 x+\frac{1}{2}(1-x_0{}^2)\right\}^2$$

$$\therefore\quad (1-x_0{}^2)x^2-x_0(1-x_0{}^2)x+y^2=\frac{1}{4}(1-x_0{}^2)^2$$

$$(1-x_0{}^2)\left(x-\frac{x_0}{2}\right)^2+y^2=\frac{1}{4}(1-x_0{}^2)$$

$$\therefore\quad \frac{\left(x-\dfrac{x_0}{2}\right)^2}{\left(\dfrac{1}{2}\right)^2}+\frac{y^2}{\left(\dfrac{\sqrt{1-x_0{}^2}}{2}\right)^2}=1$$

図は解答のようになる．

(注) ABの垂直二等分線上の点(x, y)は，A，Bから等距離にあるから

$$(x-x_0)^2+y^2=(x-\cos\theta)^2+(y-\sin\theta)^2$$

より，l_2の方程式として②′を得ることもできる．

11 ［A］　頂点間の距離が 24 であり，焦点が $(20, 0)$ と $(-20, 0)$ である双曲線の方程式を求めよ．　　　　　　　　　　　　　　　　　　　　　（九州歯科大）

　［B］　方程式 $\dfrac{x^2}{2-t}+\dfrac{y^2}{1-t}=1$ で表される 2 次曲線について，次の問いに答えよ．ただし，$t \neq 1$，$t \neq 2$ とする．

　　(1)　2 次曲線 $\dfrac{x^2}{2-t}+\dfrac{y^2}{1-t}=1$ が点 $(1, 1)$ を通るとき，t の値を定めよ．また，そのときの焦点の座標を求めよ．

　　(2)　定点 (a, a) $(a \neq 0)$ を通る 2 次曲線 $\dfrac{x^2}{2-t}+\dfrac{y^2}{1-t}=1$ は 2 つあり，1 つは楕円，もう 1 つは双曲線であることを示せ．また，それらは同一の焦点をもつことを示せ．　　　　　　　　　　　　　　　　　　　　　　（宇都宮大）

思考のひもとき ∽∽∽

1. 双曲線 $\dfrac{x^2}{a^2}-\dfrac{y^2}{b^2}=1$ の焦点は $\boxed{(\pm\sqrt{a^2+b^2},\ 0)}$，頂点は $\boxed{(\pm a,\ 0)}$．

　漸近線は $\boxed{y=\pm\dfrac{b}{a}x}$

2. $\dfrac{x^2}{A}+\dfrac{y^2}{B}=1$ について

　これが楕円を表すのは，$\boxed{A,\ B \text{ がともに正のときである}}$．

　これが双曲線を表すのは，$\boxed{A,\ B \text{ が異符号（一方が正で，他方が負）のときである}}$．

解答

［A］　焦点が $(\pm 20, 0)$ の双曲線は

$$\frac{x^2}{a^2}-\frac{y^2}{b^2}=1 \quad (a>0,\ b>0,\ \sqrt{a^2+b^2}=20)$$

で表せる．この頂点 $(\pm a, 0)$ の間の距離が 24 であることから

　　　　　$a=12$

　　　　　$\therefore\quad b^2=20^2-a^2=20^2-12^2=256$

　　　　　$\therefore\quad b=\sqrt{256}=16$

よって，この双曲線の方程式は

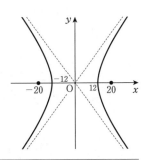

$$\frac{x^2}{12^2}-\frac{y^2}{16^2}=1$$

[B] $\quad\dfrac{x^2}{2-t}+\dfrac{y^2}{1-t}=1\quad(t\neq1,\ t\neq2)\quad\cdots\cdots①$

(1) ①が $(1,\ 1)$ を通るとき $\quad\dfrac{1}{2-t}+\dfrac{1}{1-t}=1$

$\quad 1-t+2-t=(2-t)(1-t)\qquad\therefore\quad t^2-t-1=0$

これより，求める t は $\quad t=\dfrac{1\pm\sqrt5}{2}$

(i) $t=\dfrac{1+\sqrt5}{2}$ のとき，$1<\dfrac{1+\sqrt5}{2}<2$ であるから，$2-t>0$，$1-t<0$ となり，①は

双曲線 $\dfrac{x^2}{2-t}-\dfrac{y^2}{t-1}=1$ である．

その焦点は $\quad(\pm\sqrt{(2-t)+(t-1)},\ 0)\quad$つまり $\quad(\pm1,\ 0)$

(ii) $t=\dfrac{1-\sqrt5}{2}$ のとき，$\dfrac{1-\sqrt5}{2}<1$ であるから，$2-t>0$，$1-t>0$ となり，①は楕

円である．

その焦点は $\quad(\pm\sqrt{(2-t)-(1-t)},\ 0)\quad$つまり $\quad(\pm1,\ 0)$

(i)，(ii)より，求める焦点の座標は $\quad(\pm1,\ 0)$

(2) ①が定点 $(a,\ a)\ (a\neq0)$ を通るとき $\quad\dfrac{a^2}{2-t}+\dfrac{a^2}{1-t}=1$

つまり，$a^2(1-t+2-t)=(2-t)(1-t)$ より

$\quad t^2+(2a^2-3)t-3a^2+2=0\quad\cdots\cdots②$

②の左辺を $f(t)$ とおくと

$\quad f(1)=-a^2<0,\ \ f(2)=a^2>0$

であるから，②は異なる2つの実数解 $\alpha,\ \beta$ をもち，

$\alpha<1<\beta<2$ を満たす．

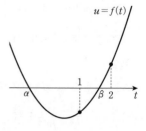

(i) $t=\alpha$ のとき，$2-t=2-\alpha>0$，$1-t=1-\alpha>0$ だから，①は楕円で，その焦点
は $(\pm\sqrt{(2-\alpha)-(1-\alpha)},\ 0)$ より $\quad(\pm1,\ 0)$

(ii) $t=\beta$ のとき，$2-t=2-\beta>0$，$1-t=1-\beta<0$ だから，①は双曲線で，その焦
点は $(\pm\sqrt{(2-\beta)+(\beta-1)},\ 0)$ より $\quad(\pm1,\ 0)$

(i), (ii)より，1つは楕円 $\dfrac{x^2}{2-\alpha}+\dfrac{y^2}{1-\alpha}=1$，もう1つは双曲線 $\dfrac{x^2}{2-\beta}-\dfrac{y^2}{\beta-1}=1$

いずれも焦点は，$(\pm 1,\ 0)$ と同一である．　□

解説

1° **双曲線**とは，2つの定点 F_1，F_2 への距離の差が一定
な点Pの軌跡のことをいう．この2つの定点を**焦点**とい
い，右図の2つの**頂点** A_1，A_2 を結ぶ線分を**主軸**という．

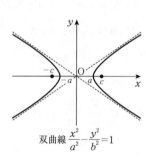

　　　（主軸の長さ）＝（距離の差である一定値）

である．

　焦点 $(\pm c,\ 0)$，距離の差（主軸の長さ）が $2a$ の双曲線
の方程式は

$$\frac{x^2}{a^2}-\frac{y^2}{b^2}=1 \quad (b=\sqrt{c^2-a^2})$$

である．また，この双曲線の**漸近線**は

$$\frac{x^2}{a^2}-\frac{y^2}{b^2}=0$$

つまり

$$y=\pm\frac{b}{a}x$$

である．

双曲線 $\dfrac{x^2}{a^2}-\dfrac{y^2}{b^2}=1$

2° ［A］で求めた双曲線の漸近線は，$\dfrac{x^2}{12^2}-\dfrac{y^2}{16^2}=0$ より　　$y=\pm\dfrac{4}{3}x$

漸近線を先にかいた方が，双曲線の概形をかきやすい．

12
楕円 $C:\dfrac{x^2}{16}+\dfrac{y^2}{9}=1$ の，直線 $y=mx$ と平行な 2 接線を l_1，$l_1{}'$ とし，l_1，$l_1{}'$ に直交する C の 2 接線を l_2，$l_2{}'$ とする.

(1) l_1，$l_1{}'$ の方程式を m を用いて表せ.

(2) l_1 と $l_1{}'$ の距離 d_1 および l_2 と $l_2{}'$ の距離 d_2 をそれぞれ m を用いて表せ. ただし，平行な 2 直線 l，l' の距離とは，l 上の 1 点と直線 l' の距離である.

(3) $(d_1)^2+(d_2)^2$ は m によらず一定であることを示せ.

(4) l_1，$l_1{}'$，l_2，$l_2{}'$ で囲まれる長方形の面積 S を d_1 を用いて表せ. さらに m が変化するとき，S の最大値を求めよ. (筑波大)

（思考のひもとき）∞∞∞

1. 直線 $y=mx$ と平行な直線の傾きは，$\boxed{m}$ である.

2. 直線 $y=mx+n$ が，2 次曲線 $ax^2+by^2=c$ に接する
$$\iff \boxed{ax^2+b(mx+n)^2=c}\ \text{が重解をもつ}$$

解答

(1) $C:\dfrac{x^2}{16}+\dfrac{y^2}{9}=1$ は
$$9x^2+16y^2=144 \quad\cdots\cdots①$$
と表せる.

l_1，$l_1{}'$ は，$y=mx$ と平行であるから
$$y=mx+n \quad\cdots\cdots②$$
と表せる. ②を①に代入し，y を消去すると
$$9x^2+16(mx+n)^2=144$$
$$\therefore\ (16m^2+9)x^2+32mnx+16(n^2-9)=0 \quad\cdots\cdots③$$

③の判別式を D とおくと，②が C に接するための条件は
$$\frac{D}{4}=16^2m^2n^2-(16m^2+9)\cdot16\cdot(n^2-9)=0$$
$$\therefore\ 16m^2-n^2+9=0 \qquad \therefore\ n=\pm\sqrt{16m^2+9}$$

よって，l_1，$l_1{}'$ の方程式は $y=mx\pm\sqrt{16m^2+9}$

(2) d_1 は，点 $\left(0,\ -\sqrt{16m^2+9}\right)$ と直線 $y=mx+\sqrt{16m^2+9}$ との距離であるから

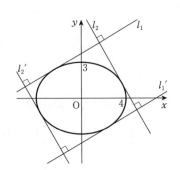

$$d_1 = \frac{\left|\sqrt{16m^2+9} + \sqrt{16m^2+9}\right|}{\sqrt{m^2+(-1)^2}} = 2 \cdot \sqrt{\frac{16m^2+9}{m^2+1}} \quad \cdots\cdots ④$$

l_2, $l_2{}'$ は，l_1, $l_1{}'$ に直交するから，$m \neq 0$ のとき　（傾き）$= -\dfrac{1}{m}$

d_2 は，④の m を $-\dfrac{1}{m}$ におき換えた値であり

$$d_2 = 2 \cdot \sqrt{\frac{\dfrac{16}{m^2}+9}{\dfrac{1}{m^2}+1}} = 2 \cdot \sqrt{\frac{16+9m^2}{1+m^2}} \quad \cdots\cdots ⑤$$

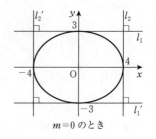

$m=0$ のとき

$m=0$ のとき，右図のように，l_1, $l_1{}'$ は $y = \pm 3$，l_2, $l_2{}'$ は $x = \pm 4$ となるから $d_2 = 8$ となり，⑤で $m=0$ のとき に相当する.

ゆえに，d_2 は⑤で得られる.

(3)　④，⑤より

$$d_1{}^2 + d_2{}^2 = 4 \cdot \frac{(16m^2+9)+(9m^2+16)}{m^2+1} = 4 \cdot \frac{25(m^2+1)}{m^2+1} = 100$$

となり，m の値によらず一定である.　□

(4)　(3)の結果より

$$d_2 = \sqrt{100 - d_1{}^2}$$

であるから

$$S = d_1 d_2 = d_1 \cdot \sqrt{100 - d_1{}^2} = \sqrt{d_1{}^2(100 - d_1{}^2)}$$
$$= \sqrt{-(d_1{}^2-50)^2 + 2500} \leqq 50$$

等号は，$d_1{}^2 = 50$　つまり，$4 \cdot \dfrac{16m^2+9}{m^2+1} = 50$ より

$$m^2 = 1 \qquad \therefore \quad m = \pm 1$$

のときにのみ成立する.

ゆえに　　（S の最大値）$= \mathbf{50}$　（$m = \pm 1$ のとき）

解説

1°　l_1, $l_1{}'$ は傾きが m だから，y 切片を n とおくと，②のようにおくことができる. これを楕円の式①に代入して，y を消去してできる x についての 2 次方程式③が重解 をもつことから，n が求まる（m を用いて表せる）.

$2°$ (2)では，l_1' 上の点 $\left(0,\ -\sqrt{16m^2+9}\right)$ と l_1 との距離を，

点と直線の距離の公式を用いて求めた．

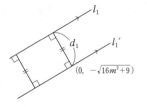

また，l_2，l_2' の傾きを m' とすると，$m\neq0$ のとき，l_1，

l_1' と直交するから $m'=-\dfrac{1}{m}$ であり，d_1 と同じように

求めると

$$d_2=2\cdot\sqrt{\frac{16(m')^2+9}{(m')^2+1}}$$

となるから，結局，④の m を $-\dfrac{1}{m}$ におき換えると d_2 が求まる．

$3°$ l_1，l_1'，l_2，l_2' でできる長方形の第1象限にある頂点
を P とおくと，(3)の結果より

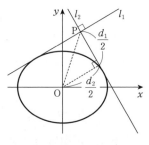

$$OP^2=\left(\frac{d_1}{2}\right)^2+\left(\frac{d_2}{2}\right)^2=25$$

$$\therefore\quad OP=5\ （一定）$$

したがって，点 P の軌跡は，円 $x^2+y^2=5^2$ であるこ
とがわかる．

このように，点 P の軌跡を問う入試も多い．そのような問いについては，次のよ
うに解くことができる（(1)の後）．

$m\neq0$ のとき，$l_1:y=mx+\sqrt{16m^2+9}$ と $l_2:y=-\dfrac{1}{m}x+\sqrt{\dfrac{16}{m^2}+9}$ $\Bigl(l_1$ の式の m

を $-\dfrac{1}{m}$ とおき換え$\Bigr)$ との交点 $P(X,\ Y)$ は

$$\begin{cases}-mX+Y=\sqrt{16m^2+9} & \cdots\cdots\text{Ⓐ}\\ X+mY=\sqrt{16+9m^2} & \cdots\cdots\text{Ⓑ}\end{cases}$$

を満たす．Ⓐ，Ⓑの両辺を2乗し，辺々たすと

$$(-mX+Y)^2+(X+mY)^2=(16m^2+9)+(16+9m^2)$$

$$(m^2+1)(X^2+Y^2)=25(m^2+1)\qquad\therefore\quad X^2+Y^2=5^2$$

$m=0$ のとき，l_1 と l_2 の交点 P は P(4, 3)で，$4^2+3^2=5^2$ を満たす．

これより，点 P の軌跡は，円 $x^2+y^2=5^2$ の第1象限の部分となる．

（この結果から(3)を示すこともできる．）

$4°$ (4)では，相加平均・相乗平均の不等式を用いて解くこともできる．

▶▶▶ **別解** ◀

(4)　$S=d_1d_2,\ d_1{}^2+d_2{}^2=100,\ d_1>0,\ d_2>0$ であるから，相加平均・相乗平均の不等式を用いると

$$100=d_1{}^2+d_2{}^2\geqq 2\cdot d_1d_2=2S\ \text{より}\qquad S\leqq 50$$

ここで，等号が成立するのは，$d_1=d_2$ のときで，それは

$$2\cdot\sqrt{\frac{16m^2+9}{m^2+1}}=2\cdot\sqrt{\frac{16+9m^2}{1+m^2}}\ \text{より}$$

$$16m^2+9=16+9m^2\qquad\therefore\quad m=\pm1$$

のときのみ．

　ゆえに　　（S の最大値）$=50$　（$m=\pm1$ のとき）

13　$x^2-y^2=2$ で表される曲線を C とし，$P(x_0,\ y_0)$ を C 上の点とする．次の問いに答えよ．

(1)　曲線 C の点 P における接線 l の方程式は

$$x_0x-y_0y=2$$

となることを証明せよ．

(2)　原点 O から l に下ろした垂線を OH とする．H の座標を $(x_1,\ y_1)$ とするとき，$x_1,\ y_1$ を x_0 と y_0 で表せ．

(3)　$F(1,\ 0)$，$F'(-1,\ 0)$ とする．$FH\cdot F'H$ は点 P のとり方によらず一定であることを証明せよ．また，その値を求めよ．　　　　　　　（鹿児島大）

思考のひもとき ◯◯◯◯

1.　y が x について微分可能な関数であるとき，$z=y^2$ を x で微分すると

$$\frac{dz}{dx}=\frac{dz}{dy}\cdot\frac{dy}{dx}=\boxed{2y\frac{dy}{dx}}$$

解答

点 $P(x_0,\ y_0)$ は，$C:x^2-y^2=2$ ……① 上にあるから

$$x_0{}^2-y_0{}^2=2\quad\text{……②}$$

(1)　①の両辺を x で微分すると

$$2x - 2y\frac{dy}{dx} = 0$$

$$\therefore \quad \frac{dy}{dx} = \frac{x}{y} \quad (y \neq 0 \text{ のとき})$$

（ⅰ）$y_0 \neq 0$ のとき，接線 l の傾きは $\frac{x_0}{y_0}$ となるから，

l の方程式は

$$y = \frac{x_0}{y_0}(x - x_0) + y_0 \qquad \therefore \quad x_0 x - y_0 y = x_0{}^2 - y_0{}^2$$

②を用いて

$$\therefore \quad l : x_0 x - y_0 y = 2$$

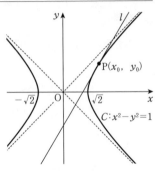

（ⅱ）$y_0 = 0$ のとき，$x_0{}^2 = 2$ より　　$x_0 = \pm\sqrt{2}$

$(\pm\sqrt{2},\ 0)$ における接線は　　$x = \pm\sqrt{2}$　（複号同順）

$$\therefore \quad x_0 x - y_0 y = 2 \quad (\because \quad x_0 = \pm\sqrt{2},\ y_0 = 0)$$

（ⅰ），（ⅱ）より，接線 l の方程式は

$$l : x_0 x - y_0 y = 2 \quad \cdots\cdots③ \quad \square$$

(2)　l と直交し，原点を通る直線は

$$y_0 x + x_0 y = 0 \quad \cdots\cdots④$$

と表せる．

③$\times x_0 +$④$\times y_0$ をつくると　　$(x_0{}^2 + y_0{}^2)x = 2x_0$

④$\times x_0 -$③$\times y_0$ をつくると　　$(x_0{}^2 + y_0{}^2)y = -2y_0$

l と④の交点が $H(x_1,\ y_1)$ であるから

$$x_1 = \frac{2x_0}{x_0{}^2 + y_0{}^2}, \quad y_1 = \frac{-2y_0}{x_0{}^2 + y_0{}^2}$$

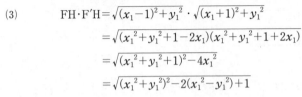

(3)
$$\begin{aligned}
FH \cdot F'H &= \sqrt{(x_1 - 1)^2 + y_1{}^2} \cdot \sqrt{(x_1 + 1)^2 + y_1{}^2} \\
&= \sqrt{(x_1{}^2 + y_1{}^2 + 1 - 2x_1)(x_1{}^2 + y_1{}^2 + 1 + 2x_1)} \\
&= \sqrt{(x_1{}^2 + y_1{}^2 + 1)^2 - 4x_1{}^2} \\
&= \sqrt{(x_1{}^2 + y_1{}^2)^2 - 2(x_1{}^2 - y_1{}^2) + 1}
\end{aligned}$$

ここで，(2)より

$$x_1{}^2 + y_1{}^2 = \frac{4(x_0{}^2 + y_0{}^2)}{(x_0{}^2 + y_0{}^2)^2} = \frac{4}{x_0{}^2 + y_0{}^2}, \quad x_1{}^2 - y_1{}^2 = \frac{4(x_0{}^2 - y_0{}^2)}{(x_0{}^2 + y_0{}^2)^2} = \frac{8}{(x_0{}^2 + y_0{}^2)^2}$$

であるから

$$(x_1{}^2+y_1{}^2)^2-2(x_1{}^2-y_1{}^2)+1=\frac{16}{(x_0{}^2+y_0{}^2)^2}-\frac{16}{(x_0{}^2+y_0{}^2)^2}+1=1$$

ゆえに

$$FH \cdot F'H = \sqrt{1} = 1$$

となり，FH・F'H は点 P のとり方によらず一定である．　□

解説

1°　(1)と同じようにすると，次の公式が導きだせる．

双曲線 $\dfrac{x^2}{a^2}-\dfrac{y^2}{b^2}=1$ 上の点 $(x_0,\ y_0)$ における接線の方程式は

$$\frac{x_0 x}{a^2}-\frac{y_0 y}{b^2}=1$$

$\Bigg($ ∵　点 $(x_0,\ y_0)$ は，$\dfrac{x^2}{a^2}-\dfrac{y^2}{b^2}=1$ ……Ⓐ　上にあるから，$\dfrac{x_0{}^2}{a^2}-\dfrac{y_0{}^2}{b^2}=1$ ……Ⓑ　が成

り立つ．ここで，Ⓐの両辺を x で微分すると

$$\frac{2x}{a^2}-\frac{2y}{b^2}\cdot\frac{dy}{dx}=0 \qquad \therefore\ \frac{dy}{dx}=\frac{b^2 x}{a^2 y} \quad (y\neq0\ \text{のとき})$$

$y_0\neq0$ のとき，$(x_0,\ y_0)$ における接線の傾きは　$\dfrac{b^2 x_0}{a^2 y_0}$

だから，接線の方程式は

$$y=\frac{b^2 x_0}{a^2 y_0}(x-x_0)+y_0 \qquad \therefore\ \frac{x_0 x}{a^2}-\frac{y_0 y}{b^2}=\frac{x_0{}^2}{a^2}-\frac{y_0{}^2}{b^2}$$

Ⓑを代入して　　$\dfrac{x_0 x}{a^2}-\dfrac{y_0 y}{b^2}=1$　……（＊）

$y_0=0$ のとき $x_0=\pm a$ で，接線の方程式は $x=\pm a$ であるから，この場合も公式

（＊）は成り立つ．　□ $\Bigg)$

2°　$C:\dfrac{x^2}{(\sqrt2)^2}-\dfrac{y^2}{(\sqrt2)^2}=1$ は，焦点 $(\pm2,\ 0)$，頂点 $(\pm\sqrt2,\ 0)$，漸近線 $y=\pm x$ の双曲

線である（問題 11 の**思考のひもとき 1.**を参照）．

3°　直線 $ax+by+c=0$ に垂直で，原点を通る直線は，$bx-ay=0$ と表せる．これを

用いて，(2)では④を得た．

4° (3)の結果より　　FH・F'H=1

　このように，点Hの軌跡は，2つの定点F，F'からの距離の積が一定な点で，FF'の中点Oを通る曲線である．このような曲線は，レムニスケートとよばれている（問題17の解説 **2°** 参照）．

---

14 xy 平面上の点 (x, y) が t を媒介変数として $x=5\cos t-2$，$y=3\sin t+1$ と表された楕円を C とする．また，C と直線 $x=2$ との交点のうち，y 座標が負であるものを A とする．

(1) t を消去して x，y の方程式に直し，C の中心と焦点の座標を求めてその概形を図示せよ．

(2) 点 (x, y) が点 A にあるとき，$\tan t$ の値を求めよ．また，点 A における楕円 C の接線を l とするとき，その傾きを求めよ．

(3) l と x 軸との交点を T とする．T の座標を求めよ．

(4) 楕円 C の2つの焦点のうち，点 A に近い方の焦点を F とし，遠い方の焦点を G とする．G を通り，FA に平行な直線が l と交わる点を B とする．このとき，∠FAT＝∠GAB となることを示せ． 　　　　　　　　　　（山梨大）

思考のひもとき ∞∞∞

1. $\begin{cases} x=a\cos\theta \\ y=b\sin\theta \end{cases}$ から，$\cos^2\theta+\sin^2\theta=1$ を用いて，θ を消去すると

$$\boxed{\dfrac{x^2}{a^2}+\dfrac{y^2}{b^2}=1}$$

となる．

2. 楕円 $\dfrac{x^2}{a^2}+\dfrac{y^2}{b^2}=1$ 上の任意の点 (x, y) は

$\begin{cases} x=\boxed{a\cos\theta} \\ y=\boxed{b\sin\theta} \end{cases}$ 　$(0\leqq\theta<2\pi)$
（楕円の媒介変数表示）

と表せる（右図参照）.

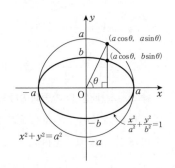

解答

$$C : \begin{cases} x = 5\cos t - 2 \\ y = 3\sin t + 1 \end{cases} \quad \cdots\cdots ①$$

(1) ①より $\quad \cos t = \dfrac{x+2}{5}, \quad \sin t = \dfrac{y-1}{3}$

であるから, $\cos^2 t + \sin^2 t = 1$ に代入し, t を消去すると

$$\dfrac{(x+2)^2}{5^2} + \dfrac{(y-1)^2}{3^2} = 1 \quad \cdots\cdots ②$$

②が楕円 C を表す方程式であり, 中心は $(-2,\ 1)$ で, 焦点は

$(-2,\ 1) \pm (\sqrt{5^2 - 3^2},\ 0)$ より, $(2,\ 1)$ と $(-6,\ 1)$.

C の概形は右図のようになる.

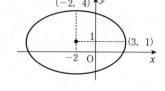

(2) ②に $x = 2$ を代入すると

$$\dfrac{4^2}{5^2} + \dfrac{(y-1)^2}{3^2} = 1 \text{ より} \quad (y-1)^2 = 3^2\left(1 - \dfrac{4^2}{5^2}\right) = \dfrac{9^2}{5^2}$$

$$\therefore \quad y = 1 \pm \dfrac{9}{5} = \dfrac{14}{5},\ -\dfrac{4}{5}$$

これより $\quad \mathrm{A}\left(2,\ -\dfrac{4}{5}\right)$

$(x,\ y) = \left(2,\ -\dfrac{4}{5}\right)$ となるのは, ①より $\cos t = \dfrac{4}{5},\ \sin t = \dfrac{-3}{5}$ のとき.

このとき $\quad \tan t = -\dfrac{3}{4}$

ここで, ①より

$$\dfrac{dx}{dt} = -5\sin t, \quad \dfrac{dy}{dt} = 3\cos t$$

$$\therefore \quad \dfrac{dy}{dx} = \dfrac{\dfrac{dy}{dt}}{\dfrac{dx}{dt}} = -\dfrac{3\cos t}{5\sin t}$$

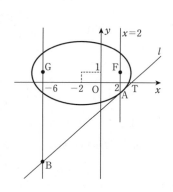

したがって, $(x,\ y) = \left(2,\ -\dfrac{4}{5}\right)$ のとき

$$\dfrac{dy}{dx} = -\dfrac{3 \cdot \dfrac{4}{5}}{5 \cdot \left(-\dfrac{3}{5}\right)} = \dfrac{4}{5}$$

すなわち，AにおけるCの接線lの傾きは $\dfrac{4}{5}$

(3) lを表す式は

$$y=\frac{4}{5}(x-2)-\frac{4}{5} \qquad \therefore \quad y=\frac{4}{5}x-\frac{12}{5}$$

$y=0$を代入すると，$0=\dfrac{4}{5}x-\dfrac{12}{5}$ より $x=3$

$$\therefore \quad \mathrm{T}(3,\ 0)$$

(4) $\angle\mathrm{FAT}=\alpha$，$\angle\mathrm{GAB}=\beta$とおく．

α，βはいずれも鋭角だから，$\tan\alpha=\tan\beta$を示せばよい．

ここで，$\mathrm{H}(2,\ 0)$とおくと，$\alpha=\angle\mathrm{HAT}$だから

$$\tan\alpha=\frac{\mathrm{HT}}{\mathrm{AH}}=\frac{1}{\dfrac{4}{5}}=\frac{5}{4}$$

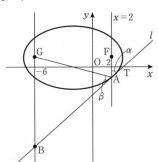

一方

$$\beta=\angle\mathrm{BAF}-\angle\mathrm{GAF}$$

であり，$\angle\mathrm{BAF}=\pi-\alpha$だから

$$\tan\angle\mathrm{BAF}=-\frac{5}{4}$$

$$\left(\because \quad \tan(\pi-\alpha)=-\tan\alpha=-\frac{5}{4}\right)$$

$$\tan\angle\mathrm{GAF}=\frac{\mathrm{FG}}{\mathrm{AF}}=\frac{8}{\dfrac{9}{5}}=\frac{40}{9}$$

$$\therefore \quad \tan\beta=\tan(\angle\mathrm{BAF}-\angle\mathrm{GAF})$$

$$=\frac{\tan\angle\mathrm{BAF}-\tan\angle\mathrm{GAF}}{1+\tan\angle\mathrm{BAF}\tan\angle\mathrm{GAF}}$$

$$=\frac{-\dfrac{5}{4}-\dfrac{40}{9}}{1+\left(-\dfrac{5}{4}\right)\cdot\dfrac{40}{9}}=\frac{5}{4}$$

よって $\tan\alpha=\tan\beta$

α，βは鋭角だから $\alpha=\beta$

$$\therefore \quad \angle\mathrm{FAT}=\angle\mathrm{GAB} \quad \square$$

解説

1° (1)では，$\cos t$，$\sin t$ を x，y で表し，$\cos^2 t + \sin^2 t = 1$ を用いて，x と y の関係式 ②を得た.

②は，楕円 $\dfrac{x^2}{5^2} + \dfrac{y^2}{3^2} = 1$ ……②′ を x 軸方向に

-2，y 軸方向に 1 だけ平行移動したものであり，②′ の中心が $(0,\ 0)$，焦点が $(\pm\sqrt{5^2-3^2},\ 0)$ であることを考え，C の中心と焦点を求めた.

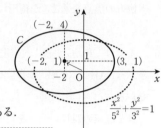

2° 次の公式は，問題13の解説1°の公式の楕円版である.

> 楕円 $\dfrac{x^2}{a^2} + \dfrac{y^2}{b^2} = 1$ 上の点 $(x_0,\ y_0)$ における接線の方程式は
>
> $$\frac{x_0 x}{a^2} + \frac{y_0 y}{b^2} = 1$$
>
> と表せる.

双曲線の場合（問題13の解説1°）と同じようにして導くことができる.

(2)で，この公式を利用すると，$\dfrac{x^2}{5^2} + \dfrac{y^2}{3^2} = 1$ 上の点 $\left(4,\ -\dfrac{9}{5}\right)$ における接線は

$\dfrac{4x}{5^2} + \dfrac{-\dfrac{9}{5}y}{3^2} = 1$ であるから，x 軸方向に -2，y 軸方向に 1 だけ平行移動すると，

$\mathrm{A}\left(2,\ -\dfrac{4}{5}\right)$ における接線 l となり，その方程式は

$$\frac{4(x+2)}{5^2} + \frac{-\dfrac{9}{5}(y-1)}{3^2} = 1 \qquad \therefore\quad l : 4x - 5y = 12$$

これより，（l の傾き）$= \dfrac{4}{5}$ が得られる.

3° (4)では，$0 < \alpha < \dfrac{\pi}{2}$，$0 < \beta < \dfrac{\pi}{2}$，$\tan\alpha = \tan\beta$ ならば，$\alpha = \beta$ であることを用いた.

4° F_1，F_2 を焦点とする楕円 E 上の任意の点 P における接線 l に対して，右図のように X, Y, Z をとると

$$\angle \mathrm{F}_1 \mathrm{PX} = \angle \mathrm{F}_2 \mathrm{PY}$$

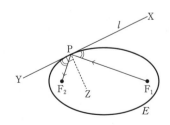

が成り立つ．これは

（入射角 $\angle F_1PZ$）＝（反射角 $\angle F_2PZ$）

と同じことである．このような性質「一方の焦点から出た光は，楕円に反射すると必ず他方の焦点を通る」が楕円にはあり，このことを題材にして出題されたのが(4)である．

5° (4)では，F，G から l への垂線を FH，GK とするとき，△FAH∽△GAK を示しても次のようにして解決できる．

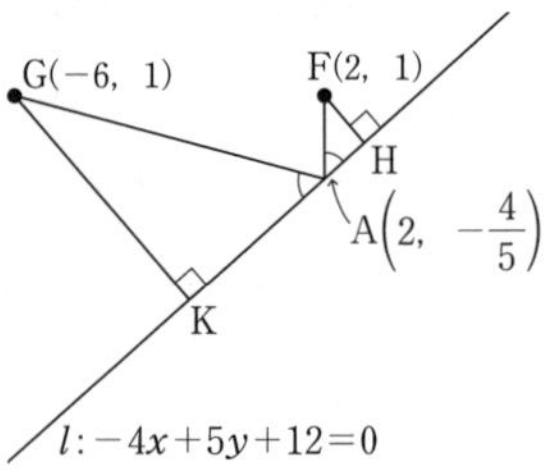

点と直線の距離の公式を用いると

$$FH = \frac{|-8+5+12|}{\sqrt{(-4)^2+5^2}} = \frac{9}{\sqrt{41}},$$

$$GK = \frac{|24+5+12|}{\sqrt{(-4)^2+5^2}} = \frac{41}{\sqrt{41}}$$

また　$FA = 1-\left(-\dfrac{4}{5}\right) = \dfrac{9}{5}$，　$GA = \sqrt{8^2+\left(-\dfrac{9}{5}\right)^2} = \dfrac{41}{5}$

したがって

$$FA:GA = 9:41 = FH:FK$$

よって，2つの直角三角形 △FAH，△GAK は相似となるから

$$\angle FAT = \angle GAB \quad \square$$

G(−6, 1)　　F(2, 1)
H
A$\left(2, -\dfrac{4}{5}\right)$
K
$l : -4x+5y+12 = 0$

15　x 軸，y 軸，z 軸を座標軸，原点を O とする座標空間において，z 軸を中心軸とする半径 1 の円柱を考える．次に，x 軸を含み xy 平面とのなす角が $\dfrac{\pi}{4}$ となる平面を α とし，平面 α による円柱の切り口の曲線を C とする．また，点 A$(1,\ 0,\ 0)$ とする．さらに，曲線 C 上の点 P から xy 平面に下ろした垂線を PQ とし，$\angle \mathrm{AOQ}=\theta$ $(0\leqq\theta<2\pi)$ とする．このとき，次の問いに答えよ．

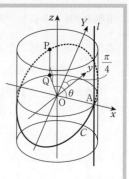

(1)　点 P の座標を θ を用いて表せ．

(2)　点 A を通り z 軸に平行な直線を l とする．l によって円柱の側面を切り開いた展開図の上に，曲線 C の概形をかけ．

(3)　図のように，平面 α と yz 平面の交線を Y 軸とする．xY 平面における曲線 C の方程式を求め，その概形をかけ．

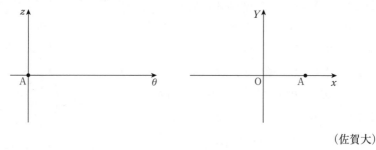

（佐賀大）

思考のひもとき ∞∞

1.　$\mathrm{PQ}\perp xy$ 平面 $\Longrightarrow$ $\begin{cases} (\mathrm{P}\ \text{の}\ x\ \text{座標})=\boxed{(\mathrm{Q}\ \text{の}\ x\ \text{座標})} \\[4pt] (\mathrm{P}\ \text{の}\ y\ \text{座標})=\boxed{(\mathrm{Q}\ \text{の}\ y\ \text{座標})} \end{cases}$

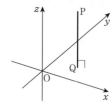

解答

(1)　PQ は，点 P から xy 平面に下ろした垂線であるから，P，Q 2 点の x，y 両座標は一致する．そして，Q$(\cos\theta,\ \sin\theta,\ 0)$ である．

　　また，平面 α と xy 平面のなす角は $\dfrac{\pi}{4}$ であり，その 2 つの平面の交線は x 軸であるから，点 P から x 軸への

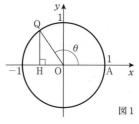

図 1

垂線を PH とすると $\angle \mathrm{PHQ}=\dfrac{\pi}{4}$ となり，$\triangle \mathrm{PHQ}$ は

直角二等辺三角形となるから

$$(\mathrm{P} \text{の} z \text{座標})=\sin\theta$$

したがって，点 P の座標は

$$\mathrm{P}(\cos\theta,\ \sin\theta,\ \sin\theta)$$

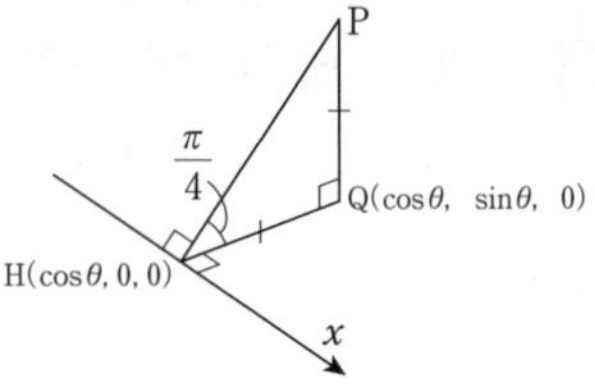

(2) $\overparen{\mathrm{AQ}}=\theta\ (0\le\theta<2\pi)$，$(\mathrm{P} \text{の} z \text{座標})=\sin\theta$

であることに注意して，Q が描く円が，円柱の側面を展開したとき，両端が $(0,\ 0)$，$(2\pi,\ 0)$ の線分となるように θ 軸をとれば，$\mathrm{Q}(\theta,\ 0)$，$\mathrm{P}(\theta,\ \sin\theta)$ である．

したがって，曲線 C は展開図上では

$$z=\sin\theta$$

と表され，図 3 のような正弦曲線となる．

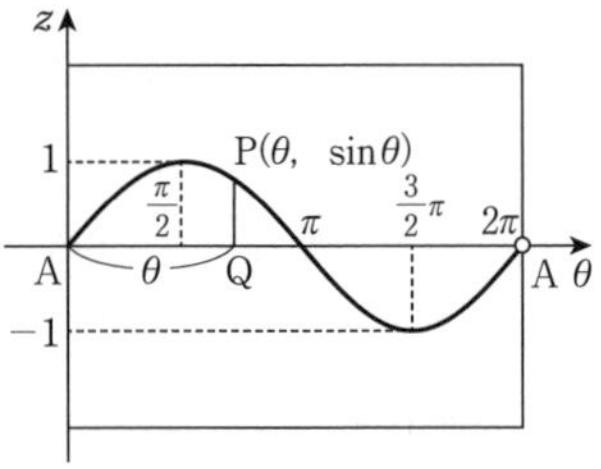

(3) 点 $\mathrm{P}(\cos\theta,\ \sin\theta,\ \sin\theta)$ から x 軸へ下ろした垂線の足 $\mathrm{H}(\cos\theta,\ 0,\ 0)$ の x 座標は $x=\cos\theta$

また，点 P から Y 軸へ下ろした垂線の足 K は，

$\mathrm{K}(0,\ \sin\theta,\ \sin\theta)$（$\because\ \overrightarrow{\mathrm{OK}}=\overrightarrow{\mathrm{HP}}=(0,\ \sin\theta,\ \sin\theta)$）であるから，$xY$ 平面での点 K の座標は $\mathrm{K}(0,\ \sqrt{2}\sin\theta)$

したがって，点 P は xY 平面において

$\mathrm{P}(\cos\theta,\ \sqrt{2}\sin\theta)$ と表せる．

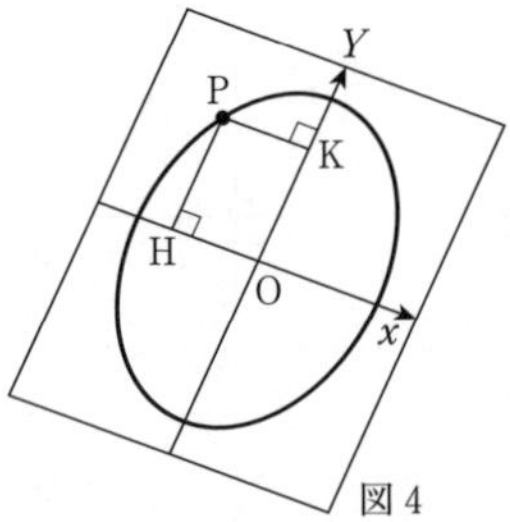

θ の変域は，$0\le\theta<2\pi$ である．

$\mathrm{P}(x,\ Y)$ とおくと $x=\cos\theta,\ Y=\sqrt{2}\sin\theta$

これを $\cos^2\theta+\sin^2\theta=1$ に代入して θ を消去すると

$$x^2+\dfrac{Y^2}{(\sqrt{2})^2}=1 \quad \cdots\cdots(*)$$

よって，$(*)$ が xY 平面における曲線 C の方程式であり，これは楕円で，概形は図 5 のようになる．

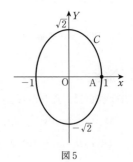

図 2

図 3

図 4

図 5

解説

1° PとQは，同じx座標，y座標をもち，

PQ＝QH＝$|\sin\theta|$であることを考え，点Pのz座標

の符号（正負）に注意すると，P($\cos\theta$, $\sin\theta$, $\sin\theta$)

がわかる．

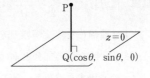

2° (2)は，直円柱を中心軸に対して斜めな平面で切り，回転軸に平行な直線に沿って切り開き展開すると，その切り口は，正弦曲線（サインカーブ）になっている，ということを示す問題である．

3° (3)では，直円柱を平面で切ると，その切り口は楕円になっている，ということを示す問題である．次のように考えても楕円であることを示すことができる（この問題の誘導には沿っていないが）．

直円柱の側面および平面αに接するように上と下から球を入れる．αとの接点をそれぞれF_1，F_2とする．

このとき，切り口の曲線C上の任意の点Pを通り，z軸に平行な直線と"2つの球と側面との接している円の部分"との交点をそれぞれQ，Rとおくと

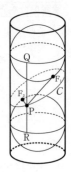

$$PF_1 = PQ, \quad PF_2 = PR$$

（∵ 球の外部の点Pから球へ引いた接線のPから接点までの長さはすべて等しい）

であるから

$$PF_1 + PF_2 = PQ + PR = QR \text{（一定）}$$

となる．

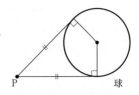

よって，切り口CはF_1，F_2を焦点とする楕円で，長軸の長さはDE＝$2\sqrt{2}$である．また，$F_1F_2 = 2$（∵ $\triangle OF_1O'$，$\triangle OF_2O''$は直角二等辺三角形）.

これより曲線Cの方程式は

$$x^2 + \frac{Y^2}{(\sqrt{2})^2} = 1$$

とわかる．

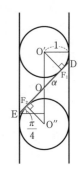

16 極方程式 $r=\dfrac{3}{2+\sin\theta}$ が表す曲線を C とする.

(1) 曲線 C を直交座標の方程式で表し，その概形をかけ．

(2) x 軸の正の部分と曲線 C が交わる点を P とする．点 P における曲線 C の接線の方程式を求めよ．

(3) 曲線 C の第 1 象限の部分と x 軸および y 軸で囲まれた図形の面積を求めよ．

(徳島大)

思考のひもとき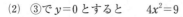

1. 極座標が $(r,\ \theta)$ の点を直交座標 $(x,\ y)$ で表すと

$$\begin{cases} x=\boxed{r\cos\theta} \\ y=\boxed{r\sin\theta} \end{cases}$$

このとき $r^2=\boxed{x^2+y^2}$

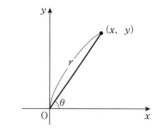

解答

(1) 極座標が $(r,\ \theta)$ の点を直交座標 $(x,\ y)$ で表すと

$$x=r\cos\theta,\ \ y=r\sin\theta \quad \cdots\cdots①$$

これを用いて，C の極方程式

$$r=\dfrac{3}{2+\sin\theta} \quad \cdots\cdots②$$

を変形すると，①より

$$r(2+\sin\theta)=3 \quad \therefore\quad 2r+y=3$$

$2r=3-y$ の両辺を 2 乗すると $\quad 4r^2=(3-y)^2$

$r^2=x^2+y^2$ だから $\quad 4(x^2+y^2)=y^2-6y+9$

$$\therefore\quad 4x^2+3y^2+6y=9$$

$$\therefore\quad 4x^2+3(y+1)^2=12 \quad \cdots\cdots③$$

$$\therefore\quad \dfrac{x^2}{3}+\dfrac{(y+1)^2}{4}=1$$

よって，C は楕円であり，概形は図 1 のようになる．

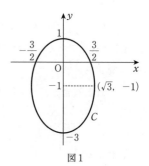

図 1

(2) ③で $y=0$ とすると $\quad 4x^2=9$

$$\therefore\quad x=\pm\dfrac{3}{2}$$

したがって　　$P\left(\dfrac{3}{2},\ 0\right)$

③の両辺を x で微分すると

$$8x+6(y+1)\dfrac{dy}{dx}=0$$

$$\therefore\quad \dfrac{dy}{dx}=-\dfrac{4x}{3(y+1)}$$

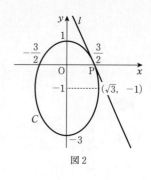

図2

$(x,\ y)=\left(\dfrac{3}{2},\ 0\right)$ のとき　　$\dfrac{dy}{dx}=-2$

これが，C の P における接線 l の傾きであるから，l の方程式は

$$y=-2\left(x-\dfrac{3}{2}\right)\qquad \therefore\quad \boldsymbol{y=-2x+3}$$

(3)　面積を求めるべき領域は，図3の斜線部分である．

　　C の $y\geqq-1$ の部分は，③より

$$y=-1+2\cdot\sqrt{1-\dfrac{x^2}{3}}\quad\left(\because\quad (y+1)^2=4-\dfrac{4}{3}x^2\right)$$

と表せるから，求める面積 S は

$$S=\int_0^{\frac{3}{2}}y\,dx=\int_0^{\frac{3}{2}}\left\{-1+2\cdot\sqrt{1-\dfrac{x^2}{3}}\right\}dx$$

図3

$$=\left[-x\right]_0^{\frac{3}{2}}+2\int_0^{\frac{3}{2}}\sqrt{1-\dfrac{x^2}{3}}\,dx$$

$x=\sqrt{3}\sin\theta$ とおくと

$$\sqrt{1-\dfrac{x^2}{3}}=\sqrt{1-\sin^2\theta}=\sqrt{\cos^2\theta}=|\cos\theta|$$

$$dx=\sqrt{3}\cos\theta\,d\theta,$$

x	$0\ \longrightarrow\ \dfrac{3}{2}$
θ	$0\ \longrightarrow\ \dfrac{\pi}{3}$

であるから，置換積分すると

$$\int_0^{\frac{3}{2}}\sqrt{1-\dfrac{x^2}{3}}\,dx=\int_0^{\frac{\pi}{3}}|\cos\theta|\sqrt{3}\cos\theta\,d\theta$$

$$=\sqrt{3}\int_0^{\frac{\pi}{3}}\cos^2\theta\,d\theta\quad\left(\because\quad 0\leqq\theta\leqq\dfrac{\pi}{3}\text{において，}\ |\cos\theta|=\cos\theta\right)$$

式と曲線

$$=\sqrt{3}\int_0^{\frac{\pi}{3}}\frac{1+\cos 2\theta}{2}d\theta=\frac{\sqrt{3}}{2}\left[\theta+\frac{1}{2}\sin 2\theta\right]_0^{\frac{\pi}{3}}$$

$$=\frac{\sqrt{3}}{2}\left(\frac{\pi}{3}+\frac{\sqrt{3}}{4}\right)=\frac{\sqrt{3}}{6}\pi+\frac{3}{8}$$

$$\therefore\quad S=-\frac{3}{2}+2\left(\frac{\sqrt{3}}{6}\pi+\frac{3}{8}\right)=\frac{\sqrt{3}}{3}\pi-\frac{3}{4}$$

解説

1° $C:\dfrac{x^2}{(\sqrt{3})^2}+\dfrac{(y+1)^2}{2^2}=1$ の中心は $(0,\ -1)$,

焦点は $(0,\ -1\pm\sqrt{4-3}\,)$ より, $(0,\ 0)$, $(0,\ -2)$ である.

2° P から直線 $y=3$ への垂線を PH とする. 点 P から定点 O,

定直線 $y=3$ への距離の比 $\dfrac{\mathrm{PO}}{\mathrm{PH}}$ が $\dfrac{1}{2}$ (一定), つまり,

$\dfrac{\mathrm{PO}}{\mathrm{PH}}=\dfrac{1}{2}$ である点 P の軌跡が楕円 C である.

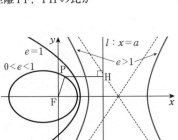

$\Bigg($∵ P の極座標を $(r,\ \theta)$ とすると, $\mathrm{PH}=3-r\sin\theta$ だから

$$\frac{r}{3-r\sin\theta}=\frac{1}{2}\ \text{より}\quad 2r=3-r\sin\theta\quad\therefore\ r=\frac{3}{2+\sin\theta}\Bigg)$$

一般に, 定点 $\mathrm{F}(0,\ 0)$, 定直線 $l:x=a$ への距離 PF, PH の比が

$$\frac{\mathrm{PF}}{\mathrm{PH}}=e\ (\text{正の定数})$$

を満たす点 P の軌跡は

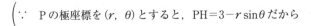

　　　$0<e<1$ のとき, 楕円

　　　$e=1$ のとき, 放物線

　　　$1<e$ のとき, 双曲線

となる. この e を 2 次曲線の**離心率**といい,

直線 l を**準線**という.

　本問の曲線 C の離心率は $\dfrac{1}{2}$ である.

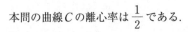

　極を F, 始線を半直線 OX とする極座標が $(a,\ 0)$ である点 A を通り, 始線に垂直な直線を l とすると, 離心率が e である 2 次曲線の極方程式を求める.

図において，点Pを2次曲線上の点とし，その極座標を (r, θ) とすると

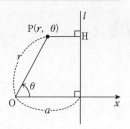

$$OP=r, \quad e=\frac{OP}{PH}=\frac{r}{a-r\cos\theta}$$

であるから，r について解くと

$$r=\frac{ae}{1+e\cos\theta}$$

3°　(2)では，点 $P\left(\dfrac{3}{2}, 0\right)$ を求めた後，次のようにして接線 l の方程式を求めてもよい.

楕円 $\dfrac{x^2}{3}+\dfrac{y^2}{4}=1$ 上の点 $\left(\dfrac{3}{2}, 1\right)$ における接線が $\dfrac{\frac{3}{2}x}{3}+\dfrac{y}{4}=1$，つまり，$2x+y=4$

と表せるから，これを y 軸方向へ -1 だけ平行移動させて

$$2x+(y+1)=4 \qquad \therefore \quad l:2x+y=3$$

4°　(3)では，楕円 C を媒介変数表示して，次のようにして面積を求めてもよい.

▶▶▶ **別解** ◀

(3)　$C:\begin{cases} x=\sqrt{3}\cos t \\ y=-1+2\sin t \end{cases} \quad (0\leqq t<2\pi) \quad$ と表せる.

C の第1象限の部分に対応する t の範囲は

$$\frac{\pi}{6}\leqq t\leqq\frac{\pi}{2} \quad \left(\because \quad \left(\frac{3}{2}, 0\right) は t=\frac{\pi}{6}, \ (0, 1) は t=\frac{\pi}{2} に対応する\right)$$

求める面積 S は

$$S=\int_0^{\frac{3}{2}}y\,dx=\int_{\frac{\pi}{2}}^{\frac{\pi}{6}}(-1+2\sin t)\cdot(-\sqrt{3}\sin t)dt$$

$$\left(\because \quad x=\sqrt{3}\cos t \text{ より } dx=-\sqrt{3}\sin t\,dt\right)$$

$$=\sqrt{3}\int_{\frac{\pi}{6}}^{\frac{\pi}{2}}(-\sin t+2\sin^2 t)dt=\sqrt{3}\int_{\frac{\pi}{6}}^{\frac{\pi}{2}}(-\sin t+1-\cos 2t)dt$$

$$=\sqrt{3}\left[\cos t+t-\frac{1}{2}\sin 2t\right]_{\frac{\pi}{6}}^{\frac{\pi}{2}}$$

$$=\sqrt{3}\left(0-\frac{\sqrt{3}}{2}\right)+\sqrt{3}\left(\frac{\pi}{2}-\frac{\pi}{6}\right)-\frac{\sqrt{3}}{2}\left(0-\frac{\sqrt{3}}{2}\right)=\frac{\sqrt{3}}{3}\pi-\frac{3}{4}$$

17 座標平面上で，極方程式 $r=\sqrt{\cos 2\theta}$ が表す曲線の $0\leqq\theta\leqq\dfrac{\pi}{4}$ に対応する部分を C とする.

(1) 曲線 C 上の点 P の直交座標 $(x,\ y)$ を θ の式で表せ.

(2) 曲線 C 上の点 Q の極座標を $(r,\ \theta)$ とする．点 Q における C の接線の傾きが -1 であるとき θ の値を求めよ.

(3) 曲線 C と x 軸によって囲まれる図形の $x\geqq\dfrac{\sqrt{6}}{4}$ の部分の面積 S を求めよ.

（名古屋工業大）

思考のひもとき 〜〜〜

1. 極座標で $(r,\ \theta)$ の点を直交座標では $(x,\ y)$ とすると
$$x=\boxed{r\cos\theta},\quad y=\boxed{r\sin\theta}$$

2. $\dfrac{dx}{d\theta}\neq 0$ のとき $\quad\dfrac{dy}{dx}=\dfrac{\dfrac{dy}{d\theta}}{\dfrac{dx}{d\theta}}$

解答

(1) $\qquad C:r=\sqrt{\cos 2\theta}\quad\left(0\leqq\theta\leqq\dfrac{\pi}{4}\right)\quad\cdots\cdots①$

$x=r\cos\theta,\ y=r\sin\theta$ に①を代入して
$$x=\sqrt{\cos 2\theta}\cdot\cos\theta,\quad y=\sqrt{\cos 2\theta}\cdot\sin\theta$$
$$\therefore\quad \mathrm{P}(\sqrt{\cos 2\theta}\cdot\cos\theta,\ \sqrt{\cos 2\theta}\cdot\sin\theta)$$

(2) $x,\ y$ を θ で微分すると
$$\frac{dx}{d\theta}=\frac{1}{2}(\cos 2\theta)^{-\frac{1}{2}}\cdot(-2\sin 2\theta)\cdot\cos\theta+\sqrt{\cos 2\theta}\cdot(-\sin\theta)$$
$$=-\frac{\sin 2\theta\cos\theta+\cos 2\theta\sin\theta}{\sqrt{\cos 2\theta}}=-\frac{\sin 3\theta}{\sqrt{\cos 2\theta}}$$
$$\frac{dy}{d\theta}=\left(-\frac{\sin 2\theta}{\sqrt{\cos 2\theta}}\right)\cdot\sin\theta+\sqrt{\cos 2\theta}\cdot\cos\theta$$
$$=\frac{\cos 2\theta\cos\theta-\sin 2\theta\sin\theta}{\sqrt{\cos 2\theta}}=\frac{\cos 3\theta}{\sqrt{\cos 2\theta}}$$

$0<\theta<\dfrac{\pi}{4}$ において, $\dfrac{dx}{d\theta}\neq0$ だから

$$\frac{dy}{dx}=\frac{\dfrac{dy}{d\theta}}{\dfrac{dx}{d\theta}}=-\frac{\cos 3\theta}{\sin 3\theta}$$

C 上の点 Q における接線の傾きが -1 となるのは, $\dfrac{dy}{dx}=-1$ のとき, つまり

$$-\frac{\cos 3\theta}{\sin 3\theta}=-1 \qquad \therefore \quad \tan 3\theta=1 \text{ のとき}$$

$0\leqq3\theta\leqq\dfrac{3\pi}{4}$ だから $\quad 3\theta=\dfrac{\pi}{4}$

$$\therefore \quad (求める \theta)=\frac{\pi}{12}$$

(3) ①より

θ	0	$\cdots$	$\dfrac{\pi}{4}$
r	1	$\searrow$	0

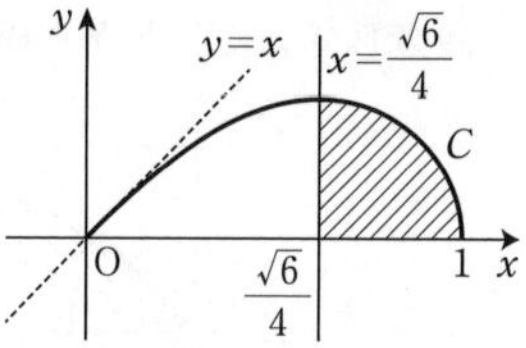

したがって, C の概形は右図のようになる.

$x=\dfrac{\sqrt{6}}{4}$ となるのは, $\theta=\dfrac{\pi}{6}$ のとき.

$\Biggl(\because \quad 0<\theta<\dfrac{\pi}{4}$ において, $\dfrac{dx}{d\theta}=-\dfrac{\sin 3\theta}{\sqrt{\cos 2\theta}}<0$ より, x は減少する.

また, $\theta=\dfrac{\pi}{6}$ のとき, $\cos\theta=\dfrac{\sqrt{3}}{2}$, $\cos 2\theta=\dfrac{1}{2}$ だから $\quad x=\sqrt{\cos 2\theta}\cdot\cos\theta=\dfrac{\sqrt{6}}{4}$

よって, $x=\dfrac{\sqrt{6}}{4}$ となるのは, $\theta=\dfrac{\pi}{6}$ のとき$\Biggr)$

図を参照すると, 求める面積 S は

$$S=\int_{\frac{\sqrt{6}}{4}}^{1} y\,dx$$

ここで, $x=\sqrt{\cos 2\theta}\cdot\cos\theta$ より, $\dfrac{dx}{d\theta}=-\dfrac{\sin 3\theta}{\sqrt{\cos 2\theta}}$ だから $\quad dx=-\dfrac{\sin 3\theta}{\sqrt{\cos 2\theta}}d\theta$

また, x と θ の対応は

x	$\dfrac{\sqrt{6}}{4}$ $\longrightarrow$	1
θ	$\dfrac{\pi}{6}$ $\longrightarrow$	0

よって

$$S=\int_{\frac{\pi}{6}}^{0}\sqrt{\cos 2\theta}\cdot\sin\theta\cdot\left(-\frac{\sin 3\theta}{\sqrt{\cos 2\theta}}\right)d\theta$$

$$=\int_{0}^{\frac{\pi}{6}}\sin 3\theta\sin\theta\,d\theta=\frac{1}{2}\int_{0}^{\frac{\pi}{6}}(\cos 2\theta-\cos 4\theta)\,d\theta$$

$$=\frac{1}{2}\left[\frac{1}{2}\sin 2\theta-\frac{1}{4}\sin 4\theta\right]_{0}^{\frac{\pi}{6}}=\frac{1}{2}\cdot\frac{\sqrt{3}}{2}-\frac{1}{8}\cdot\frac{\sqrt{3}}{2}=\boldsymbol{\frac{\sqrt{3}}{16}}$$

解説

1° (3)では，始めに，θ の変域：$0\leqq\theta\leqq\dfrac{\pi}{4}$ ……Ⓐ において，$r=\sqrt{\cos 2\theta}$ は 1 から 0 へ

減少していくことから概形をかいた．

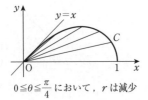

$0\leqq\theta\leqq\dfrac{\pi}{4}$ において，r は減少

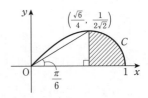

Ⓐにおける x，y の増減を調べると，もっと正確な図がかける．

θ	0	$\cdots$	$\dfrac{\pi}{4}$
$\dfrac{dx}{d\theta}$		$-$	
x	1	$\searrow$	0

θ	0	$\cdots$	$\dfrac{\pi}{6}$	$\cdots$	$\dfrac{\pi}{4}$
$\dfrac{dy}{d\theta}$		$+$	0		
y	0	$\nearrow$	$\dfrac{1}{2\sqrt{2}}$	$\searrow$	0

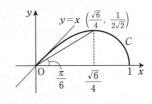

これらの表を参照し曲線 C をかくと，右上図のようになる．

2° この問題で扱っている曲線 $r^2=\cos 2\theta$ はレムニスケートとよばれる曲線で，「2つ

の定点 $\left(\pm\dfrac{1}{\sqrt{2}},\ 0\right)$ からの距離の積が $\dfrac{1}{2}$ (一定)である点の軌跡」である．多くの数

学者，物理学者たちが研究の題材にしてきた有名な曲線である．

3° 極方程式で表される図形の面積について，次が成り立つ.

> $f(\theta)$ は区間 $[\alpha,\ \beta]$ でつねに $f(\theta)\geqq 0$ を満たすとする. 極方程式 $r=f(\theta)$ $(\alpha\leqq\theta\leqq\beta)$ で表される曲線と2つの直線 $\theta=\alpha$，$\theta=\beta$ で囲まれる部分の面積 S は
> $$S=\frac{1}{2}\int_{\alpha}^{\beta}r^2 d\theta=\frac{1}{2}\int_{\alpha}^{\beta}\{f(\theta)\}^2 d\theta$$

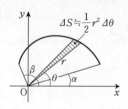

面積を考えている図形は，半径 r，中心角 $\Delta\theta$ の扇形の集まりとみなせることから，

$$\Delta S\fallingdotseq\frac{1}{2}r^2\Delta\theta\ \text{より}$$

$$S=\int_{\alpha}^{\beta}\frac{1}{2}r^2 d\theta$$

もう少し丁寧に説明すると，以下のようになる.

∠AOB$=\beta-\alpha$ を n 等分し，曲線 $r=f(\theta)$ 上の点を A から順に $A=P_0$，P_1，P_2，……，P_{n-1}，$P_n=B$ とする. また

$$\frac{\beta-\alpha}{n}=\Delta\theta$$

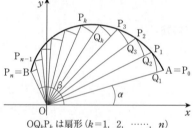

$OQ_k P_k$ は扇形 $(k=1,\ 2,\ \cdots\cdots,\ n)$

とおくと，P_k の偏角 θ_k は，$\theta_k=\alpha+k\cdot\Delta\theta$ であり，$r_k=f(\theta_k)$ とする. n 等分した角を中心角とし，半径 r_1，r_2，……，r_n の扇形の面積の和を S_n とすると

$$S_n=\frac{1}{2}r_1{}^2\Delta\theta+\frac{1}{2}r_2{}^2\Delta\theta+\cdots\cdots+\frac{1}{2}r_n{}^2\Delta\theta=\sum_{k=1}^{n}\frac{1}{2}\{f(\theta_k)\}^2\Delta\theta$$

であり，$\displaystyle\lim_{n\to\infty}S_n=S$ と考えられる.

よって $\displaystyle S=\lim_{n\to\infty}\sum_{k=1}^{n}\frac{1}{2}\{f(\theta_k)\}^2\Delta\theta=\frac{1}{2}\int_{\alpha}^{\beta}\{f(\theta)\}^2 d\theta$

このことを用いると，(3)は次のように解決する.

▶▶▶ **別解** ◀

(3) $x=1$，$\dfrac{\sqrt{6}}{4}$ に対応する θ は，$\theta=0$，$\dfrac{\pi}{6}$ であり，また，$\theta=\dfrac{\pi}{6}$ のとき，$y=\dfrac{1}{2\sqrt{2}}$.

よって，求める面積 S は

$$S=\frac{1}{2}\int_{0}^{\frac{\pi}{6}}r^2 d\theta-\frac{1}{2}\cdot\frac{\sqrt{6}}{4}\cdot\frac{1}{2\sqrt{2}}=\frac{1}{2}\left[\frac{1}{2}\sin 2\theta\right]_{0}^{\frac{\pi}{6}}-\frac{\sqrt{3}}{16}=\frac{\sqrt{3}}{16}$$

18　a，b を正の実数とするとき，極限 $c = \lim\limits_{n \to \infty} \dfrac{1 + b^n}{a^{n+1} + b^{n+1}}$ を考える.

(1)　$a = 2$，$b = 2$ のとき，c の値を求めよ.

(2)　$a > 2$，$b = 2$ のとき，c の値を求めよ.

(3)　$b = 3$ のとき，$c = \dfrac{1}{3}$ となる a の範囲を求めよ.　　　　　　（福島大）

思考のひもとき ○○○⌒

1.　数列 $\{r^n\}$ について

$\quad r > 1$ のとき　　$\lim\limits_{n \to \infty} r^n = +\infty$　　　　$r = 1$ のとき　　$\lim\limits_{n \to \infty} r^n = 1$

$-1 < r < 1$ のとき　　$\lim\limits_{n \to \infty} r^n = 0$　　　　$r \leqq -1$ のとき　　$\lim\limits_{n \to \infty} r^n$ は存在しない

解答

(1)　$a = 2$，$b = 2$ のとき

$$c = \lim_{n \to \infty} \frac{1 + 2^n}{2^{n+1} + 2^{n+1}} = \lim_{n \to \infty} \frac{1 + 2^n}{2 \times 2^{n+1}}$$

$$= \lim_{n \to \infty} \left\{ \left(\frac{1}{2} \right)^{n+2} + \frac{1}{2^2} \right\} = 0 + \frac{1}{4} = \mathbf{\frac{1}{4}}$$

(2)　$a > 2$，$b = 2$ のとき

$$c = \lim_{n \to \infty} \frac{1 + 2^n}{a^{n+1} + 2^{n+1}} = \lim_{n \to \infty} \frac{\left(\dfrac{1}{a} \right)^n + \left(\dfrac{2}{a} \right)^n}{a + 2 \cdot \left(\dfrac{2}{a} \right)^n}$$

ここで，$a > 2$ より，$0 < \dfrac{1}{a} < \dfrac{1}{2}$，$0 < \dfrac{2}{a} < 1$ だから　　$\lim\limits_{n \to \infty} \left(\dfrac{1}{a} \right)^n = 0$，$\lim\limits_{n \to \infty} \left(\dfrac{2}{a} \right)^n = 0$

$$\therefore \quad c = \frac{0 + 0}{a + 0} = \mathbf{0}$$

(3)　$b = 3$ のとき

$$c = \lim_{n \to \infty} \frac{1 + 3^n}{a^{n+1} + 3^{n+1}}$$

(ⅰ)　$0<a<3$ のとき

$$c=\lim_{n\to\infty}\frac{\left(\frac{1}{3}\right)^n+1}{a\left(\frac{a}{3}\right)^n+3}$$

$0<a<3$ より，$0<\dfrac{a}{3}<1$ だから　　$\displaystyle\lim_{n\to\infty}\left(\frac{a}{3}\right)^n=0$

また，$\displaystyle\lim_{n\to\infty}\left(\frac{1}{3}\right)^n=0$ より　　$c=\dfrac{0+1}{0+3}=\dfrac{1}{3}$

(ⅱ)　$a=3$ のとき

$$c=\lim_{n\to\infty}\frac{1+3^n}{3^{n+1}+3^{n+1}}=\lim_{n\to\infty}\frac{1+3^n}{2\cdot3^{n+1}}$$

$$=\lim_{n\to\infty}\frac{1}{2}\left\{\left(\frac{1}{3}\right)^{n+1}+\frac{1}{3}\right\}=\frac{1}{2}\left(0+\frac{1}{3}\right)=\frac{1}{6}$$

(ⅲ)　$a>3$ のとき

$$c=\lim_{n\to\infty}\frac{1+3^n}{a^{n+1}+3^{n+1}}=\lim_{n\to\infty}\frac{\left(\frac{1}{a}\right)^n+\left(\frac{3}{a}\right)^n}{a+3\left(\frac{3}{a}\right)^n}$$

$a>3$ より，$0<\dfrac{3}{a}<1$ だから　　$\displaystyle\lim_{n\to\infty}\left(\frac{1}{a}\right)^n=0,\ \lim_{n\to\infty}\left(\frac{3}{a}\right)^n=0$

∴　$c=\dfrac{0+0}{a+0}=0$

(ⅰ)～(ⅲ)より，求める a の範囲は　　**$0<a<3$**

解説

1°　$\{r^n\}$ の極限を考えるときには，r と1，-1 との大小をまず考えること．
　　収束するのは $-1<r<1$ と $r=1$ のときのみである．

2°　多項式が分子，分母にある分数式の $n\longrightarrow\infty$ の極限を考えるときには，最高次数の項に注目する．指数が入っている場合には，公比が最も大きい項に注目する（たとえば，(2)ならば，$a>2=b$ より a^n に注目する）．次にその項で分母，分子を割る．すると $\left|\dfrac{y}{x}\right|<1$ なる $\left(\dfrac{y}{x}\right)^n$ をつくることができて，$\left|\dfrac{y}{x}\right|<1$ だから，$n\longrightarrow\infty$ のとき

$\left(\dfrac{y}{x}\right)^n \longrightarrow 0$ となる.

$\dfrac{\infty}{\infty}$ の極限を考えるときには,このように $\left|\dfrac{y}{x}\right| < 1$ となる $\left(\dfrac{y}{x}\right)^n$ の項をつくること

を考えること.

3° 極限を考えるときには,段階的に $n \longrightarrow \infty$ と考えないこと.1つの $\lim$ の式内の計算において $n \longrightarrow \infty$ を考えるときには,すべての項に関して一度に $n \longrightarrow \infty$ を考えること.例えば $\lim\limits_{n \to \infty} \dfrac{1}{n} \log(3^n + 5^n)$ を考えると,正しく考えれば

$$\lim_{n \to \infty} \frac{1}{n} \log(3^n + 5^n) = \lim_{n \to \infty} \frac{1}{n} \log 5^n \left\{ \left(\frac{3}{5}\right)^n + 1 \right\}$$

$$= \lim_{n \to \infty} \left[\log 5 + \frac{1}{n} \log \left\{ \left(\frac{3}{5}\right)^n + 1 \right\} \right]$$

$$\left(n \longrightarrow \infty \text{ のとき } \frac{1}{n} \longrightarrow 0,\ \left(\frac{3}{5}\right)^n \longrightarrow 0 \text{ だから} \right)$$

$$= \log 5$$

となるが,これを

$$\lim_{n \to \infty} \frac{1}{n} \log 5^n \left\{ \left(\frac{3}{5}\right)^n + 1 \right\} \text{ のとき, } \lim_{n \to \infty} \left(\frac{3}{5}\right)^n = 0 \text{ だから}$$

$$\lim_{n \to \infty} \frac{1}{n} \log 5^n \left\{ \left(\frac{3}{5}\right)^n + 1 \right\} = \lim_{n \to \infty} \frac{1}{n} \log 5^n = \log 5$$

と考えてはいけない.$n \longrightarrow \infty$ を考えるときには,自分の都合のいいところの極限を部分的に考えていくのではなく,式全体で,一度に $n \longrightarrow \infty$ として極限を考えること.

4° (3)においては a^n,3^n があるので,分母,分子をこのいずれかで割ることを考える.割ったものが 1 より小さくなるために,どちらで割るのか,ということを考えるとき,正の定数 a と 3 との大小で場合分けをしていけばよいことに気がつく.

19 3点 O$(0, 0)$, A$(2, 0)$, B$(1, \sqrt{3})$ を頂点とする △OAB がある. 点Oから辺 AB に引いた垂線を OH$_1$ とする. 次に, 点 H$_1$ から辺 OA に引いた垂線を H$_1$H$_2$, 点 H$_2$ から辺 OB に引いた垂線を H$_2$H$_3$, 点 H$_3$ から辺 AB に引いた垂線を H$_3$H$_4$ とする. 以下, 辺 OA, OB, AB 上に, この順で垂線を引くことをくり返し, 点 H$_n$ を決め, 線分 H$_{n-1}$H$_n$ の長さを a_n $(n \geqq 2)$ とする. $a_1 = $ OH$_1$ とするとき, 次の問いに答えよ.

(1) a_2, a_3, a_4 を求めよ.

(2) a_n を n を用いて表せ.

(3) $\displaystyle\lim_{n \to \infty} a_n$ を求めよ.

(岐阜薬科大)

思考のひもとき ∽∽∽

1. △ABC が正三角形のとき

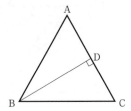

CD : BD : BC = $\boxed{1 : \sqrt{3} : 2}$

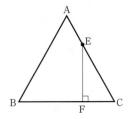

点Eは, AC 上の任意の点とする.

CF : EF : EC = $\boxed{1 : \sqrt{3} : 2}$

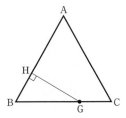

点Gは BC 上の任意の点とする.

BH : GH : GB = $\boxed{1 : \sqrt{3} : 2}$

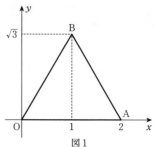

$$OA = 2 \qquad OB = \sqrt{1^2 + (\sqrt{3})^2} = \sqrt{4} = 2$$

$$AB = \sqrt{(2-1)^2 + (0-\sqrt{3})^2} = \sqrt{4} = 2$$

よって，$\triangle OAB$ は 1 辺の長さが 2 の正三角形となる．

図1

(1) $\triangle OH_1A \backsim \triangle H_1H_2A \backsim \triangle H_2H_3O \backsim \triangle H_3H_4B$ に注意する．

これらの三角形は，内角が $\dfrac{\pi}{6}$，$\dfrac{\pi}{3}$，$\dfrac{\pi}{2}$ の直角三角形だか

ら，3 辺の比が $1 : \sqrt{3} : 2$ である．

$$a_1 = OH_1 = \sqrt{3}$$

$$a_2 = H_1H_2 = \frac{\sqrt{3}}{2} AH_1 = \frac{\mathbf{1}}{\mathbf{2}}\sqrt{3}$$

$$a_3 = H_2H_3 = \frac{\sqrt{3}}{2} OH_2 = \frac{\sqrt{3}}{2}(OA - AH_2)$$

$$= \frac{\sqrt{3}}{2}\left(2 - \frac{1}{\sqrt{3}} \cdot \frac{1}{2}\sqrt{3}\right) = \frac{\mathbf{3}}{\mathbf{4}}\sqrt{3}$$

$$a_4 = H_3H_4 = \frac{\sqrt{3}}{2} BH_3 = \frac{\sqrt{3}}{2}(OB - OH_3)$$

$$= \frac{\sqrt{3}}{2}\left(2 - \frac{1}{\sqrt{3}} \cdot \frac{3}{4}\sqrt{3}\right) \cdot = \frac{\mathbf{5}}{\mathbf{8}}\sqrt{3}$$

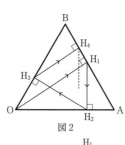

図2

図3

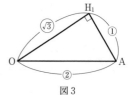

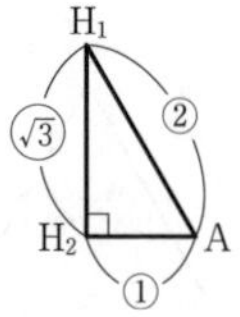

図4

(2) まず，H_n が OA 上にある場合を考える．

H_{n-1}，H_n，H_{n+1} の位置関係は図 7 のようになるから，

(1)と同様に，3 辺の比を考えて

$$AH_n = \frac{1}{\sqrt{3}} a_n$$

$$\therefore \quad OH_n = OA - AH_n = 2 - \frac{1}{\sqrt{3}} a_n$$

$$\therefore \quad a_{n+1} = H_nH_{n+1} = \frac{\sqrt{3}}{2} OH_n$$

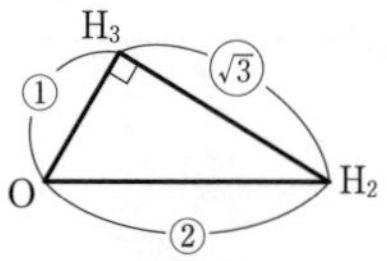

図5

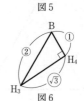

図6

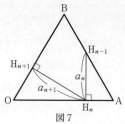

$$= \frac{\sqrt{3}}{2}\left(2 - \frac{1}{\sqrt{3}}a_n\right) = -\frac{1}{2}a_n + \sqrt{3}$$

$$\therefore \quad a_{n+1} = -\frac{1}{2}a_n + \sqrt{3} \quad \cdots\cdots ①$$

また，H_n が BO，AB 上にある場合も同様にして①が得られる．

図7

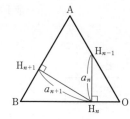 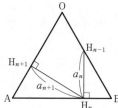

①は $a_{n+1} - \dfrac{2}{3}\sqrt{3} = -\dfrac{1}{2}\left(a_n - \dfrac{2}{3}\sqrt{3}\right)$ と変形できるから

$$a_n - \frac{2}{3}\sqrt{3} = \left(-\frac{1}{2}\right)^{n-1}\left(a_1 - \frac{2}{3}\sqrt{3}\right)$$

$$\therefore \quad \boldsymbol{a_n} = \left(-\frac{1}{2}\right)^{n-1}\left(\sqrt{3} - \frac{2}{3}\sqrt{3}\right) + \frac{2}{3}\sqrt{3} = \frac{\sqrt{3}}{3}\left(-\frac{1}{2}\right)^{n-1} + \frac{2}{3}\sqrt{3}$$

(3)　$\left|-\dfrac{1}{2}\right| < 1$ より $\displaystyle\lim_{n\to\infty}\left(-\dfrac{1}{2}\right)^{n-1} = 0$ だから

$$\lim_{n\to\infty}a_n = \lim_{n\to\infty}\left\{\frac{\sqrt{3}}{3}\left(-\frac{1}{2}\right)^{n-1} + \frac{2}{3}\sqrt{3}\right\} = \frac{2}{3}\sqrt{3}$$

解説

1°　(1)で具体的にひとつずつ考えていかずに，いきなり(2)のように一般化して考えていき，①の式に $n=2$，3，4 を代入していって求めても構わない．

2°　この種の問題で気をつけることは，$n-1$ 回目と n 回目，n 回目と $n+1$ 回目というように，1回の操作における関係を正確に把握して，立式していくことである．本問の場合は，a_n と a_{n+1} との関係を考えていくことになるので，H_{n-1}，H_n，H_{n+1} の3点を考えていくことになる．結局のところ，a_n と a_{n+1} の漸化式を立てて，それを解いていくことになる．

3°　(3)の極限の問題自体はやさしい．無限等比数列の極限なので，公比の絶対値が1より大きいのか，小さいのか，それとも(公比)＝1，となるのかどうか，を考えていけばよい．

隣り合う辺の長さが a, b の長方形がある．その各辺の中点を順に結んで四角形をつくる．さらにその四角形の各辺の中点を順に結んで四角形をつくる．このような操作を無限に続ける．

(1) 最初の長方形も含めたこれらの四角形の周の長さの総和 S を求めよ．

(2) 関係 $a+b=1$ を満たしながら a, b が動くときの S の最小値を求めよ．

(和歌山県立医科大)

思考のひもとき ∞∞

1. 数列 $\{S_n\}$ の極限について，m を自然数とするとき

$$\lim_{m\to\infty} S_{2m-1}=\alpha, \quad \lim_{m\to\infty} S_{2m}=\alpha \text{ ならば} \quad \boxed{\lim_{n\to\infty} S_n=\alpha}$$

解答

(1) 最初の長方形を S_1 として，順次，その後にできる四角形を，それぞれ S_2, S_3, S_4, …… とする．

ここで，中点連結定理を用いると，図1，図2より
S_1, S_3, S_5, …… は相似であり，
S_2, S_4, S_6, …… も相似となる．
相似比は，それぞれ
$$1 : \frac{1}{2} : \left(\frac{1}{2}\right)^2 : \cdots \text{ である．}$$
……Ⓐ

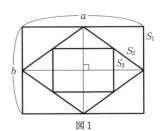

図1

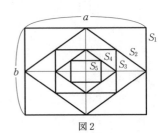

図2

S_n の周の長さを l_n $(n=1, 2, 3, \cdots)$ とすると
$$l_1=2(a+b) \quad \text{……①}$$

S_2 はひし形となるから，その1辺の長さは
$$\sqrt{\left(\frac{a}{2}\right)^2+\left(\frac{b}{2}\right)^2}=\frac{1}{2}\sqrt{a^2+b^2}$$

である．

$$\therefore \quad l_2=4\cdot\frac{1}{2}\sqrt{a^2+b^2}=2\sqrt{a^2+b^2} \quad \text{……②}$$

ここで，Ⓐより，m を自然数として

$$l_{2m+1}=\frac{1}{2}l_{2m-1}, \quad l_{2(m+1)}=\frac{1}{2}l_{2m}$$

であるから，①，②より

$$l_{2m-1} = l_1\left(\frac{1}{2}\right)^{m-1} = \left(\frac{1}{2}\right)^{m-1}2(a+b)$$

$$l_{2m} = l_2\left(\frac{1}{2}\right)^{m-1} = \left(\frac{1}{2}\right)^{m-1}2\sqrt{a^2+b^2}$$

である.

$L_n = l_1 + l_2 + l_3 + \cdots\cdots + l_n$ とすると

$$L_{2m} = \sum_{k=1}^{m}(l_{2k-1}+l_{2k})$$

$$= \sum_{k=1}^{m}\left(\frac{1}{2}\right)^{k-1}2\left(a+b+\sqrt{a^2+b^2}\right)$$

$$= \frac{2\left(a+b+\sqrt{a^2+b^2}\right)\left\{1-\left(\frac{1}{2}\right)^m\right\}}{1-\frac{1}{2}} = 4\left(a+b+\sqrt{a^2+b^2}\right)\left\{1-\left(\frac{1}{2}\right)^m\right\}$$

$$L_{2m-1} = L_{2m} - l_{2m}$$

$$= 4\left(a+b+\sqrt{a^2+b^2}\right)\left\{1-\left(\frac{1}{2}\right)^m\right\} - \left(\frac{1}{2}\right)^{m-1}2\sqrt{a^2+b^2}$$

よって　　$\displaystyle\lim_{m\to\infty}L_{2m} = 4\left(a+b+\sqrt{a^2+b^2}\right)$

$\displaystyle\lim_{m\to\infty}L_{2m-1} = 4\left(a+b+\sqrt{a^2+b^2}\right)$

$\therefore\ \ S = \displaystyle\lim_{n\to\infty}L_n = \boldsymbol{4\left(a+b+\sqrt{a^2+b^2}\right)}$

(2)　$a+b=1$ より　　$b=1-a$

S に，$a+b=1$，$b=1-a$ を代入して

$$S = 4\left\{1+\sqrt{a^2+(1-a)^2}\right\}$$

$$= 4\left\{1+\sqrt{2a^2-2a+1}\right\} = 4\left\{1+\sqrt{2\left(a-\frac{1}{2}\right)^2+\frac{1}{2}}\right\}$$

よって，S は $a=\dfrac{1}{2}$ $\left(b=1-\dfrac{1}{2}=\dfrac{1}{2}\right)$ のとき最小となり，その最小値は

$$4\left(1+\sqrt{\frac{1}{2}}\right) = \boldsymbol{4+2\sqrt{2}}$$

1° まず，図をかいて，どのような四角形ができてくるのか，を正確に把握すること．n の偶奇で S_n の形状が異なるので，n の偶奇での場合分けの必要性が見えてくる．

S_2 は 4 辺の長さがすべて等しいのでひし形となる．S_3 は中点連結定理により，2 組の対辺がひし形の対角線と平行であり，ひし形の対角線は直交するから長方形となり，S_1 と S_3 の相似比は $2:1$ となる．S_2 と S_4 も相似となり，S_1 と S_3 の相似比が $2:1$ だから，S_2 と S_4 の相似比も $2:1$ となる．

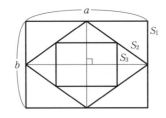
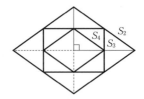

2° 1° の考察がきちんとできれば，あとは各四角形の周の長さ l_n を求めて，次にそれらの和を考えていけばよい．まず部分和 $\sum_{k=1}^{n} l_k$ を考えることになるが，l_n が n の偶奇によって式の形が異なるので，部分和も $n=2m$（偶数番目まで）と $n=2m-1$（奇数番目まで）の場合分けが必要となる．

3°
$$L_{2m}=l_1+l_2+l_3+\cdots\cdots+l_{2(m-1)}+l_{2m-1}+l_{2m}$$
$$=(l_1+l_2)+(l_3+l_4)+\cdots\cdots+(l_{2(m-1)-1}+l_{2(m-1)})+(l_{2m-1}+l_{2m})$$
$$=\sum_{k=1}^{m}(l_{2k-1}+l_{2k})$$
$$L_{2m-1}=(l_1+l_2+l_3+\cdots\cdots+l_{2m-1}+l_{2m})-l_{2m}=L_{2m}-l_{2m}$$

に注意をすること．

また，$n\longrightarrow\infty$ のときの極限を考えているので，L_1 を考える必要はないから
$$L_{2m+1}=(l_1+l_2+\cdots\cdots+l_{2m-1}+l_{2m})+l_{2m+1}=L_{2m}+l_{2m+1}$$
より，$\lim_{m\to\infty}L_{2m+1}$ を計算してもよい．

4° 数列 $\{a_n\}$ の部分和を $S_n=a_1+a_2+a_3+\cdots\cdots+a_n$ とすると，$\lim_{m\to\infty}S_{2m}=\lim_{m\to\infty}S_{2m-1}$ ならば，この部分和は収束する．

（もちろん，$\lim_{m\to\infty}S_{2m}\neq\lim_{m\to\infty}S_{2m-1}$ ならば，この部分和は発散することになる．）

21 数列 $\{a_n\}$ を初項 $a_1=1$，漸化式 $a_{n+1}=\sqrt{a_n+2}$ $(n\geqq1)$ により定義する．

(1) すべての自然数 n に対して，$1\leqq a_n<2$ が成り立つことを証明せよ．

(2) すべての自然数 n に対して，$2-a_{n+1}\leqq\dfrac{1}{2+\sqrt{3}}(2-a_n)$ が成り立つことを証明

せよ．

(3) 数列 $\{a_n\}$ が収束することを示し，極限値 $\displaystyle\lim_{n\to\infty}a_n$ を求めよ．　　（首都大学東京）

思考のひもとき

1. 数列 $\{a_n\}$, $\{b_n\}$, $\{c_n\}$ について，$a_n\leqq c_n\leqq b_n$ $(n=1,\ 2,\ 3,\ \cdots\cdots)$ のとき

$\displaystyle\lim_{n\to\infty}a_n=\lim_{n\to\infty}b_n=\alpha$ ならば，$\displaystyle\lim_{n\to\infty}c_n=\boxed{\alpha}$ である．（**はさみうちの原理**）

解答

(1) すべての自然数 n に対して　　$1\leqq a_n<2$　……Ⓐ

が成り立つことを数学的帰納法を用いて示す．

［Ⅰ］ $n=1$ のとき，$a_1=1$ よりⒶは成り立つ．

［Ⅱ］ $n=k$ のとき，Ⓐが成り立つと仮定すると

$$1\leqq a_k<2$$

である．よって　　$1+2\leqq a_k+2<2+2$　　$\therefore$　$\sqrt{3}\leqq\sqrt{a_k+2}<2$

$a_{k+1}=\sqrt{a_k+2}$ より　　$\sqrt{3}\leqq a_{k+1}<2$　　$\therefore$　$1\leqq a_{k+1}<2$

したがって，$n=k+1$ のときにもⒶは成り立つ．

［Ⅰ］，［Ⅱ］より，Ⓐはすべての自然数について成り立つ．　□

(2) $2-a_{n+1}=2-\sqrt{a_n+2}=\dfrac{(2-\sqrt{a_n+2})(2+\sqrt{a_n+2})}{2+\sqrt{a_n+2}}=\dfrac{1}{2+\sqrt{a_n+2}}\{4-(a_n+2)\}$

$$\therefore\quad 2-a_{n+1}=\dfrac{1}{2+\sqrt{a_n+2}}(2-a_n)\quad\cdots\cdots①$$

(1)より $1\leqq a_n<2$ だから　　$\sqrt{3}\leqq\sqrt{a_n+2}<2$　　$\therefore$　$2+\sqrt{3}\leqq2+\sqrt{a_n+2}<4$

$$\therefore\quad\dfrac{1}{2+\sqrt{3}}\geqq\dfrac{1}{2+\sqrt{a_n+2}}>\dfrac{1}{4}\quad\cdots\cdots②$$

$2-a_n>0$ だから①，②より　　$2-a_{n+1}=\dfrac{1}{2+\sqrt{a_n+2}}(2-a_n)\leqq\dfrac{1}{2+\sqrt{3}}(2-a_n)$

$$\therefore\quad 2-a_{n+1}\leqq\dfrac{1}{2+\sqrt{3}}(2-a_n)\quad□$$

(3)　(2)の結果をくり返し用いると

$$2-a_n \leqq \frac{1}{2+\sqrt{3}}(2-a_{n-1})$$

$$\leqq \left(\frac{1}{2+\sqrt{3}}\right)^2 (2-a_{n-2}) \leqq \cdots\cdots \leqq \left(\frac{1}{2+\sqrt{3}}\right)^{n-1} (2-a_1) = \left(\frac{1}{2+\sqrt{3}}\right)^{n-1}$$

(1)より $1 \leqq a_n < 2$ だから　　$2-a_n > 0$

$$\therefore \quad 0 < 2-a_n \leqq \left(\frac{1}{2+\sqrt{3}}\right)^{n-1} \quad \cdots\cdots ③$$

$2+\sqrt{3} > 1$ より　　$0 < \dfrac{1}{2+\sqrt{3}} < 1$

よって　　$\displaystyle\lim_{n \to \infty} \left(\frac{1}{2+\sqrt{3}}\right)^{n-1} = 0$

はさみうちの原理を用いると③より　　$\displaystyle\lim_{n \to \infty}(2-a_n) = 0$

よって，数列 $\{a_n\}$ は収束して　　$\displaystyle\lim_{n \to \infty} a_n = 2$

解説

1°　$a_{n+1} = f(a_n)$ の形の漸化式で表される数列 $\{a_n\}$ が収束するのであれば $\displaystyle\lim_{n \to \infty} a_n = \lim_{n \to \infty} a_{n+1} = \alpha$ となる.

　　$a_{n+1} = \sqrt{a_n + 2}$ の両辺の極限をとり，$\alpha = \sqrt{\alpha + 2}$ となる．これを解くと $\alpha^2 = \alpha + 2$ かつ $\alpha \geqq 0$ だから，$(\alpha - 2)(\alpha + 1) = 0$ かつ $\alpha \geqq 0$ より $\alpha = 2$ となる.

　　したがって，この数列 $\{a_n\}$ が収束するのであれば，$\displaystyle\lim_{n \to \infty} a_n = 2$ である.

　　（これは収束することを仮定としているので，解答にはならない.）

2°　(2)では，この 2 と a_{n+1}，a_n との差，$2-a_{n+1}$ と $2-a_n$ を評価せよということである．その際に

$$2-a_{n+1} \leqq p(2-a_n) \quad (|p| < 1)$$

と評価することができれば，2 と一般項 a_n との差はどんどん小さくなっていく，ということがわかる．したがって，$\displaystyle\lim_{n \to \infty} a_n = 2$ となることが示されるわけである.

3°　この種の問題については誘導に乗って解いていけばよいが，何を実行しているのかを理解しておくことは大切である．方針としては

　　（ i ）　収束すると仮定して，その極限 α を求める.

　　（ ii ）　α に対して，$|a_{n+1} - \alpha| < p|a_n - \alpha| \ (|p| < 1)$ となる p をみつける.

(iii)　(ii)の不等式をくり返し用いて，はさみうちの原理を利用して，

$$\lim_{n\to\infty} a_n = \alpha を示す.$$

という流れが一般的である.

4°　次のような点の動きを考える.

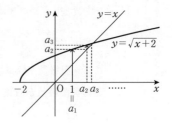

$y=\sqrt{x+2}$ 上の $x=1$ に対応する点 $(1,\ \sqrt{3})$ の y 座標の $\sqrt{3}$ が a_2 となる. a_2 を x 軸上に表記するために，$y=x$ 上の点 $(a_2,\ a_2)$ を考え，$(a_2,\ 0)$ をとる.

次に $x=a_2$ に対応する $y=\sqrt{x+2}$ 上の点 $(a_2,\ \sqrt{a_2+2})$ の y 座標の $\sqrt{a_2+2}$ が a_3 となる.

$y=x$ 上の点 $(a_3,\ a_3)$ を考え，$(a_3,\ 0)$ をとる.

以下，同様に考えていくと，$(a_n,\ 0)$ から $x=a_n$ に対応する $y=\sqrt{x+2}$ 上の点 $(a_n,\ \sqrt{a_n+2})$ をとると，この y 座標は $\sqrt{a_n+2}=a_{n+1}$ である. 結局 $\lim_{n\to\infty} a_n$ は $y=\sqrt{x+2}$ と $y=x$ の交点の x 座標に近づいていくことがわかる.

実際，$\begin{cases} y=\sqrt{x+2} \\ y=x \end{cases}$ を解くと

$$\sqrt{x+2}=x$$

両辺を 2 乗して　　$x+2=x^2$（かつ $x>0$）

∴　$0=x^2-x-2=(x-2)(x+1)$　かつ　$x>0$

∴　$x=2$

となる. これより，$\lim_{n\to\infty} a_n = 2$ がわかる.

22 [A] 無限等比級数 $\displaystyle\sum_{n=1}^{\infty}(3-2x)^n$ が収束するような実数 x の範囲と，そのときの和

を求めよ． （広島市立大）

[B] x を実数とし，次の無限級数を考える．

$$x^2+\frac{x^2}{1+x^2-x^4}+\frac{x^2}{(1+x^2-x^4)^2}+\cdots\cdots+\frac{x^2}{(1+x^2-x^4)^{n-1}}+\cdots\cdots$$

(1) この無限級数が収束するような x の範囲を求めよ．

(2) この無限級数が収束するとき，その和として得られる x の関数を $f(x)$ と

書く．また，$h(x)=f(\sqrt{|x|})-|x|$ とおく．このとき，$\displaystyle\lim_{x\to 0}h(x)$ を求めよ．

(3) (2)で求めた極限値を a とするとき，$\displaystyle\lim_{x\to 0}\frac{h(x)-a}{x}$ は存在するか．理由をつ

けて答えよ． （岡山大）

思考のひもとき)∞∞∞

1. 無限等比級数 $\displaystyle\sum_{n=1}^{\infty}ar^{n-1}$ が収束する

$\Longleftrightarrow$ ㋑ $\boxed{a=0}$ または ㋺ $\boxed{|r|<1}$ である

2. 極限値 $\displaystyle\lim_{x\to a}f(x)$ が存在する $\Longleftrightarrow$ $\boxed{\begin{array}{c}\displaystyle\lim_{x\to a-0}f(x)=\lim_{x\to a+0}f(x)\\ ((左側極限)=(右側極限))\end{array}}$

解答

[A] $\{(3-2x)^n\}$ は，初項 $3-2x$，公比 $3-2x$ の等比数列より，この無限等比級数が収

束するための条件は

$3-2x=0$ または $|3-2x|<1$，つまり，$-1<3-2x<1$ である．

$\therefore$ **$1<x<2$**

このとき，この無限等比級数の和は

$$\sum_{n=1}^{\infty}(3-2x)^n=\frac{3-2x}{1-(3-2x)}=\frac{-2x+3}{2x-2}$$

[B] (1) この無限級数は，初項 x^2，公比 $\dfrac{1}{1+x^2-x^4}$ である無限等比級数であるから，

収束する条件は (i) $x^2=0$ または (ii) $\left|\dfrac{1}{1+x^2-x^4}\right|<1$

(i) $x^2=0$ つまり，$x=0$

(ii) $x \neq 0$ のとき

$$\left| \frac{1}{1+x^2-x^4} \right| < 1$$

$\therefore \quad |1+x^2-x^4|>1 \qquad \therefore \quad \begin{cases} 1+x^2-x^4<-1 \\ \text{または} \\ 1+x^2-x^4>1 \end{cases}$

㋑ $1+x^2-x^4<-1$ のとき

$x^4-x^2-2>0 \qquad \therefore \quad (x^2+1)(x^2-2)>0$

$x^2+1>0$ より $\quad x^2-2>0$

$\therefore \quad (x+\sqrt{2})(x-\sqrt{2})>0$

$\therefore \quad x<-\sqrt{2}, \ \sqrt{2}<x$

㋺ $1+x^2-x^4>1$ のとき

$x^4-x^2<0 \qquad \therefore \quad x^2(x^2-1)<0$

$x^2>0$ より $\quad x^2-1<0$

$\therefore \quad (x+1)(x-1)<0 \iff -1<x<1$

㋑, ㋺より $\quad x<-\sqrt{2}, \ -1<x<0, \ 0<x<1, \ \sqrt{2}<x$

(i), (ii)より，求める x の範囲は $\quad \boldsymbol{x<-\sqrt{2}, \ -1<x<1, \ \sqrt{2}<x}$

(2) $x=0$ のとき $\quad f(x)=0$

$x<-\sqrt{2}, \ -1<x<0, \ 0<x<1, \ \sqrt{2}<x$ のとき

$$f(x)=\frac{x^2}{1-\dfrac{1}{1+x^2-x^4}}=\frac{x^2(1+x^2-x^4)}{(1+x^2-x^4)-1}=\frac{x^2(1+x^2-x^4)}{x^2(1-x^2)}$$

$x \neq 0$ より

$$f(x)=\frac{1+x^2-x^4}{1-x^2}=\frac{(1-x^4)-(1-x^2)+1}{1-x^2}$$

$$=1+x^2-1+\frac{1}{1-x^2}=x^2+\frac{1}{1-x^2}$$

よって $\quad h(x)=f(\sqrt{|x|})-|x|=|x|+\dfrac{1}{1-|x|}-|x|=\dfrac{1}{1-|x|}$

$\therefore \quad \lim_{x \to 0} h(x) = \lim_{x \to 0} \frac{1}{1-|x|} = \frac{1}{1-0} = \boldsymbol{1}$

(3) $x \neq 0$ のとき

$$\frac{h(x)-1}{x} = \frac{1}{x}\left(\frac{1}{1-|x|}-1\right) = \frac{1}{x} \cdot \frac{1-(1-|x|)}{1-|x|} = \frac{|x|}{x(1-|x|)}$$

$$\lim_{x \to +0} \frac{h(x)-1}{x} = \lim_{x \to +0} \frac{|x|}{x(1-|x|)} = \lim_{x \to +0} \frac{x}{x(1-x)} = \frac{1}{1-0} = 1$$

$$\lim_{x \to -0} \frac{h(x)-1}{x} = \lim_{x \to -0} \frac{|x|}{x(1-|x|)} = \lim_{x \to -0} \frac{-x}{x(1+x)} = \frac{-1}{1+0} = -1$$

$$\therefore \quad \lim_{x \to +0} \frac{h(x)-1}{x} \neq \lim_{x \to -0} \frac{h(x)-1}{x}$$

よって，$\displaystyle \lim_{x \to 0} \frac{h(x)-1}{x}$ は **存在しない**.

解説

1° 無限等比級数 $\displaystyle \sum_{n=1}^{\infty} ar^{n-1}$ の収束条件は

  ㋑ $a=0$ （初項が 0 ということ）

  ㋺ $|r|<1$ （公比の絶対値が 1 より小さいということ）

である．㋑の場合の吟味を忘れることが多いので，注意をすること．

2° 極限値 $\displaystyle \lim_{x \to a} f(x)$ が存在するか，存在しないかを判定するには，右側極限 $\left(\displaystyle \lim_{x \to a+0} f(x)\right)$ と左側極限 $\left(\displaystyle \lim_{x \to a-0} f(x)\right)$ を調べる．（右側極限）＝（左側極限）ならば $\displaystyle \lim_{x \to a} f(x)$ は存在し，（右側極限）≠（左側極限）ならば $\displaystyle \lim_{x \to a} f(x)$ は存在しない．

3° $h(0)=1$ であるから，(3)の結果は，$h'(0)=\displaystyle \lim_{x \to 0} \frac{h(x)-h(0)}{x-0}$ が存在しないことを示している．

23 [A] (1) $\displaystyle\lim_{x\to\infty}(\sqrt{x^2-3x+2}-x)=\boxed{}$ (北見工業大)

(2) $\displaystyle\lim_{x\to3}\frac{\sqrt{x+k}-3}{x-3}$ が有限な値になるように，定数 k の値を定め，その極限値

を求めよ． (岩手大)

[B] $\displaystyle\lim_{x\to0}\frac{1-\cos 2x}{x^n}$ が 0 でない実数になるような自然数 n を求めよ． (山梨大)

思考のひもとき ◇◇◇◇

1. $\displaystyle\lim_{x\to a}\frac{f(x)}{g(x)}=\alpha$ かつ $\displaystyle\lim_{x\to a}g(x)=0$ ならば $\displaystyle\lim_{x\to a}f(x)=\boxed{0}$

2. $\displaystyle\lim_{x\to0}\frac{\sin x}{x}=\boxed{1}$

解答

[A] (1) $\displaystyle\lim_{x\to\infty}(\sqrt{x^2-3x+2}-x)=\lim_{x\to\infty}\frac{(\sqrt{x^2-3x+2}-x)(\sqrt{x^2-3x+2}+x)}{\sqrt{x^2-3x+2}+x}$

$$=\lim_{x\to\infty}\frac{-3x+2}{\sqrt{x^2-3x+2}+x}$$

$$=\lim_{x\to\infty}\frac{-3+\dfrac{2}{x}}{\sqrt{1-\dfrac{3}{x}+\dfrac{2}{x^2}}+1}=\frac{-3}{1+1}=-\frac{3}{2}$$

(2) $x\longrightarrow3$ のとき，$x-3\longrightarrow0$ であるから，$\displaystyle\lim_{x\to3}\frac{\sqrt{x+k}-3}{x-3}$ ……① が有限な値とな

るためには，$\displaystyle\lim_{x\to3}(\sqrt{x+k}-3)=0$ ……② であることが必要である．

②より $\sqrt{3+k}-3=0$ だから $\sqrt{3+k}=3$

両辺を 2 乗すると $3+k=9$ $\therefore$ $k=6$ ……③

③のもとで，①は

$$\lim_{x\to3}\frac{\sqrt{x+6}-3}{x-3}=\lim_{x\to3}\frac{(\sqrt{x+6}-3)(\sqrt{x+6}+3)}{(x-3)(\sqrt{x+6}+3)}=\lim_{x\to3}\frac{\cancel{x-3}}{\cancel{(x-3)}(\sqrt{x+6}+3)}$$

$$=\lim_{x\to3}\frac{1}{\sqrt{x+6}+3}=\frac{1}{\sqrt{3+6}+3}=\frac{1}{6}$$

となり有限な値に収束する．

関数と極限

よって，$k=6$，極限値は $\dfrac{1}{6}$

〔B〕 $\displaystyle\lim_{x\to 0}\frac{1-\cos 2x}{x^n}=\lim_{x\to 0}\frac{1-(1-2\sin^2 x)}{x^n}=\lim_{x\to 0}\frac{2\sin^2 x}{x^n}$

$$=\lim_{x\to 0}2\left(\frac{\sin x}{x}\right)^2\frac{1}{x^{n-2}}\quad\cdots\cdots①$$

$\displaystyle\lim_{x\to 0}\frac{\sin x}{x}=1$ だから，①が0でない実数となるための条件は，$\displaystyle\lim_{x\to 0}\frac{1}{x^{n-2}}$ が0でない

実数になること．つまり　　$n-2=0$　　$\therefore\quad n=2$

解説

1° 「$\displaystyle\lim_{x\to a}\frac{f(x)}{g(x)}=\alpha$ かつ $\displaystyle\lim_{x\to a}g(x)=0$」$\cdots\cdots$Ⓐ　$\Longrightarrow$　$\displaystyle\lim_{x\to a}f(x)=0$

なぜならば，$\displaystyle\lim_{x\to a}f(x)=\lim_{x\to a}\frac{f(x)}{g(x)}g(x)=\alpha\times 0=0$ であるから．

$\displaystyle\lim_{x\to a}f(x)=0$ はⒶであるための必要条件であり，十分性の確認をすること（〔A〕(2)の

場合，極限値を求めることで確認をしている）．

2° $\displaystyle\lim_{x\to 0}\frac{\sin x}{x}=1$ は非常に重要な極限なので，覚えておくこと．

（証明）

㋑　$0<x<\dfrac{\pi}{2}$ のとき

右図において，OA＝OB＝1とすると

$\triangle$OAB＜扇形OAB＜$\triangle$OAT

であるから

$$\frac{1}{2}\times 1\times 1\times\sin x<1\times 1\times\pi\times\frac{x}{2\pi}<\frac{1}{2}\times 1\times\tan x$$

$$\therefore\quad \sin x<x<\tan x=\frac{\sin x}{\cos x}$$

辺々を $\sin x(>0)$ で割ると

$$1<\frac{x}{\sin x}<\frac{1}{\cos x}$$

逆数を考えて　　$1>\dfrac{\sin x}{x}>\cos x$

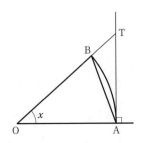

$\lim\limits_{x \to +0} \cos x = 1$ だから，はさみうちの原理より　　$\lim\limits_{x \to +0} \dfrac{\sin x}{x} = 1$

㋺　$-\dfrac{\pi}{2} < x < 0$ のとき

$x = -t$ とすると，$t > 0$ より

$$\lim_{x \to -0} \frac{\sin x}{x} = \lim_{t \to +0} \frac{\sin(-t)}{-t} = \lim_{t \to +0} \frac{\sin t}{t} = 1 \quad (㋑ より)$$

㋑，㋺より　　$\lim\limits_{x \to 0} \dfrac{\sin x}{x} = 1$　□

この評価の方法（$\triangle \text{OAB} < $ 扇形 $\text{OAB} < \triangle \text{OAT}$）は応用範囲が広いので，覚えておくこと．

3°　［B］において

$\lim\limits_{x \to 0} \dfrac{1}{x^{n-2}}$ について，n が自然数だから

$n = 1$ のとき　　$\lim\limits_{x \to 0} \dfrac{1}{x^{-1}} = \lim\limits_{x \to 0} x = 0$

$n = 2$ のとき　　$\lim\limits_{x \to 0} \dfrac{1}{x^{0}} = \lim\limits_{x \to 0} 1 = 1$

$n \geqq 3$ のとき，n が偶数ならば，$\lim\limits_{x \to 0} \dfrac{1}{x^{n-2}} = +\infty$ となり

$$\lim_{x \to 0} \frac{1}{x^{n-2}} \text{ は実数とならない}$$

n が奇数ならば，$\lim\limits_{x \to +0} \dfrac{1}{x^{n-2}} = +\infty$，$\lim\limits_{x \to -0} \dfrac{1}{x^{n-2}} = -\infty$ より

$$\lim_{x \to 0} \frac{1}{x^{n-2}} \text{ は存在しない}$$

よって，0 以外の実数となるための条件は，$n = 2$ となる．

4°　　$\lim\limits_{x \to 0} \dfrac{1 - \cos x}{x^2} = \lim\limits_{x \to 0} \dfrac{(1 - \cos x)(1 + \cos x)}{x^2(1 + \cos x)} = \lim\limits_{x \to 0} \left(\dfrac{\sin x}{x}\right)^2 \dfrac{1}{1 + \cos x} = \dfrac{1}{2}$

だから，これを用いると $\lim\limits_{x \to 0} \dfrac{1 - \cos 2x}{(2x)^2} = \dfrac{1}{2}$ だから

$$\lim_{x \to 0} \frac{1 - \cos 2x}{x^n} = \lim_{x \to 0} \frac{1 - \cos 2x}{(2x)^2} \cdot 4 \cdot \frac{1}{x^{n-2}} = 2\lim_{x \to 0} \frac{1}{x^{n-2}} \quad \cdots\cdots ⑧$$

⑧が 0 でない実数に収束する条件は $\lim\limits_{x \to 0} \dfrac{1}{x^{n-2}}$ が 0 でない実数となること．

$$\therefore \quad n = 2$$

24 平面上に半径1の円 C がある．この円に外接し，さらに隣り合う2つが互いに外接するように，同じ大きさの n 個の円を図（例1）のように配置し，その1つの円の半径を R_n とする．また，円 C に内接し，さらに隣り合う2つが互いに外接するように，同じ大きさの n 個の円を図（例2）のように配置し，その1つの円の半径を r_n とする．ただし，$n \geqq 3$ とする．

例1：$n=12$ の場合

例2：$n=4$ の場合

(1) R_6，r_6 を求めよ．

(2) $\displaystyle\lim_{n\to\infty} n^2(R_n - r_n)$ を求めよ．ただし，$\displaystyle\lim_{\theta\to 0}\frac{\sin\theta}{\theta}=1$ を用いてよい．

（岡山大）

思考のひもとき ∞∾

1. 円 C に C_1，C_2 が外接していて，C_1 と C_2 も外接しているとき，左下図のように点を定めると，$OH \perp O_1H$，$OH \perp O_2H$ だから，O_1，O_2，H は ┃一直線上┃，O，O_1，T_1 は ┃一直線上┃，O，O_2，T_2 は ┃一直線上┃．

内接する場合も同様．

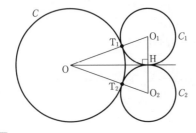

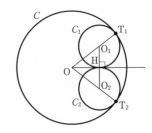

解答

(1) 円 C に外接し，さらに隣り合う2つの円が互いに外接するように，半径 R_n の円を n 個配置するとき，これらの円の中心を直線で結ぶと，これは C の中心（Oとする）を中心とする正 n 角形となる．

n 個の中の隣り合う2つの円について考える．

中心を C_1，C_2 とする．また C_1 と C_2 の中点を H_1 とする（図1参照）．

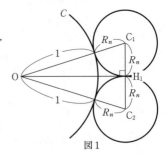

図1

$$\angle C_1OC_2 = \frac{2\pi}{n} \text{ より} \qquad \angle C_1OH_1 = \frac{1}{2}\angle C_1OC_2 = \frac{\pi}{n}$$

$$OC_1 \sin \angle C_1OH_1 = C_1H_1 = R_n \text{ より}$$

$$(1+R_n)\sin\frac{\pi}{n} = R_n \qquad \therefore\ R_n = \frac{\sin\dfrac{\pi}{n}}{1-\sin\dfrac{\pi}{n}}$$

同様に内接する円の場合，図2のように各点を定めると

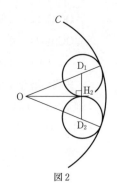

図2

$$\angle D_1OH_2 = \frac{\pi}{n}$$

$$OD_1 \sin \angle D_1OH_2 = D_1H_2 = r_n$$

$$\therefore\ (1-r_n)\sin\frac{\pi}{n} = r_n \qquad \therefore\ r_n = \frac{\sin\dfrac{\pi}{n}}{1+\sin\dfrac{\pi}{n}}$$

よって

$$R_6 = \frac{\sin\dfrac{\pi}{6}}{1-\sin\dfrac{\pi}{6}} = 1 \qquad r_6 = \frac{\sin\dfrac{\pi}{6}}{1+\sin\dfrac{\pi}{6}} = \frac{1}{3}$$

(2) (1)の結果より

$$R_n - r_n = \frac{\sin\dfrac{\pi}{n}}{1-\sin\dfrac{\pi}{n}} - \frac{\sin\dfrac{\pi}{n}}{1+\sin\dfrac{\pi}{n}} = \frac{2}{1-\sin^2\dfrac{\pi}{n}}\sin^2\frac{\pi}{n}$$

$\dfrac{\pi}{n} = \theta$ とすると，$n \longrightarrow \infty$ のとき $\theta \longrightarrow 0$

$$\therefore\ \lim_{n\to\infty} n^2(R_n - r_n) = \lim_{\theta\to 0}\left(\frac{\pi}{\theta}\right)^2 \frac{2}{1-\sin^2\theta}\sin^2\theta$$

$$= \lim_{\theta\to 0}\left(\frac{\sin\theta}{\theta}\right)^2 \frac{2\pi^2}{1-\sin^2\theta} = 2\pi^2$$

 解説

1° 結局，正 n 角形に関する問題なので，中心角に注目して考えていくことになる．

きちんと図をかいて，状況を把握することは大切なことである．

2° (1)では具体的に $n=6$ の場合についての考察を求められているが，(2)のことを考えると，最初から一般的な場合で考えて，$n=6$ を代入した方が見通しはよいと思われる．

$n=6$ の場合を図で考えると，以下のようになる．

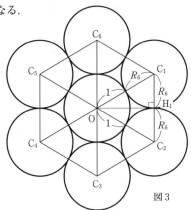

(1) 円 C の中心を O，図3のように外側につくられた円の中心を $C_1 \sim C_6$ とする．このとき，六角形 $C_1C_2C_3C_4C_5C_6$ は正六角形となるから，$\angle C_1OC_2$ は $\dfrac{2\pi}{6}=\dfrac{\pi}{3}$ であり，$\triangle OC_1C_2$ は正三角形となる．

　　$OC_1 = C_1C_2$ より

　　　　$1 + R_6 = 2R_6$ 　　　$\therefore$　$R_6 = 1$

　　内接の場合も外接の場合と同様に考えて，図4のように点を定めると

　　$OD_1 = D_1D_2$ より

　　　　$1 - r_6 = 2r_6$ 　　　$\therefore$　$r_6 = \dfrac{1}{3}$

図3

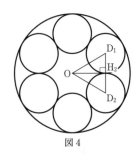

図4

---

25 θ を $0 \leqq \theta \leqq \pi$ を満たす実数とする．単位円上の点 P を，動径 OP と x 軸の正の部分とのなす角が θ である点とし，点 Q を x 軸の正の部分の点で，点 P からの距離が 2 であるものとする．また，$\theta = 0$ のときの点 Q の位置を A とする．

(1) 線分 OQ の長さを θ を使って表せ．

(2) 線分 QA の長さを L とするとき，極限値 $\displaystyle\lim_{\theta \to 0}\dfrac{L}{\theta^2}$ を求めよ．　　　　　（愛知教育大）

思考のひもとき ∞∞∞

1. $\displaystyle\lim_{\theta \to 0}\dfrac{1 - \cos\theta}{\theta^2} = \boxed{\dfrac{1}{2}}$

解答

(1)　　　　$P(\cos\theta,\ \sin\theta)\ (0\leqq\theta\leqq\pi)$

Q$(x,\ 0)\ (x>0)$ とする.

PQ$=2$ より　　PQ$^2=4$

$\quad\therefore\quad (\cos\theta-x)^2+\sin^2\theta=4$

$\quad\therefore\quad x^2-(2\cos\theta)x-3=0$

$\quad\therefore\quad x=\cos\theta\pm\sqrt{\cos^2\theta+3}$

$x>0$ より　　$x=\cos\theta+\sqrt{\cos^2\theta+3}$　　　$\therefore\quad$ OQ$=\cos\theta+\sqrt{\cos^2\theta+3}$

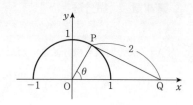

(2)　$\theta=0$ のとき　　$P(1,\ 0),\ A(3,\ 0)$

OQ$\leqq1+\sqrt{1^2+3}=3=$OA

だから

$\qquad L=$OA$-$OQ

$\qquad\quad =3-\left(\cos\theta+\sqrt{\cos^2\theta+3}\,\right)$

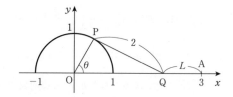

$\therefore\quad \displaystyle\lim_{\theta\to0}\frac{L}{\theta^2}=\lim_{\theta\to0}\frac{(3-\cos\theta)-\sqrt{\cos^2\theta+3}}{\theta^2}=\lim_{\theta\to0}\frac{(3-\cos\theta)^2-(\cos^2\theta+3)}{\theta^2\{(3-\cos\theta)+\sqrt{\cos^2\theta+3}\}}$

$\qquad\qquad =\displaystyle\lim_{\theta\to0}\frac{6(1-\cos\theta)}{\theta^2\{(3-\cos\theta)+\sqrt{\cos^2\theta+3}\}}$

$\qquad\qquad =\displaystyle\lim_{\theta\to0}6\cdot\frac{1-\cos\theta}{\theta^2}\cdot\frac{1}{\{(3-\cos\theta)+\sqrt{\cos^2\theta+3}\}}$

ここで

$\qquad\displaystyle\lim_{\theta\to0}\frac{1-\cos\theta}{\theta^2}=\lim_{\theta\to0}\frac{1-\cos^2\theta}{\theta^2(1+\cos\theta)}=\lim_{\theta\to0}\left(\frac{\sin\theta}{\theta}\right)^2\frac{1}{1+\cos\theta}=\frac{1}{2}$

$\qquad\therefore\quad\displaystyle\lim_{\theta\to0}\frac{L}{\theta^2}=6\cdot\frac{1}{2}\cdot\frac{1}{(3-1)+\sqrt{1+3}}=3\cdot\frac{1}{4}=\boldsymbol{\frac{3}{4}}$

解説

1°　(2)の極限を考えていくとき，$L=3-\left(\cos\theta+\sqrt{\cos^2\theta+3}\,\right)$ の式の扱いがポイントに

なる．和と差の積を用いて $\sqrt{\cos^2\theta+3}$ の根号を外したいので，

$L=(3-\cos\theta)-\sqrt{\cos^2\theta+3}$ と考えて，$(3-\cos\theta)+\sqrt{\cos^2\theta+3}$ を分母，分子に掛けて

式を変形する．

2°　$\displaystyle\lim_{\theta\to0}\frac{\sin\theta}{\theta}=1$ は証明せずに用いて構わないが，$\displaystyle\lim_{\theta\to0}\frac{1-\cos\theta}{\theta^2}=\frac{1}{2}$ については，解答

のようにきちんと示すこと．自明なことではない．

26 [A]　次の関数を微分せよ．ただし，$\log x$ は x の自然対数を表す．

(1)　$y=e^{\sqrt{x}}$　　(2)　$y=\dfrac{\log|\cos x|}{x}$　　　　　　　　　　（宮崎大）

[B]　$x \neq 1$ のとき，等比数列の和の公式 $\displaystyle\sum_{k=0}^{n-1}x^k=\dfrac{x^n-1}{x-1}$ の両辺を x で微分せよ．

その結果を利用して，$\displaystyle\sum_{k=1}^{n-1}kx^k$ を求めよ．　　　　　　　　　（長崎大）

[C]　(1)　関数 $f(x)=\dfrac{1}{2}\left(x-\dfrac{1}{x}\right)$ $(x>0)$ の逆関数を求めよ．

(2)　関数 $g(x)=\dfrac{1}{2}(e^x-e^{-x})$ の逆関数 $h(x)$ を求めよ．

(3)　上で求めた関数 $h(x)$ の導関数を求めよ．　　　　　　（奈良教育大）

思考のひもとき ∞∞∫

1. $y=f(u)$，$u=g(x)$ のとき，つまり $y=f(g(x))$ と表されているとき，y を x で微分すると，$y'=\boxed{f'(g(x))\cdot g'(x)}$ である．

2. $y=\dfrac{f(x)}{g(x)}$ のとき　　　$y'=\boxed{\dfrac{f'(x)g(x)-f(x)g'(x)}{\{g(x)\}^2}}$

特に $f(x)=1$ のとき　　$y'=\boxed{\dfrac{-g'(x)}{\{g(x)\}^2}}$

解答

[A]　(1)　$y=e^{\sqrt{x}}$　　　$y'=e^{\sqrt{x}}\cdot(\sqrt{x})'=\dfrac{1}{2\sqrt{x}}e^{\sqrt{x}}$

(2)　　　$y=\dfrac{\log|\cos x|}{x}$

$$y'=\frac{(\log|\cos x|)'x-(\log|\cos x|)x'}{x^2}=\frac{1}{x^2}\left\{\frac{(\cos x)'}{\cos x}x-\log|\cos x|\right\}$$

$$=\frac{1}{x^2}\left\{\frac{-\sin x}{\cos x}x-\log|\cos x|\right\}=-\frac{1}{x}\tan x-\frac{1}{x^2}\log|\cos x|$$

[B]　$\displaystyle\sum_{k=0}^{n-1}x^k=\dfrac{x^n-1}{x-1}$　……①　とすると

①は，$1+x+x^2+\cdots\cdots+x^{n-1}=\dfrac{x^n-1}{x-1}$ であるから，両辺を x で微分すると

$$1+2x+\cdots\cdots+(n-1)x^{n-2}=\dfrac{(x^n-1)'(x-1)-(x^n-1)(x-1)'}{(x-1)^2}$$

$$=\dfrac{nx^{n-1}(x-1)-(x^n-1)}{(x-1)^2}$$

$$=\dfrac{(n-1)x^n-nx^{n-1}+1}{(x-1)^2}$$

$$\therefore\ \sum_{k=1}^{n-1}kx^{k-1}=\dfrac{(n-1)x^n-nx^{n-1}+1}{(x-1)^2}$$

両辺に x を掛けると

$$\sum_{k=1}^{n-1}kx^k=\dfrac{(n-1)x^{n+1}-nx^n+x}{(x-1)^2}$$

[C]　(1)　$y=f(x)=\dfrac{1}{2}\left(x-\dfrac{1}{x}\right)$ とする．これを x について解くと

$$2y=x-\dfrac{1}{x}\ \text{より}\qquad 2xy=x^2-1\qquad \therefore\quad x^2-2yx-1=0$$

$$\therefore\quad x=y\pm\sqrt{y^2+1}$$

$y<\sqrt{y^2+1}$，$x>0$ より　　$x=y+\sqrt{y^2+1}$

x と y を入れ替えて

$$y=x+\sqrt{x^2+1}\qquad \therefore\quad f^{-1}(x)=x+\sqrt{x^2+1}$$

(2)　$g(x)=\dfrac{1}{2}(e^x-e^{-x})=\dfrac{1}{2}\left(e^x-\dfrac{1}{e^x}\right)$ であるから，(1)の $f(x)$ の x を e^x としたものが

$g(x)$ である．

　したがって，$y=g(x)$ を x について解くと，$e^x=y+\sqrt{y^2+1}$ より

$x=\log\left(y+\sqrt{y^2+1}\right)$ であるから，x と y を入れ替えて

$$y=\log\left(x+\sqrt{x^2+1}\right)$$

$$\therefore\quad g^{-1}(x)=h(x)=\log\left(x+\sqrt{x^2+1}\right)$$

(3)　$h'(x)=\dfrac{\left(x+\sqrt{x^2+1}\right)'}{x+\sqrt{x^2+1}}=\dfrac{1}{x+\sqrt{x^2+1}}\left\{1+\dfrac{1}{2}\cdot\dfrac{(x^2+1)'}{\sqrt{x^2+1}}\right\}$

$$=\dfrac{1}{x+\sqrt{x^2+1}}\dfrac{\sqrt{x^2+1}+x}{\sqrt{x^2+1}}=\dfrac{1}{\sqrt{x^2+1}}$$

1° $y=f(x)$ について，y は x の関数であり，y を x で微分した導関数のことを

$$y', \ f'(x), \ \frac{dy}{dx}, \ \frac{d}{dx}f(x)$$

などで表す．見かけは異なるが，すべて y を x で微分した導関数を表す．

また，$y=f(u)$，$u=g(x)$ のとき，x が決まれば u が定まり，その結果 y も定まるので，y は x の関数となる．このとき，y を x で微分した導関数は

$$y'=\frac{dy}{dx}=\frac{dy}{du}\frac{du}{dx}=f'(g(x))\cdot g'(x)$$

である．これを**合成関数の微分法**という．時と場合により，どの表し方を用いると理解しやすいのか，は異なる．数学Ⅲの微分法において，合成関数の微分法は大切である．また，常にどの文字についての関数をどの文字で微分しているのか，を意識することは重要である．

2° $y=f(x)$ を x について解くと，$x=g(y)$ となるとき，この x と y を入れ替えてできる $y=g(x)$ を，$y=f(x)$ の**逆関数**といい，$f^{-1}(x)=g(x)$ と表す．

27 [A] (1) $f(x)=(e^x+e^{-x})\sin x$ とおくとき, $f''(x)=0$ となる x を求めよ.

(2) $g(x)=\sqrt{\dfrac{x^3(x+2)}{(x+1)^5}}$ $(x>0)$ とおくとき, $\dfrac{g'(x)}{g(x)}$ を求めよ. (埼玉大)

[B] n は 0 または正の整数とする. $f_n(x)=\sin\left(x+\dfrac{n}{2}\pi\right)$ とするとき, 次の問いに答えよ.

(1) $\dfrac{d}{dx}f_0(x)=f_1(x)$, $\dfrac{d}{dx}f_1(x)=f_2(x)$ を示せ.

(2) $n>0$ のとき, $\dfrac{d^n}{dx^n}f_0(x)=f_n(x)$ を数学的帰納法を用いて示せ.

(3) $0<x<\dfrac{\pi}{2}$ のとき, $g(x)=\dfrac{f_0(x)}{\sqrt{1-\{f_0(x)\}^2}}$ とする. 導関数 $\dfrac{d}{dx}g(x)$ を, $g(x)$ を用いて表せ. (富山県立大)

微分法

思考のひもとき ∞∞∞

1. $(e^x)'=\boxed{e^x}$, $(e^{-x})'=\boxed{-e^{-x}}$, $(\sin x)'=\boxed{\cos x}$, $(\cos x)'=\boxed{-\sin x}$

$(\log x)'=\boxed{\dfrac{1}{x}}$, $(\log|f(x)|)'=\boxed{\dfrac{f'(x)}{f(x)}}$

2. $\sin\left(x+\dfrac{\pi}{2}\right)=\boxed{\cos x}$

解答

[A] (1) $f(x)=(e^x+e^{-x})\sin x$ ……①

①を x で微分すると

$$f'(x)=(e^x-e^{-x})\sin x+(e^x+e^{-x})\cos x$$

更に x で微分すると

$$f''(x)=(e^x+e^{-x})\sin x+(e^x-e^{-x})\cos x+(e^x-e^{-x})\cos x+(e^x+e^{-x})(-\sin x)$$
$$=2(e^x-e^{-x})\cos x$$

$f''(x)=0$ とすると $e^x-e^{-x}=0$ ……② または $\cos x=0$ ……③

②より

$$e^x-\dfrac{1}{e^x}=0 \iff (e^x)^2=1$$

$e^x>0$ より $e^x=1$

$$\therefore \quad x=0$$

③より $x=\dfrac{\pi}{2}+n\pi$ (n は整数)

$$\therefore \quad x=0, \ \dfrac{\pi}{2}+n\pi \quad (n \text{ は整数})$$

(2) $g(x)=\sqrt{\dfrac{x^3(x+2)}{(x+1)^5}}$

$x>0$, $g(x)>0$ より，両辺の自然対数を考えて

$$\log g(x)=\log \sqrt{\dfrac{x^3(x+2)}{(x+1)^5}}=\dfrac{1}{2}\{3\log x+\log(x+2)-5\log(x+1)\}$$

両辺を x で微分すると

$$\dfrac{g'(x)}{g(x)}=\dfrac{1}{2}\left(\dfrac{3}{x}+\dfrac{1}{x+2}-\dfrac{5}{x+1}\right)$$

$$=\dfrac{1}{2}\dfrac{3(x+2)(x+1)+x(x+1)-5x(x+2)}{x(x+2)(x+1)}$$

$$=\dfrac{-x^2+6}{2x(x+2)(x+1)}$$

[B] (1) $f_n(x)=\sin\left(x+\dfrac{n}{2}\pi\right)$ ……① とする.

①より

$$f_0(x)=\sin x, \ \ f_1(x)=\sin\left(x+\dfrac{\pi}{2}\right)=\cos x, \ \ f_2(x)=\sin(x+\pi)=-\sin x$$

なので

$$\dfrac{d}{dx}f_0(x)=(\sin x)'=\cos x=f_1(x), \ \ \dfrac{d}{dx}f_1(x)=(\cos x)'=-\sin x=f_2(x)$$

よって，示された.   □

(2) [I] $n=1$ のときは(1)で示した通り，成り立つ.

[II] $n=k$ のとき

$$\dfrac{d^k}{dx^k}f_0(x)=\sin\left(x+\dfrac{k}{2}\pi\right) \ \ \cdots\cdots②$$

が成り立つと仮定すると

$$\dfrac{d^{k+1}}{dx^{k+1}}f_0(x)=\dfrac{d}{dx}\left\{\dfrac{d^k}{dx^k}f_0(x)\right\}=\dfrac{d}{dx}\left\{\sin\left(x+\dfrac{k}{2}\pi\right)\right\}=\cos\left(x+\dfrac{k}{2}\pi\right)$$

$$=\sin\left(x+\dfrac{k}{2}\pi+\dfrac{\pi}{2}\right)=\sin\left(x+\dfrac{k+1}{2}\pi\right)=f_{k+1}(x)$$

よって，$n=k+1$ のときにも成り立つ.

［Ⅰ］，［Ⅱ］と数学的帰納法により，すべての自然数 n に対して

$$\frac{d^n}{dx^n}f_0(x)=f_n(x)=\sin\left(x+\frac{n}{2}\pi\right)\ \text{は成り立つ.}\quad\square$$

(3)　$0<x<\dfrac{\pi}{2}$ のとき

$$g(x)=\frac{f_0(x)}{\sqrt{1-\{f_0(x)\}^2}}=\frac{\sin x}{\sqrt{1-\sin^2 x}}=\frac{\sin x}{\cos x}=\tan x$$

$$\frac{d}{dx}g(x)=(\tan x)'=\frac{1}{\cos^2 x}=1+\tan^2 x=1+\{g(x)\}^2$$

解説

1°　［A］の(2)のように積と商で表されている複雑な式の場合，対数を考えることにより微分をすると計算が楽になることがある．これを**対数微分法**という．また，指数の部分に x の関数が入っているときには，対数を考えることにより，指数の部分をとり出して考えることは有効である.

(例)　　$y=x^{1+\frac{1}{x}}\quad(x>0)$

両辺の自然対数を考えて

$$\log y=\log x^{1+\frac{1}{x}}=\left(1+\frac{1}{x}\right)\log x$$

両辺を x で微分して

$$\frac{y'}{y}=\left(1+\frac{1}{x}\right)'\log x+\left(1+\frac{1}{x}\right)(\log x)'\quad\left(\begin{array}{l}z=\log y\ \text{とすると,}\\[2pt]z\ \text{を}\ x\ \text{で微分して}\\[2pt]\dfrac{dz}{dx}=\dfrac{dz}{dy}\dfrac{dy}{dx}=\dfrac{1}{y}\cdot y'\end{array}\right)$$

$$=-\frac{1}{x^2}\log x+\left(1+\frac{1}{x}\right)\frac{1}{x}$$

$$=\frac{1}{x^2}\{(x+1)-\log x\}$$

$$\therefore\quad y'=y\left(\frac{1}{x^2}\right)\{(x+1)-\log x\}$$

$$=x^{1+\frac{1}{x}}\frac{1}{x^2}\{(x+1)-\log x\}$$

$$=x^{\frac{1}{x}-1}\{(x+1)-\log x\}$$

微分法

28 [A] 曲線 $y=x^2$ の上を動く点 $\mathrm{P}(x, y)$ がある．この動点の速度ベクトルの大きさが一定 C のとき，次の問いに答えよ．ただし，動点 $\mathrm{P}(x, y)$ は時刻 t に対して x が増加するように動くとする．

(1) $\mathrm{P}(x, y)$ の速度ベクトル $\vec{v}=\left(\dfrac{dx}{dt}, \dfrac{dy}{dt}\right)$ を x で表せ．

(2) $\mathrm{P}(x, y)$ の加速度ベクトル $\vec{\alpha}=\left(\dfrac{d^2x}{dt^2}, \dfrac{d^2y}{dt^2}\right)$ を x で表せ． (大分大)

[B] 自然対数の底 e を，$e=\lim\limits_{h \to 0}(1+h)^{\frac{1}{h}}$ により定義する．次の問いに答えよ．

(1) $\lim\limits_{h \to 0}\dfrac{\log_e(1+h)}{h}=1$ を示せ．

(2) 関数 $f(x)=\log_e x$ の導関数を定義に従って求めよ．

(3) 関数 $y=e^x$ の導関数を逆関数の導関数の公式と(2)の結果を用いて求めよ．

(高知工科大)

思考のひもとき ◯◯◯◯

1. $\dfrac{dx}{dt}=f(x)$ のとき

$$\frac{d^2x}{dt^2}=\frac{d}{dt}\left(\frac{dx}{dt}\right)=\frac{d}{dt}f(x)=\boxed{\frac{d}{dx}f(x)\frac{dx}{dt}}$$

解答

[A] (1) $|\vec{v}|^2=C^2$ であるから

$$\left(\frac{dx}{dt}\right)^2+\left(\frac{dy}{dt}\right)^2=C^2 \quad \cdots\cdots①$$

$y=x^2$ の両辺を t で微分すると　　$\dfrac{dy}{dt}=\dfrac{d}{dt}x^2=\dfrac{d}{dx}x^2 \cdot \dfrac{dx}{dt}=2x\dfrac{dx}{dt}$

$$\therefore \quad \frac{dy}{dt}=2x\frac{dx}{dt} \quad \cdots\cdots②$$

②を①に代入して　　$\left(\dfrac{dx}{dt}\right)^2+\left(2x\dfrac{dx}{dt}\right)^2=C^2$

$$\therefore \quad (1+4x^2)\left(\frac{dx}{dt}\right)^2=C^2 \qquad \therefore \quad \left(\frac{dx}{dt}\right)^2=\frac{C^2}{4x^2+1}$$

動点 P は，時刻 t に対し，x が増加するように動くから　　$\dfrac{dx}{dt}>0$

$$\therefore \quad \frac{dx}{dt}=\frac{C}{\sqrt{4x^2+1}} \quad \cdots\cdots\text{③}$$

②, ③より $$\frac{dy}{dt}=\frac{2Cx}{\sqrt{4x^2+1}} \quad \cdots\cdots\text{④}$$

$$\therefore \quad \vec{v}=\left(\frac{C}{\sqrt{4x^2+1}},\ \frac{2Cx}{\sqrt{4x^2+1}}\right)$$

(2) ③の両辺を t で微分して

$$\frac{d^2x}{dt^2}=\frac{d}{dt}\left(\frac{C}{\sqrt{4x^2+1}}\right)=\frac{d}{dx}\left(\frac{C}{\sqrt{4x^2+1}}\right)\frac{dx}{dt}$$

$$=C\cdot\left(-\frac{1}{2}\right)(4x^2+1)^{-\frac{3}{2}}\cdot(4x^2+1)'\frac{C}{\sqrt{4x^2+1}}$$

$$=\frac{-4C^2x}{(4x^2+1)^2}$$

④の両辺を t で微分して

$$\frac{d^2y}{dt^2}=\frac{d}{dt}\left(\frac{2Cx}{\sqrt{4x^2+1}}\right)=\frac{d}{dx}\left(\frac{2Cx}{\sqrt{4x^2+1}}\right)\frac{dx}{dt}$$

$$=\frac{2C\sqrt{4x^2+1}-2Cx\dfrac{8x}{2\sqrt{4x^2+1}}}{4x^2+1}\frac{C}{\sqrt{4x^2+1}}$$

$$=\frac{2C(4x^2+1)-8Cx^2}{(4x^2+1)^2}\cdot C=\frac{2C^2}{(4x^2+1)^2}$$

$$\therefore \quad \vec{\alpha}=\left(\frac{-4C^2x}{(4x^2+1)^2},\ \frac{2C^2}{(4x^2+1)^2}\right)$$

[B] (1) $$\lim_{h\to0}\frac{\log_e(1+h)}{h}=\lim_{h\to0}\frac{1}{h}\log_e(1+h)=\lim_{h\to0}\log_e(1+h)^{\frac{1}{h}}=\log_e e=1 \quad \square$$

$$\left(\because \quad e=\lim_{h\to0}(1+h)^{\frac{1}{h}}\right)$$

(2) $$f'(x)=\lim_{h\to0}\frac{f(x+h)-f(x)}{h}=\lim_{h\to0}\frac{\log_e(x+h)-\log_e x}{h}$$

$$=\lim_{h\to0}\frac{\log_e\left(\dfrac{x+h}{x}\right)}{h}=\lim_{h\to0}\frac{\log_e\left(1+\dfrac{h}{x}\right)}{h} \quad \cdots\cdots\text{①}$$

ここで, $\dfrac{h}{x}=t$ とすると, $h\longrightarrow0$ のとき $t\longrightarrow0$ $(\because \ h=tx)$

よって①は

$$\lim_{t \to 0} \frac{\log_e(1+t)}{tx} = \frac{1}{x} \lim_{t \to 0} \frac{\log_e(1+t)}{t} = \frac{1}{x} \cdot 1 = \frac{1}{x} \quad (\because \ (1) より)$$

$$\therefore \ f'(x) = \frac{1}{x}$$

(3) $y = e^x$ より $\quad x = \log_e y \quad \cdots\cdots②$

②の両辺を y で微分すると

$$\frac{dx}{dy} = \frac{1}{y}$$

ここで，逆関数の微分法を用いると

$$y' = \frac{dy}{dx} = \frac{1}{\dfrac{dx}{dy}} = \frac{1}{\dfrac{1}{y}} = y = e^x \qquad \therefore \ y' = e^x$$

解説

1° 媒介変数表示された関数の導関数を求めるとき，合成関数の微分法と**逆関数の微分法**を使う．

$x = f(t)$, $y = g(t)$ とすれば

$$\frac{dy}{dx} = \frac{dy}{dt} \frac{dt}{dx} = \frac{dy}{dt} \frac{1}{\dfrac{dx}{dt}} = \frac{\dfrac{dy}{dt}}{\dfrac{dx}{dt}} = \frac{g'(t)}{f'(t)}$$

[A](1)の場合，これを計算すると $\dfrac{\dfrac{2Cx}{\sqrt{4x^2+1}}}{\dfrac{C}{\sqrt{4x^2+1}}} = 2x$ となり，$y' = 2x$ に等しくなる．

これを考えることにより，結果のチェックをすることができる．

2° e の定義として $\lim_{h \to 0}(1+h)^{\frac{1}{h}} = e$ を用いると，$\dfrac{1}{h} = t$ とすれば，$h \to 0$ のとき

$t \to \pm\infty$ であるので

$$\lim_{t \to +\infty}\left(1 + \frac{1}{t}\right)^t = e, \ \lim_{t \to -\infty}\left(1 + \frac{1}{t}\right)^t = e$$

が成り立つ．

3° 更に e の定義については，$y = a^x$ の $(0, 1)$ における接線の傾きが 1 となるような a の値を e とする定義の仕方もある．これを式で表すと

$$\lim_{h\to 0}\frac{e^{h+0}-e^0}{h}=1 \quad \text{つまり} \quad \lim_{h\to 0}\frac{e^h-1}{h}=1$$

である．これを用いると，[B](3)の e^x の導関数は

$$(e^x)'=\lim_{h\to 0}\frac{e^{x+h}-e^x}{h}=\lim_{h\to 0}\frac{e^x(e^h-1)}{h}$$

$$=e^x\lim_{h\to 0}\frac{e^h-1}{h}=e^x$$

となる．

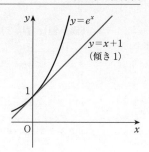

29

[A]　関数 $y=x+\dfrac{1}{x^2}$ のグラフの概形をかけ．　　　　　　　（弘前大）

[B]　関数 $y=\dfrac{x-3}{(x+1)(x-2)}$ の増減を調べ，極値を求めよ．また，そのグラフを

かけ．ただし，グラフの凹凸は調べなくてよい．　　　　　　（前橋工科大）

微分法

思考のひもとき ◇◇◇◇

1. $y=\dfrac{1}{g(x)}$ のとき，$g(x)=0$ となる点では関数は定義されない．

解答

[A]　$y=f(x)=x+\dfrac{1}{x^2}$ とする．

$y=f(x)$ を x で微分して　　$y'=f'(x)=1+(-2)x^{-3}=\dfrac{x^3-2}{x^3}$

$y'=0$ とすると　　$x=\sqrt[3]{2}$

更に x で微分をすると　　$y''=f''(x)=6x^{-4}=\dfrac{6}{x^4}>0$

よって，$y=f(x)$ は下に凸なグラフとなる．

　増減表は

x	$\cdots$	0	$\cdots$	$\sqrt[3]{2}$	$\cdots$
$f'(x)$	$+$		$-$	0	$+$
$f(x)$	↗		↘	極小	↗

$$(\text{極小値})=f(\sqrt[3]{2})=\sqrt[3]{2}+\frac{1}{(\sqrt[3]{2})^2}$$

$$=\sqrt[3]{2}+\frac{\sqrt[3]{2}}{2}=\frac{3\sqrt[3]{2}}{2}$$

$$\lim_{x\to\pm\infty}y=\pm\infty \quad (\text{複号同順})$$

$$\lim_{x\to-0}y=+\infty, \quad \lim_{x\to+0}y=+\infty$$

$\lim_{x\to\pm\infty}(y-x)=0$ より，$y=x$ は $y=f(x)$ の漸近線と

なる．

以上より，グラフは右図のようになる．

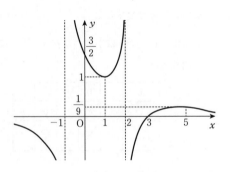

[B] $y=g(x)=\dfrac{x-3}{(x+1)(x-2)}$ とする．

$y=g(x)$ を x で微分すると

$$y'=g'(x)=\frac{(x-3)'(x+1)(x-2)-(x-3)(x^2-x-2)'}{(x+1)^2(x-2)^2}$$

$$=\frac{(x^2-x-2)-(x-3)(2x-1)}{(x+1)^2(x-2)^2}=\frac{-x^2+6x-5}{(x+1)^2(x-2)^2}=-\frac{(x-5)(x-1)}{(x+1)^2(x-2)^2}$$

$y'=0$ とすると $x=5,\ 1$

増減表は

x	$\cdots$	-1	$\cdots$	1	$\cdots$	2	$\cdots$	5	$\cdots$
$g'(x)$	$-$		$-$	0	$+$		$+$	0	$-$
$g(x)$	↘		↘	極小	↗		↗	極大	↘

よって $(\text{極大値})=g(5)=\dfrac{1}{9}$, $(\text{極小値})=g(1)=1$

$$\lim_{x\to\pm\infty}g(x)=0$$

$$\lim_{x\to-1-0}g(x)=-\infty$$

$$\lim_{x\to-1+0}g(x)=+\infty$$

$$\lim_{x\to2-0}g(x)=+\infty$$

$$\lim_{x\to2+0}g(x)=-\infty$$

以上より，グラフは右図のようになる．

解説

1°　$y=f(x)$ のグラフをかく手順を確認すると

(1)　$f'(x)$ を求める.

(2)　$y=f(x)$ の定義域を確認して, $f'(x)=0$ を解く.

(3)　定義域に注意して増減表をかく. たとえば, $x=\alpha$ で定義されない場合には $\lim_{x \to \alpha+0} f(x),\ \lim_{x \to \alpha-0} f(x)$ を考えること. 更に $x \longrightarrow \pm\infty$ のときの極限も常に意識をすること.

(4)　曲線の凹凸を調べるときには, $f''(x)$ を計算して $f''(x)=0$ を求める. この解を増減表に入れて考える.

30　関数 $y=f(x)=e^{-\frac{x^2}{2}}$ について, 次の問いに答えよ.

(1)　第1次導関数 y' を求めよ.

(2)　第2次導関数 y'' を求めよ.

(3)　関数 $y=f(x)$ の増減, 極値, グラフの凹凸および変曲点を調べて, そのグラフをかけ.　　　　　　　　　　　　　　　　　　　　　　（北九州市立大）

思考のひもとき ◇∞◇

1.　$y=e^{f(x)}$ を x で微分すると　　　$y'=\boxed{e^{f(x)}f'(x)}$

更に x で微分すると　　　$y''=\boxed{\{e^{f(x)}\}'f'(x)+e^{f(x)}f''(x)}$

解答

(1)　　　　　　$y=f(x)=e^{-\frac{x^2}{2}}$　……①

①を x で微分して　　　$y'=f'(x)=e^{-\frac{x^2}{2}}\left(-\frac{x^2}{2}\right)'=-xe^{-\frac{x^2}{2}}$　……②

(2)　②を更に x で微分して

$$y''=(-x)'e^{-\frac{x^2}{2}}+(-x)\left(e^{-\frac{x^2}{2}}\right)'=-e^{-\frac{x^2}{2}}-x\cdot\left(-xe^{-\frac{x^2}{2}}\right)$$

$$=(x^2-1)e^{-\frac{x^2}{2}}=(x-1)(x+1)e^{-\frac{x^2}{2}}$$

(3)　$y'=0$ とすると $x=0$, $y''=0$ とすると $x=\pm1$

微分法

よって，増減表は

x	$\cdots$	-1	$\cdots$	0	$\cdots$	1	$\cdots$
$f'(x)$	$+$	$+$	$+$	0	$-$	$-$	$-$
$f''(x)$	$+$	0	$-$	$-$	$-$	0	$+$
$f(x)$	↗	変曲点	↗	極大	↘	変曲点	↘

(極大値)$=f(0)=1$

$f(-1)=e^{-\frac{1}{2}}=\dfrac{1}{\sqrt{e}}$，$f(1)=e^{-\frac{1}{2}}=\dfrac{1}{\sqrt{e}}$ より

変曲点は $\left(-1,\ \dfrac{1}{\sqrt{e}}\right),\ \left(1,\ \dfrac{1}{\sqrt{e}}\right)$

$\displaystyle\lim_{x\to-\infty}f(x)=0,\ \lim_{x\to+\infty}f(x)=0$

グラフは，右図のようになる．

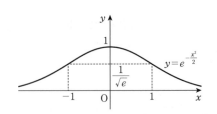

解説

1° $y=f(x)$ に関して，$f(-x)=f(x)$ が成り立つとき，$y=f(x)$ を偶関数という．偶関数のグラフは y 軸対称となる．本問では，$f(-x)=f(x)$ が成り立つので，$y=e^{-\frac{x^2}{2}}$ は偶関数であり，そのグラフは y 軸対称となる．

　グラフをかくときには，このようなグラフの対称性にも気をつけたい．

31　$x>1$ において $f(x)=\sqrt{x}-\log x$, $g(x)=\dfrac{x}{\log x}$ とするとき，次の問いに答えよ

（ただし，対数は自然対数とする）.

(1) $f(x)>0$ を示せ.

(2) $g(x)>\sqrt{x}$ を示せ. これを用いて，$\displaystyle\lim_{x\to\infty}g(x)=\infty$ を示せ.

(3) $g'(x)$, $g''(x)$ を計算し，$g(x)$ の極値，変曲点の座標を求めよ.

(4) 関数 $y=g(x)$ のグラフをかけ.　　　　　　　　　　　（佐賀大）

思考のひもとき ◯∾∿

1. （$f(x)$ の最小値）>0 ならば $f(x)$ $\boxed{>0}$ である.

$$f(x)>g(x) \iff f(x)-g(x)>0$$

2. $f(x)\geqq g(x)$ かつ $\displaystyle\lim_{x\to\infty}g(x)=+\infty \implies \lim_{x\to\infty}f(x)=\boxed{+\infty}$

解答

(1)　　　　　$f(x)=\sqrt{x}-\log x$　……①

①を x で微分すると

$$f'(x)=\frac{1}{2\sqrt{x}}-\frac{1}{x}=\frac{\sqrt{x}-2}{2x}$$

$f'(x)=0$ とすると　　$x=4$

$f(x)$ の増減表を考えて

x	1	$\cdots$	4	$\cdots$
$f'(x)$		$-$	0	$+$
$f(x)$		↘	極小	↗

よって，$f(x)$ は $x=4$ で最小となるから

$$f(x)\geqq f(4)=2-\log 4=\log e^2-\log 4>0 \quad (\because \ e>2 \ \text{より} \ e^2>4)$$

よって　　$f(x)>0$　□

(2)　　　　$g(x)-\sqrt{x}=\dfrac{x}{\log x}-\sqrt{x}=\dfrac{x-\sqrt{x}\log x}{\log x}=\dfrac{\sqrt{x}\,(\sqrt{x}-\log x)}{\log x}$

$\sqrt{x}>0$ であり，$x>1$ より $\log x>0$ であり，(1)より $\sqrt{x}-\log x>0$ であるから，

$x>1$ のとき　　$g(x)>\sqrt{x}$

$\displaystyle\lim_{x\to\infty}\sqrt{x}=\infty$ であるから，$g(x)>\sqrt{x}$ と合わせて　　$\displaystyle\lim_{x\to\infty}g(x)=\infty$　□

(3) $g(x) = \dfrac{x}{\log x}$ ……③

③を x で微分すると

$$g'(x) = \frac{x' \log x - x(\log x)'}{(\log x)^2} = \frac{\log x - 1}{(\log x)^2} \quad ……④$$

④を更に x で微分すると

$$g''(x) = \frac{(\log x - 1)'(\log x)^2 - (\log x - 1)\{(\log x)^2\}'}{(\log x)^4}$$

$$= \frac{\dfrac{1}{x}(\log x)^2 - (\log x - 1)\,2(\log x) \cdot \dfrac{1}{x}}{(\log x)^4} = \frac{2 - \log x}{x(\log x)^3}$$

$g'(x) = 0$ とすると，$\log x - 1 = 0$ より $x = e$

$g''(x) = 0$ とすると，$2 - \log x = 0$ より $x = e^2$

増減表は

x	1	$\cdots$	e	$\cdots$	e^2	$\cdots$
$g'(x)$		$-$	0	$+$	$+$	$+$
$g''(x)$		$+$	$+$	$+$	0	$-$
$g(x)$		↘	極小	↗	変曲点	↗

$g(x)$ の極値は

$$(\text{極小値}) = g(e) = e$$

$g(e^2) = \dfrac{e^2}{2}$ より変曲点は $\left(e^2,\ \dfrac{e^2}{2} \right)$

(4) $\displaystyle\lim_{x \to 1+0} g(x) = +\infty$, $\displaystyle\lim_{x \to +\infty} g(x) = +\infty$ と (3) の増

減表より，グラフは右図のようになる．

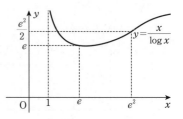

32 点 O を中心とする半径 1 の円周上に 2 点 A, B をとり, ∠AOB=2θ とする.

θ の範囲を $0<\theta<\dfrac{\pi}{2}$ とするとき, △AOB の内接円の半径の最大値を求めよ.

（東京学芸大）

思考のひもとき ∞∞∞

1. △ABC の内接円の半径を r とすると

$$（△ABC の面積）=\frac{1}{2}r(a+b+c)$$

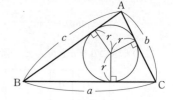

解答

内接円の半径を r とする.

OA=OB=1, ∠AOB=2θ より, △OAB の面積 S は

$$S=\frac{1}{2}OA\cdot OB\sin 2\theta=\frac{1}{2}\sin 2\theta \quad\cdots\cdots ①$$

である. また, AB=2 sin θ であるから

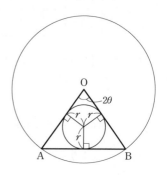

$$S=\frac{1}{2}(AB+OA+OB)\times r$$

$$=\frac{1}{2}(2\sin\theta+2)r=(\sin\theta+1)r \quad\cdots\cdots ②$$

①, ②より

$$\frac{1}{2}\sin 2\theta=(\sin\theta+1)r$$

$$\therefore\quad r=\frac{\sin 2\theta}{2(\sin\theta+1)}=\frac{2\sin\theta\cos\theta}{2(\sin\theta+1)}=\frac{\sin\theta\cos\theta}{\sin\theta+1} \quad\cdots\cdots ③$$

$f(\theta)=\dfrac{\sin\theta\cos\theta}{\sin\theta+1}$ とすると, $f(\theta)$ を θ で微分して

$$f'(\theta)=\frac{(\sin\theta\cos\theta)'(\sin\theta+1)-\sin\theta\cos\theta(\sin\theta+1)'}{(\sin\theta+1)^2}$$

$$=\frac{(\cos^2\theta-\sin^2\theta)(\sin\theta+1)-\sin\theta\cos^2\theta}{(\sin\theta+1)^2}$$

$$=\frac{\cos^2\theta+\cos^2\theta\sin\theta-\sin^2\theta-\sin^3\theta-\sin\theta\cos^2\theta}{(\sin\theta+1)^2}$$

$$=\frac{(1-\sin^2\theta)-\sin^2\theta-\sin^3\theta}{(\sin\theta+1)^2}=\frac{1-2\sin^2\theta-\sin^3\theta}{(\sin\theta+1)^2}$$

微分法

$$=\frac{-(\sin\theta+1)(\sin^2\theta+\sin\theta-1)}{(\sin\theta+1)^2}=-\frac{\sin^2\theta+\sin\theta-1}{\sin\theta+1}$$

$f'(\theta)=0$ とすると $\sin\theta=\dfrac{-1\pm\sqrt{5}}{2}$

$0<\theta<\dfrac{\pi}{2}$ より $0<\sin\theta<1$

$$\therefore\quad \sin\theta=\frac{-1+\sqrt{5}}{2}$$

このときの θ を α とすると，増減表は

θ	0	$\cdots$	α	$\cdots$	$\dfrac{\pi}{2}$
$f'(\theta)$		$+$	0	$-$	
$f(\theta)$		↗		↘	

よって，$f(\theta)$ は $\theta=\alpha$，つまり $\sin\alpha=\dfrac{-1+\sqrt{5}}{2}$ のときに最大となる.

このとき

$$\cos\alpha=\sqrt{1-\sin^2\alpha}=\sqrt{1-\left(\frac{-1+\sqrt{5}}{2}\right)^2}=\sqrt{\frac{\sqrt{5}-1}{2}}$$

よって，③より

$$(r\text{の最大値})=\frac{\dfrac{-1+\sqrt{5}}{2}\sqrt{\dfrac{\sqrt{5}-1}{2}}}{\dfrac{-1+\sqrt{5}}{2}+1}=\frac{(\sqrt{5}-1)^2\sqrt{\dfrac{\sqrt{5}-1}{2}}}{(\sqrt{5}+1)(\sqrt{5}-1)}$$

$$=\frac{(6-2\sqrt{5})\sqrt{\sqrt{5}-1}}{4\sqrt{2}}=\frac{(3-\sqrt{5})\sqrt{\sqrt{5}-1}}{2\sqrt{2}}$$

解説

1° $\sin\theta=\dfrac{-1+\sqrt{5}}{2}$ より θ の値は求まらないが，この式を

満たす θ が $0<\theta<\dfrac{\pi}{2}$ にただ1つ存在することがわかれば，

その θ の値を別の文字を用いて表し（本問の場合は α とお

いた），その文字を用いて，増減表をかくことはできる.

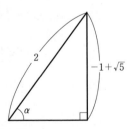

33　細長い長方形の紙があり，短い方の辺の長さがaで長い方が$9a$であったとする．右図のように，この長方形の1つの角（かど）を反対側の長い方の辺に接するように折る．図に示した2つの三角形A，Bについて，次の問いに答えよ．

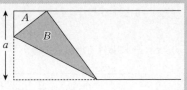

(1)　三角形Aの面積の最大値を求めよ．

(2)　三角形Bの面積の最小値を求めよ．　　　　　　（弘前大）

思考のひもとき〜〜〜

1. $f(x) \geqq 0$ のとき

$$y = \sqrt{f(x)} \text{ の最大・最小} \iff \boxed{y^2 = f(x)} \text{ の最大・最小}$$

解答

(1)　点P，Q，R，C，D，Eを右図のように定める．

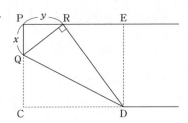

PQ$=x$，PR$=y$とすると

$$QR = QC = a - x$$

$PQ^2 + PR^2 = QR^2$ より

$$x^2 + y^2 = (a - x)^2$$

$$\therefore \quad y = \sqrt{a^2 - 2ax} \quad (\because \quad y > 0)$$

ここで，$a^2 - 2ax > 0$ より　　　$a(a - 2x) > 0$

$$\therefore \quad 0 < x < \frac{a}{2}$$

三角形Aの面積を$S_A(x)$とすると

$$S_A(x) = \frac{1}{2}xy = \frac{1}{2}x\sqrt{a^2 - 2ax}$$

$S_A(x) > 0$ だから

$$S_A(x) \text{ が最大} \iff \{S_A(x)\}^2 \text{ が最大}$$

したがって，$\{S_A(x)\}^2$ の最大値を考える．

$$\{S_A(x)\}^2 = \frac{1}{4}x^2(a^2 - 2ax) = \frac{1}{4}a^2x^2 - \frac{1}{2}ax^3 = f(x) \text{ とする．}$$

$f(x)$ をxで微分して

$$f'(x) = \frac{1}{2}a^2x - \frac{3}{2}ax^2 = \frac{a}{2}x(a - 3x)$$

$f'(x)=0$ とすると $x=0,\ \dfrac{a}{3}$

$0<x<\dfrac{a}{2}$ における増減表を考えて

x	(0)	$\cdots$	$\dfrac{a}{3}$	$\cdots$	$\left(\dfrac{a}{2}\right)$
$f'(x)$		$+$	0	$-$	
$f(x)$		↗	極大	↘	

よって，$f(x)$ は $x=\dfrac{a}{3}$ のとき最大となる．

ゆえに，$S_A(x)$ も $x=\dfrac{a}{3}$ のとき最大となる．

このとき $y=\sqrt{a^2-2a\left(\dfrac{a}{3}\right)}=\dfrac{1}{\sqrt{3}}a$

$\angle\mathrm{PQR}=\theta$ とすると

$$\tan\theta=\dfrac{y}{x}=\sqrt{3}\qquad \therefore\quad \theta=\dfrac{\pi}{3}$$

$\angle\mathrm{ERD}=\angle\mathrm{PQR}=\theta$ だから

$$\mathrm{RD}=\dfrac{a}{\sin\theta}=\dfrac{2a}{\sqrt{3}}=\dfrac{2\sqrt{3}}{3}a<9a\quad \cdots\cdots①$$

よって，条件を満たす．

求める三角形 A の面積の最大値は

$$\dfrac{1}{2}\cdot\dfrac{a}{3}\cdot\dfrac{1}{\sqrt{3}}a=\dfrac{\sqrt{3}}{18}a^2$$

(2) (1)と同様に点と辺の長さを定め，更に $\mathrm{RD}=z$ とすると，$\angle\mathrm{ERD}=\theta$ だから

$\sin\theta=\dfrac{a}{z}=\dfrac{y}{a-x}$ より $z=\dfrac{a(a-x)}{y}=\dfrac{\sqrt{a}(a-x)}{\sqrt{a-2x}}$

三角形 B の面積を $S_B(x)$ とすると

$$S_B(x)=\dfrac{1}{2}(a-x)z=\dfrac{\sqrt{a}}{2}\dfrac{(x-a)^2}{\sqrt{a-2x}}\quad \left(x\text{ の範囲は(1)と同様で }0<x<\dfrac{a}{2}\right)$$

$S_B(x)>0$ だから

$S_B(x)$ が最小 $\iff$ $\{S_B(x)\}^2$ が最小

したがって，$\{S_B(x)\}^2$ の最小値を考える．

$\{S_B(x)\}^2 = \dfrac{a}{4} \dfrac{(x-a)^4}{(a-2x)} = g(x)$ とする．

$g(x)$ を x で微分して

$$g'(x) = \frac{a}{4} \frac{4(x-a)^3(a-2x)-(x-a)^4(-2)}{(a-2x)^2}$$

$$= \frac{a}{4} \frac{(x-a)^3\{4(a-2x)+2(x-a)\}}{(a-2x)^2}$$

$$= \frac{a}{4} \frac{(x-a)^3(2a-6x)}{(a-2x)^2}$$

$$= \frac{a}{2} \frac{(x-a)^3(a-3x)}{(a-2x)^2}$$

$g'(x)=0$ とすると　　$x=a, \ \dfrac{a}{3}$

$0<x<\dfrac{a}{2}$ における増減表は

x	(0)	$\cdots$	$\dfrac{a}{3}$	$\cdots$	$\left(\dfrac{a}{2}\right)$
$g'(x)$		$-$	0	$+$	
$g(x)$		↘	極小	↗	

よって，$g(x)$ は，$x=\dfrac{a}{3}$ のときに最小となる．

ゆえに，$S_B(x)$ は $x=\dfrac{a}{3}$ のときに最小となる．

このとき，(1)と同じ折り方なので，題意を満たす．求める三角形 B の面積の最小値は

$$\frac{1}{2} \cdot \frac{2}{3}a \cdot \frac{2\sqrt{3}}{3}a = \frac{a}{3} \cdot \frac{2\sqrt{3}}{3}a = \frac{2\sqrt{3}}{9}a^2 \quad \left(\because \ \text{①より } RD=z=\frac{2\sqrt{3}}{3}a\right)$$

解説

1°　問題32同様，最大，最小の問題なので方針は立てやすいが，問題32との大きな違いは変数が全く与えられていないこと，である．このような問題の場合，当然のことながら，自分で変数を設定して解いていくことになる．

　その際，変数のとり方によって，問題が解きやすくも解き難くもなるので，注意が必要である．

2° 本問のように，平方根の入っている関数の最大・最小を考えるときには，その関数を2乗した関数の最大・最小を考えると，計算が多少，楽になることがある.

（$f(x) \geqq 0$ のときには，$f(x)$ と $\{f(x)\}^2$ の最大・最小を与える x の値は一致する.）

以下に，そのまま，$S_A(x)$, $S_B(x)$ を微分した結果を示しておく.

$$S_A{}'(x) = \frac{1}{2}\left\{\sqrt{a^2-2ax} + x\frac{-2a}{2\sqrt{a^2-2ax}}\right\}$$

$$= \frac{1}{2}\frac{2(a^2-2ax)-2ax}{2\sqrt{a^2-2ax}}$$

$$= \frac{a^2-3ax}{2\sqrt{a^2-2ax}}$$

$$= -\frac{a(3x-a)}{2\sqrt{a^2-2ax}}$$

$$= -\frac{\sqrt{a}(3x-a)}{2\sqrt{a-2x}}$$

$$S_B{}'(x) = \frac{\sqrt{a}}{2}\frac{2(x-a)\sqrt{a-2x}-(x-a)^2\dfrac{-2}{2\sqrt{a-2x}}}{(a-2x)}$$

$$= \frac{\sqrt{a}}{2}\frac{2(x-a)(a-2x)+(x-a)^2}{(a-2x)^{\frac{3}{2}}}$$

$$= \frac{\sqrt{a}}{2}\frac{(x-a)\{2(a-2x)+(x-a)\}}{(a-2x)^{\frac{3}{2}}}$$

$$= \frac{-\sqrt{a}(x-a)(3x-a)}{2(a-2x)^{\frac{3}{2}}}$$

34 関数 $f(x)=x^3\log x$ $(x>0)$ について，次の問いに答えよ．ただし，$\lim_{x\to +0}x^n\log x=0$ $(n=1, 2, 3, \cdots\cdots)$ を用いてよい．

(1) 第1次導関数 $f'(x)$ および第2次導関数 $f''(x)$ を求めよ．

(2) $f(x)$ の極値および変曲点の座標を求め，$f(x)$ のグラフの概形をかけ．

(3) a を定数とする．(2)のグラフを利用して，方程式 $f(x)=a$ の実数解 $(x>0)$ の個数を求めよ．　　　　　　　　　　　　　　　　　　　　　　　　　　（岩手大）

思考のひもとき ∞

1. $f(x)=a$ の実数解とは，$y=f(x)$ と $y=a$ の 共有点の x 座標 である．

解答

(1) $\qquad f(x)=x^3\log x$ $\cdots\cdots$①

①を x で微分して

$$f'(x)=3x^2\log x+x^3\cdot\frac{1}{x}$$
$$=3x^2\log x+x^2=x^2(3\log x+1) \quad \cdots\cdots②$$

②を更に x で微分して

$$f''(x)=2x(3\log x+1)+x^2\cdot\frac{3}{x}$$
$$=2x(3\log x+1)+3x=x(6\log x+5)$$

(2) $f'(x)=0$ とすると $\quad x=0,\ \log x=-\dfrac{1}{3}$ $\quad x>0$ より $\quad x=e^{-\frac{1}{3}}$

$f''(x)=0$ とすると $\quad x=0,\ \log x=-\dfrac{5}{6}$ $\quad x>0$ より $\quad x=e^{-\frac{5}{6}}$

増減表は

x	0	$\cdots$	$e^{-\frac{5}{6}}$	$\cdots$	$e^{-\frac{1}{3}}$	$\cdots$
$f'(x)$	╳	$-$	$-$	$-$	0	$+$
$f''(x)$	╳	$-$	0	$+$	$+$	$+$
$f(x)$	╳	↘	変曲点	↘	極小	↗

$(極小値)=f\left(e^{-\frac{1}{3}}\right)=\left(e^{-\frac{1}{3}}\right)^3\log e^{-\frac{1}{3}}=-\frac{1}{3}e^{-1}=-\boldsymbol{\frac{1}{3e}}$

$$f\left(e^{-\frac{5}{6}}\right)=\left(e^{-\frac{5}{6}}\right)^3\log e^{-\frac{5}{6}}=-\frac{5}{6}e^{-\frac{5}{2}}$$

∴ 変曲点は $\left(e^{-\frac{5}{6}},\ -\dfrac{5}{6}e^{-\frac{5}{2}}\right)$

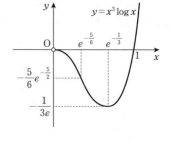

グラフは右図のようになる.

(3) $f(x)=a$ の解は, $y=f(x)$ と $y=a$ の共有点の x 座標となるから, $y=f(x)$ と $y=a$ の共有点の個数を考えることにより, 求める個数は

$$\begin{cases} a\geqq0\text{ のとき} & 1\text{個} \\ -\dfrac{1}{3e}<a<0\text{ のとき} & 2\text{個} \\ a=-\dfrac{1}{3e}\text{ のとき} & 1\text{個} \\ a<-\dfrac{1}{3e}\text{ のとき} & 0\text{個} \end{cases}$$

---

35 方程式 $a\cdot2^x-x^2=0$ が異なる3つの解をもつような実数 a をすべて求めよ.

(信州大)

思考のひもとき ∞∞

1. $f(x)=k$ の解は, $y=f(x)$ と $y=k$ の 共有点の x 座標 となる.

2. $(a^x)'=$ $a^x\log a$

解答

$a\cdot2^x-x^2=0$ ……① とする.

$2^x>0$ だから, ①より

$$a=\frac{x^2}{2^x}$$

①の実数解 $\iff$ $y=a$ と $y=\dfrac{x^2}{2^x}$ の共有点の x 座標 であるから

①が異なる3つの解をもつ

$\iff$ $y=a$ と $y=\dfrac{x^2}{2^x}$ が異なる3点で交わる ……Ⓐ

108

$f(x)=\dfrac{x^2}{2^x}$ とすると，$f(x)$ を x で微分して

$$f'(x)=\frac{2x\cdot 2^x-x^2\cdot 2^x\log 2}{(2^x)^2}=\frac{-x(x\log 2-2)}{2^x}$$

$f'(x)=0$ とすると　　$x=0,\ \dfrac{2}{\log 2}$

増減表は

x	$\cdots$	0	$\cdots$	$\dfrac{2}{\log 2}$	$\cdots$
$f'(x)$	$-$	0	$+$	0	$-$
$f(x)$	↘	極小	↗	極大	↘

（極小値）$=f(0)=0$

（極大値）$=f\left(\dfrac{2}{\log 2}\right)=\left(\dfrac{2}{\log 2}\right)^2 2^{-\frac{2}{\log 2}}$

$2^{-\frac{2}{\log 2}}=\left(2^{\frac{1}{\log 2}}\right)^{-2}=\left(2^{\frac{1}{\log_2 2}}{}^{\frac{1}{\log_2 e}}\right)^{-2}$

$\qquad =(2^{\log_2 e})^{-2}=e^{-2}$

$\therefore\quad f\left(\dfrac{2}{\log 2}\right)=\left(\dfrac{2}{e\log 2}\right)^2$

$\displaystyle\lim_{x\to-\infty}f(x)=+\infty,\ \lim_{x\to\infty}f(x)=0$

グラフは右図のようになる．

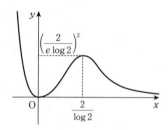

よって，Ⓐとなるための条件は　　$0<a<\left(\dfrac{2}{e\log 2}\right)^2$

解説

1°　よくある方程式の実数解の個数に関する問題である．基本的には，この種の問題はパラメータを分離して（本問の場合は a），$a=f(x)$ の形にし，$y=a$ と $y=f(x)$ の共有点の個数についての問題として，処理をしていく．

2°　グラフをかくときに $\displaystyle\lim_{x\to\infty}\dfrac{x^2}{2^x}$ の極限を考えるが，一般的に，$a>1$ のとき

$\displaystyle\lim_{x\to\infty}\dfrac{x^n}{a^x}=0$（$n=1,\ 2,\ 3,\ \cdots\cdots$）である．感覚的には，$y=x^n$ と $y=a^x$ の増加のようすを考えるとき，$y=a^x$ の方がはるかに早く大きくなっていく，ということである．

36 関数 $f(x) = e^{-x} \sin x$ について次の問いに答えよ.

(1) 区間 $x > 0$ における関数 $y = f(x)$ の極値とそのときの x の値を求めよ.

(2) x についての方程式 $f(x) = k$ が区間 $x > 0$ においてちょうど 4 つの解をもつような定数 k の値の範囲を求めよ. (お茶の水女子大)

思考のひもとき ∞∞

1. $\sin\theta = 0 \iff \boxed{\theta = n\pi \ (n : \text{整数})}$

2. e^{-x} は $\boxed{\text{単調減少}}$ 関数である.

解答

(1) $\qquad f(x) = e^{-x} \sin x \quad \cdots\cdots ①$

①を x で微分して

$$f'(x) = -e^{-x} \sin x + e^{-x} \cos x$$

$$= -e^{-x}(\sin x - \cos x) = -e^{-x} \cdot \sqrt{2} \sin\left(x - \frac{\pi}{4}\right)$$

$f'(x) = 0$ とすると, $x > 0$ より

$$x - \frac{\pi}{4} = 0, \ \pi, \ 2\pi, \ 3\pi, \ \cdots\cdots \quad \left(\because \ x - \frac{\pi}{4} > -\frac{\pi}{4}\right)$$

$$\therefore \quad x = \frac{\pi}{4}, \ \frac{\pi}{4} + \pi, \ \frac{\pi}{4} + 2\pi, \ \frac{\pi}{4} + 3\pi, \ \cdots\cdots$$

$$\therefore \quad x = \frac{\pi}{4} + (n-1)\pi = \frac{4n-3}{4}\pi \quad (n = 1, \ 2, \ 3, \ \cdots\cdots)$$

$e^{-x} > 0$ に注意すると, $f'(x)$ の符号は $-\sin\left(x - \dfrac{\pi}{4}\right)$ の符号と一致して, $x = \dfrac{4n-3}{4}\pi$

$(n = 1, \ 2, \ 3, \ \cdots\cdots)$ の前後で符号が変化するので, $f(x)$ は $x = \dfrac{4n-3}{4}\pi$ で極値

$$f\left(\frac{4n-3}{4}\pi\right) = e^{-\frac{4n-3}{4}\pi} \sin\left(\frac{4n-3}{4}\pi\right)$$

をとる.

ここで

$$\sin\left(\frac{4n-3}{4}\pi\right) = \sin\left(n\pi - \frac{3}{4}\pi\right) = \sin n\pi \cos \frac{3}{4}\pi - \cos n\pi \sin \frac{3}{4}\pi$$

$$= 0 - (-1)^n \frac{1}{\sqrt{2}} = (-1)^{n-1} \frac{1}{\sqrt{2}}$$

$$\therefore \quad f\left(\frac{4n-3}{4}\pi\right)=e^{-\frac{4n-3}{4}\pi}(-1)^{n-1}\frac{1}{\sqrt{2}}=\frac{1}{\sqrt{2}}(-1)^{n-1}e^{-\frac{4n-3}{4}\pi}$$

求める極値は $\dfrac{1}{\sqrt{2}}(-1)^{n-1}e^{-\frac{4n-3}{4}\pi}$，そのときの x の値は $x=\dfrac{4n-3}{4}\pi$

(2) (1)より，極値は $\dfrac{1}{\sqrt{2}}(-1)^{n-1}e^{-\frac{4n-3}{4}\pi}$ であり，$\left|\dfrac{1}{\sqrt{2}}(-1)^{n-1}e^{-\frac{4n-3}{4}\pi}\right|=\dfrac{1}{\sqrt{2}}e^{\frac{3}{4}\pi}\cdot\dfrac{1}{e^{n\pi}}$

は n について単調減少である．増減表は

x	0	$\cdots$	$\frac{\pi}{4}$	$\cdots$	$\frac{5}{4}\pi$	$\cdots$	$\frac{9}{4}\pi$	$\cdots$	$\frac{13}{4}\pi$	$\cdots$	$\frac{17}{4}\pi$	$\cdots$	$\frac{21}{4}\pi$	$\cdots$	6π
$f'(x)$		$+$	0	$-$	0	$+$	0	$-$	0	$+$	0	$-$	0	$+$	
$f(x)$		↗	極大	↘	極小	↗	極大	↘	極小	↗	極大	↘	極小	↗	

$6\pi<x$ においても同様に増減をくり返す．

n が奇数のときには極大，n が偶数のときには極小となる．

極値を具体的に計算すると

$n=1$ のとき　$f\left(\dfrac{\pi}{4}\right)=\dfrac{1}{\sqrt{2}}e^{-\frac{\pi}{4}}$　　　　$n=2$ のとき　$f\left(\dfrac{5}{4}\pi\right)=-\dfrac{1}{\sqrt{2}}e^{-\frac{5}{4}\pi}$

$n=3$ のとき　$f\left(\dfrac{9}{4}\pi\right)=\dfrac{1}{\sqrt{2}}e^{-\frac{9}{4}\pi}$　　　　$n=4$ のとき　$f\left(\dfrac{13}{4}\pi\right)=-\dfrac{1}{\sqrt{2}}e^{-\frac{13}{4}\pi}$

$n=5$ のとき　$f\left(\dfrac{17}{4}\pi\right)=\dfrac{1}{\sqrt{2}}e^{-\frac{17}{4}\pi}$　　　　$n=6$ のとき　$f\left(\dfrac{21}{4}\pi\right)=-\dfrac{1}{\sqrt{2}}e^{-\frac{21}{4}\pi}$

のように続いていく．

$$\left(\begin{array}{l}\text{極大値：} f\left(\dfrac{\pi}{4}\right)>f\left(\dfrac{9}{4}\pi\right)>f\left(\dfrac{17}{4}\pi\right)>\cdots\cdots>0\\[2mm]\text{極小値：} f\left(\dfrac{5}{4}\pi\right)<f\left(\dfrac{13}{4}\pi\right)<f\left(\dfrac{21}{4}\pi\right)<\cdots\cdots<0\end{array}\right)$$

$y=f(x)$ のグラフの概形は，$\displaystyle\lim_{x\to\infty}f(x)=0$ に注意して，下図のようになる．

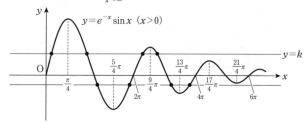

したがって

$f(x)=k$ が $x>0$ で 4 つの解をもつ

$\iff$ $x>0$ で $y=f(x)$ と $y=k$ が異なる 4 つの共有点をもつ

$\iff$ $f\left(\dfrac{17}{4}\pi\right)<k<f\left(\dfrac{9}{4}\pi\right)$ または $f\left(\dfrac{13}{4}\pi\right)<k<f\left(\dfrac{21}{4}\pi\right)$

よって，求める k の範囲は

$$\dfrac{1}{\sqrt{2}}e^{-\frac{17}{4}\pi}<k<\dfrac{1}{\sqrt{2}}e^{-\frac{9}{4}\pi} \quad \text{または} \quad -\dfrac{1}{\sqrt{2}}e^{-\frac{13}{4}\pi}<k<-\dfrac{1}{\sqrt{2}}e^{-\frac{21}{4}\pi}$$

解説

1° $f'(x)=0$ の解については，いきなり一般解を考えるのが難しければ，解答のように具体的に書いていくと理解しやすいであろう．結局，初項 $\dfrac{\pi}{4}$，公差 π の等差数列となる．

2° $f(x)$ は e^{-x} と $\sin x$ の積なので，グラフの概形は，e^{-x} は減少関数であり，$\sin x$ は周期性をもっている，ということに気がつけば，想像することはたやすい．

3° グラフの概形を想像できても，きちんとした記述は必要である．極値の絶対値は減少していくことと，増減表はかいておく必要がある．

---

37 $m,\ n$ を自然数とするとき，次の問いに答えよ．

(1) 関数 $f(x)=\dfrac{\log x}{x}$ は $x\geqq e$ において単調に減少することを示せ．

(2) $n>m\geqq 3$ のとき，$m^n>n^m$ が成り立つことを示せ．

(3) $2^n\leqq n^2$ を満たす n をすべて求めよ．

(4) $m^n=n^m$ を満たす自然数の組 $(m,\ n)$ をすべて求めよ． （金沢大）

思考のひもとき ∞∞

1. $f(x)$ は $x\geqq a$ で連続かつ $x>a$ で $f'(x)<0$

$\implies$ $f(x)$ は $\boxed{x\geqq a \text{ で単調に減少する}}$

解答

(1) $\qquad f(x)=\dfrac{\log x}{x}$ ……①

①を x で微分して

$$f'(x) = \frac{(\log x)'x - \log x \cdot (x)'}{x^2} = \frac{1 - \log x}{x^2}$$

$x > e$ のとき，$\log x > 1$ より　　$f'(x) < 0$

よって，$f(x)$ は $x \geqq e$ において単調に減少する．　□

(2)　$n > m \geqq 3 > e$ より，(1)の結果から

$$f(n) < f(m) \quad \text{つまり} \quad \frac{\log n}{n} < \frac{\log m}{m}$$

$$\therefore \quad m \log n < n \log m \qquad \therefore \quad \log n^m < \log m^n$$

$e > 1$ より　　$n^m < m^n$

ゆえに，$n > m \geqq 3$ のとき，$m^n > n^m$ が成り立つ．　□

(3)　　　$2^n \leqq n^2$

両辺の自然対数を考えて　　$\log 2^n \leqq \log n^2$　　$\therefore \quad n \log 2 \leqq 2 \log n$

$$\therefore \quad \frac{\log 2}{2} \leqq \frac{\log n}{n} \quad \text{つまり} \quad f(2) \leqq f(n)$$

$f(x)$ のグラフを考える．$f'(x) = 0$ とすると　　$x = e$

増減表は

x	0	$\cdots$	e	$\cdots$
$f'(x)$		$+$	0	$-$
$f(x)$		↗	極大	↘

$$f(e) = \frac{1}{e}$$

$$\lim_{x \to +0} \frac{\log x}{x} = -\infty, \quad \lim_{x \to \infty} \frac{\log x}{x} = 0$$

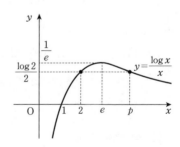

よって，グラフは右図のようになる．

ここで，$\dfrac{\log p}{p} = \dfrac{\log 2}{2}$（$p \neq 2$）を満たす p を考えると，図より $p > e$ であり

$$f(4) = \frac{\log 4}{4} = \frac{\log 2}{2} = f(2)$$

となって $p = 4$ である．

よって，$f(2) \leqq f(n)$ を満たす n は　　$n = 2,\ 3,\ 4$

(4)　　　$m^n = n^m$

　(ⅰ)　$m = n$ のとき

常に $m^n = n^m$ は成り立つ.

(ii) $m \neq n$ のとき

$m^n = n^m$ より両辺の自然対数を考えて $\quad \log m^n = \log n^m$

$\therefore \quad \dfrac{\log m}{m} = \dfrac{\log n}{n} \iff f(m) = f(n)$

$1 \leqq m < n$ とすると,(3)のグラフより $\quad 1 < m < e < 3 \quad \therefore \quad m = 2$

このとき,(3)より $f(2) = f(4)$ だから $\quad n = 4$

$1 \leqq n < m$ のときも同様.

$\therefore \quad (m, \ n) = (2, \ 4), \ (4, \ 2)$

(i),(ii)より求める自然数の組は $\quad$ **(2, 4),(4, 2),(k, k)(k は任意の自然数)**

解説

1° $\displaystyle \lim_{x \to \infty} \dfrac{\log x}{x} = 0$ は,知っておきたい極限の1つである.

---

38 (1) a を実数とするとき,関数
$$f(x) = (x - a)(e^x + e^a) - 2(e^x - e^a)$$
について,$x > a$ ならば,$f(x) > 0$ であることを示せ.

(2) 曲線 $y = e^x$ 上で,x 座標が a, b, $\log \dfrac{e^a + e^b}{2}$ $(a < b)$ である点をそれぞれ A,B,C とする.点 C における曲線 $y = e^x$ の接線の傾きは,直線 AB の傾きより大きいことを示せ. (信州大)

思考のひもとき ◯◯◯◯◯

1. $f''(x) > 0$ となる区間では,$f'(x)$ は 単調に増加 する.

更に $f'(a) = 0$ ならば,$x > a$ のとき $\boxed{f'(x) > 0}$

解答

(1) $\quad f(x) = (x - a)(e^x + e^a) - 2(e^x - e^a) \quad \cdots \cdots$①

①を x で微分して
$$f'(x) = (x - a)'(e^x + e^a) + (x - a)(e^x + e^a)' - 2(e^x - e^a)'$$
$$= (e^x + e^a) + (x - a)e^x - 2e^x$$

$$= (x-a)e^x - (e^x - e^a)$$

更に x で微分して

$$f''(x) = (x-a)'e^x + (x-a)(e^x)' - (e^x - e^a)'$$

$$= e^x + (x-a)e^x - e^x = (x-a)e^x$$

$e^x > 0$ より $x > a$ のとき　　$f''(x) > 0$

であるから，$x > a$ のとき $f'(x)$ は単調に増加する．

　$f'(a) = (a-a)e^a - (e^a - e^a) = 0$ なので

　　　$x > a$ のとき　　$f'(x) > 0$

したがって，$x > a$ のとき $f(x)$ は単調に増加する．

　$f(a) = (a-a)(e^a + e^a) - 2(e^a - e^a) = 0$ なので

　　　$x > a$ のとき　　$f(x) > 0$　□

(2)　$y = e^x$ を微分すると　　$y' = e^x$

　　点 C における $y = e^x$ の接線の傾きは　　$e^{\log \frac{e^a + e^b}{2}} = \dfrac{e^a + e^b}{2}$

　　直線 AB の傾きは　　$\dfrac{e^b - e^a}{b-a}$

$a < b$ のとき，(1)より $f(b) > 0$ だから

$$f(b) = (b-a)(e^b + e^a) - 2(e^b - e^a)$$

$$= 2(b-a)\left(\frac{e^b + e^a}{2} - \frac{e^b - e^a}{b-a} \right) > 0$$

$b-a > 0$ より　　$\dfrac{e^b + e^a}{2} > \dfrac{e^b - e^a}{b-a}$

　　よって，示された．　□

解説

1°　「$x > a$ のとき $f(x) > 0$」を示すとき，$f(x)$ の $x > a$ における最小値が正であること
を示しても構わないが，最小値が求まらないようなとき，単調増加性と端点での値で
示せる．

　　一般に $f(x)$ を k 回微分して，$f^{(k)}(x) > 0$ となったとする．k 回微分した関数が正だ
から，その 1 つ前の $k-1$ 回微分した関数 $f^{(k-1)}(x)$ は単調に増加することになる．更
に $f^{(k-1)}(a) \geqq 0$ ならば，$x > a$ のとき $f^{(k-1)}(x) > f^{(k-1)}(a) \geqq 0$ となる．実際に増減表を
考えれば

x	a	$\cdots$
$f^{(k)}(x)$		$+$
$f^{(k-1)}(x)$	b	$\nearrow$

$(b=f^{(k-1)}(a)\geqq 0)$

よって，$x\geqq a$ において $f^{(k-2)}(x)$ は単調増加であり，$f^{(k-2)}(a)\geqq 0$ が示せれば，同様に $x>a$ のとき $f^{(k-2)}(x)>0$ が示せる.

これをくり返し用いると，$x>a$ のとき $f(x)>0$ が示される.

何回微分して単調増加を示せるのかはそれぞれの問題によるが，この証明のしくみはしっかりと理解しておくこと.

---

39 関数 $f(x)=\log(x^2-x+2)$ $(0\leqq x\leqq 1)$ に対して，次の問いに答えよ. ただし，対数は自然対数を表している.

(1) $y=f(x)$ $(0\leqq x\leqq 1)$ の極値を求めよ.

(2) x についての方程式 $\log(x^2-x+2)=x$ は $\dfrac{1}{2}<x<1$ の範囲に実数解をただ1つもつことを示せ. 必要であれば，$\log 2<0.7$，$\log 7>1.9$ であることを用いてよい.

(3) $y=f'(x)$ $(0\leqq x\leqq 1)$ の最大値と最小値を求めよ.

(4) 平均値の定理を用いることで，$0\leqq a<b\leqq 1$ となる実数 a，b に対して，

$|f(b)-f(a)|<\dfrac{1}{2}|b-a|$ となることを示せ. （九州工業大）

思考のひもとき ◯◯◯◯

1. 平均値の定理

　　関数 $f(x)$ は $a\leqq x\leqq b$ で連続，$a<x<b$ で微分可能であるとき

$$\frac{f(b)-f(a)}{b-a}=f'(c) \quad (a<c<b)$$

を満たす実数 c が存在する.

2. 中間値の定理

　　関数 $f(x)$ が $a\leqq x\leqq b$ で連続であり，$f(a)$ と $f(b)$ が異符号であるとき，方程式 $f(x)=0$ は a と b の間に少なくとも1つの実数解をもつ.

解答

(1) $\qquad f(x)=\log(x^2-x+2)$ ……①

①を x で微分して

$$f'(x)=\frac{2x-1}{x^2-x+2}$$

$f'(x)=0$ とすると $\qquad x=\frac{1}{2}$

$0\leqq x\leqq 1$ における増減表を考えて

x	0	$\cdots$	$\dfrac{1}{2}$	$\cdots$	1
$f'(x)$		$-$	0	$+$	
$f(x)$	$\log 2$	$\searrow$	極小	$\nearrow$	$\log 2$

$$f\left(\frac{1}{2}\right)=\log\left(\frac{1}{4}-\frac{1}{2}+2\right)=\log\frac{7}{4}$$

よって，$x=\frac{1}{2}$ で極小値 $\log\dfrac{7}{4}$ をとる.

(2) $g(x)=\log(x^2-x+2)-x$ とする.

$g(x)$ を x で微分して

$$g'(x)=\frac{2x-1}{x^2-x+2}-1=\frac{2x-1-(x^2-x+2)}{x^2-x+2}$$

$$=\frac{-x^2+3x-3}{x^2-x+2}=-\frac{x^2-3x+3}{x^2-x+2}$$

$$=-\frac{\left(x-\dfrac{3}{2}\right)^2+\dfrac{3}{4}}{\left(x-\dfrac{1}{2}\right)^2+\dfrac{7}{4}}<0$$

よって，$g(x)$ は単調に減少する.

$$g\left(\frac{1}{2}\right)=\log\frac{7}{4}-\frac{1}{2}=\log 7-2\log 2-\frac{1}{2}>1.9-2\times 0.7-\frac{1}{2}=0$$

$\therefore\quad g\left(\dfrac{1}{2}\right)>0$

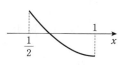

$g(1)=\log 2-1<0.7-1=-0.3<0$

$\therefore\quad g(1)<0$

よって，中間値の定理と $g(x)$ の単調減少性により，$g(x)=0$ は $\dfrac{1}{2}<x<1$ の範囲に

実数解をただ1つもつ.

ゆえに, $\log(x^2-x+2)=x$ は $\dfrac{1}{2}<x<1$ の範囲にただ1つの実数解をもつ. □

(3) $f'(x)$ を更に x で微分すると

$$f''(x)=\frac{2(x^2-x+2)-(2x-1)(2x-1)}{(x^2-x+2)^2}=\frac{-2x^2+2x+3}{(x^2-x+2)^2}$$

$f''(x)=0$ とすると $\qquad x=\dfrac{1\pm\sqrt{7}}{2}$

$\dfrac{1-\sqrt{7}}{2}<0$, $1<\dfrac{1+\sqrt{7}}{2}$ であるから, $0\leqq x\leqq 1$ において $\qquad -2x^2+2x+3>0$

よって, $0\leqq x\leqq 1$ における $y=f'(x)$ の増減表は

x	0	$\cdots$	1
$f''(x)$		$+$	
$f'(x)$		$\nearrow$	

よって, 最大値は $f'(1)=\dfrac{1}{2}$, 最小値は $f'(0)=-\dfrac{1}{2}$

(4) $f(x)$ は, $0\leqq x\leqq 1$ で連続であり, $0<x<1$ で微分可能だから, $0\leqq a<b\leqq 1$ なる a, b に対して, 平均値の定理により

$$\frac{f(b)-f(a)}{b-a}=f'(c) \quad (a<c<b)$$

を満たす c が存在する. (3)より $f'(c)$ は, $-\dfrac{1}{2}<f'(c)<\dfrac{1}{2}$ を満たす.

$$\therefore \quad |f'(c)|<\frac{1}{2}$$

$$\therefore \quad \left|\frac{f(b)-f(a)}{b-a}\right|=|f'(c)|<\frac{1}{2}$$

$$\therefore \quad |f(b)-f(a)|<\frac{1}{2}|b-a| \quad □$$

解説

1° $\dfrac{1}{2}<x<1$ の範囲に $f(x)=0$ が実数解をもつ, ということは, $y=f(x)$ のグラフを考えたとき, $\dfrac{1}{2}<x<1$ において, $y=f(x)$ が x 軸と共有点をもっているということである.

$y = f(x)$ が $\dfrac{1}{2} \leqq x \leqq 1$ で連続であって，$f\left(\dfrac{1}{2}\right)$ と $f(1)$ が異符号であれば，少なくとも 1 回は $y = f(x)$ が x 軸と交わっている．すなわち，少なくとも 1 つは実数解を $\dfrac{1}{2}$ と 1 の間にもつということになる．

　直感的にはあたりまえのこの事実のことを中間値の定理という．

40 ［Ａ］　次の不定積分を求めよ.

(1) $\displaystyle \int \frac{x^2}{2-x}dx$　　　　　　　　　　　　　　　　　（広島市立大）

(2) $\displaystyle \int \frac{x+1}{x^2+x-2}dx$　　　　　　　　　　　　　　（岡山県立大）

［Ｂ］　次の不定積分を求めよ.

(1) $\displaystyle \int \log(1+2x)dx$　　(2) $\displaystyle \int \frac{1}{1+e^x}dx$　　　　（広島市立大）

［Ｃ］　次の不定積分を求めよ.

(1) $\displaystyle \int \frac{\log x}{\sqrt[3]{x}}dx$　　(2) $\displaystyle \int \sin^9 x \cos x\, dx$　　(3) $\displaystyle \int \sin^9 x \cos^3 x\, dx$

　　　　　　　　　　　　　　　　　　　　　　　　　　　　　（広島市立大）

思考のひもとき ∞∞

1. 有理関数 $\dfrac{f(x)}{g(x)}$ において，(分子の次数)≧(分母の次数) ならば，分子を分母で割り，

商，余りを $Q(x)$, $R(x)$ としたとき

$$f(x)=g(x)Q(x)+R(x) \text{ となれば} \qquad \frac{f(x)}{g(x)}=\boxed{Q(x)+\frac{R(x)}{g(x)}}$$

2. $\dfrac{px+q}{(x-\alpha)(x-\beta)}=\boxed{\dfrac{a}{x-\alpha}+\dfrac{b}{x-\beta}}$ の左辺は，右辺のような形に **部分分数分解** でき

る.

3. $\displaystyle \int \overset{\text{積分}}{f'(x)} \overset{\text{そのまま}}{g(x)}dx = \underset{\text{そのまま}}{f(x)} \underset{\text{微分}}{g(x)} - \int f(x)g'(x)dx$ 　（**部分積分**）

4. $x=g(t)$ のとき 　$\displaystyle \int f(x)dx = \int f(x)\frac{dx}{dt}dt = \int f(g(t))g'(t)dt$ 　（**置換積分**）

解答

[A] (1) x^2 を $2-x$ で割ると，商 $-x-2$，余り 4 だから

$$\frac{x^2}{2-x}=\frac{(2-x)(-x-2)+4}{2-x}=-x-2-\frac{4}{x-2}$$

$$\begin{array}{r}-x-2 \\ 2-x\overline{)x^2} \\ \underline{x^2-2x} \\ 2x \\ \underline{2x-4} \\ 4 \end{array}$$

したがって

$$\int\frac{x^2}{2-x}dx=\int\left(-x-2-\frac{4}{x-2}\right)dx$$

$$=-\frac{1}{2}x^2-2x-4\log|x-2|+C \quad （C は積分定数）$$

(2) $\quad x^2+x-2=(x-1)(x+2)$

$\dfrac{x+1}{(x-1)(x+2)}=\dfrac{a}{x-1}+\dfrac{b}{x+2}$ となる定数 a，b を求めると，分母を払って

$$x+1=a(x+2)+b(x-1)$$

両辺の係数を比較して

$$\begin{cases}1=a+b \\ 1=2a-b\end{cases} \quad \therefore \quad a=\frac{2}{3}, \ b=\frac{1}{3}$$

$$\therefore \quad \frac{x+1}{(x-1)(x+2)}=\frac{2}{3(x-1)}+\frac{1}{3(x+2)}$$

したがって

$$\int\frac{x+1}{x^2+x-2}dx=\frac{2}{3}\int\frac{1}{x-1}dx+\frac{1}{3}\int\frac{1}{x+2}dx$$

$$=\frac{2}{3}\log|x-1|+\frac{1}{3}\log|x+2|+C \quad （C は積分定数）$$

[B] (1) $\displaystyle\int\log(1+2x)dx=\int(x)'\log(1+2x)dx=x\log(1+2x)-\int x\cdot\frac{2}{1+2x}dx$

$$=x\log(1+2x)-\int\left(1-\frac{1}{1+2x}\right)dx$$

$$=x\log(1+2x)-x+\frac{1}{2}\log(1+2x)+C$$

$$=\left(x+\frac{1}{2}\right)\log(1+2x)-x+C \quad （C は積分定数）$$

(2) $e^x=t$ とおくと，$\dfrac{dt}{dx}=e^x=t$ だから $\quad dx=\dfrac{dt}{t}$

$$\therefore \quad \int\frac{1}{1+e^x}dx=\int\frac{1}{1+t}\cdot\frac{1}{t}dt=\int\left(\frac{1}{t}-\frac{1}{t+1}\right)dt$$

$$= \log|t| - \log|t+1| + C = \log e^x - \log(e^x + 1) + C$$

$$= x - \log(e^x + 1) + C \quad (C \text{ は積分定数})$$

[C] (1) $\displaystyle \int \frac{\log x}{\sqrt[3]{x}} dx = \int \left(\frac{3}{2} x^{\frac{2}{3}} \right)' \log x \, dx$

$$= \frac{3}{2} x^{\frac{2}{3}} \log x - \int \frac{3}{2} x^{\frac{2}{3}} \cdot \frac{1}{x} dx$$

$$= \frac{3}{2} x^{\frac{2}{3}} \log x - \frac{3}{2} \int x^{-\frac{1}{3}} dx$$

$$= \frac{3}{2} x^{\frac{2}{3}} \log x - \frac{3}{2} \cdot \frac{3}{2} x^{\frac{2}{3}} + C$$

$$= \frac{3}{2} \sqrt[3]{x^2} \left(\log x - \frac{3}{2} \right) + C \quad (C \text{ は積分定数})$$

(2), (3) $\sin x = t$ とおくと，$\dfrac{dt}{dx} = \cos x$ より，$\cos x \, dx = dt$ であるから

$$\int \sin^9 x \cos x \, dx = \int t^9 dt = \frac{1}{10} t^{10} + C_1$$

$$= \frac{1}{10} \sin^{10} x + C_1 \quad (C_1 \text{ は積分定数})$$

$$\int \sin^9 x \cos^3 x \, dx = \int \sin^9 x (1 - \sin^2 x) \cos x \, dx = \int (t^9 - t^{11}) dt$$

$$= \frac{1}{10} t^{10} - \frac{1}{12} t^{12} + C_2$$

$$= \frac{1}{10} \sin^{10} x - \frac{1}{12} \sin^{12} x + C_2 \quad (C_2 \text{ は積分定数})$$

解説

1° ［A］(2)について．$\dfrac{x+1}{(x-1)(x+2)} = \dfrac{a}{x-1} + \dfrac{b}{x+2}$ のように変形できることを知って

いることがポイントである．分母を払って

$$x + 1 = a(x+2) + b(x-1) \quad \cdots\cdots Ⓐ$$

とした後，解答では両辺の係数を比較したが，Ⓐにおいて $x = 1$，-2 を代入して

$2 = 3a$，$-1 = -3b$ から，a，b の値を求めることもできる．

ただし，$\dfrac{(\text{定数})}{(x-\alpha)(x-\beta)}$ の場合は

$$\frac{1}{x-\alpha} - \frac{1}{x-\beta} = \frac{(x-\beta) - (x-\alpha)}{(x-\alpha)(x-\beta)} = \frac{\alpha - \beta}{(x-\alpha)(x-\beta)}$$

を用いて変形した方が早い．たとえば，$\dfrac{1}{t(t+1)}=\dfrac{1}{t}-\dfrac{1}{t+1}$ のように変形する（[B]

(2)参照）．

　一般に

$$\frac{(n-1\ \text{次以下の式})}{(x-\alpha_1)(x-\alpha_2)\cdots(x-\alpha_n)}=\frac{a_1}{x-\alpha_1}+\frac{a_2}{x-\alpha_2}+\cdots+\frac{a_n}{x-\alpha_n}$$

$$\frac{(5\ \text{次以下の式})}{(x-\alpha)^3(x-\beta)^2(x-\gamma)}=\frac{a_1}{x-\alpha}+\frac{a_2}{(x-\alpha)^2}+\frac{a_3}{(x-\alpha)^3}+\frac{b_1}{x-\beta}+\frac{b_2}{(x-\beta)^2}+\frac{c}{x-\gamma}$$

$$\frac{(3\ \text{次以下の式})}{(x-\alpha)^2(x^2+px+q)}=\frac{a_1}{x-\alpha}+\frac{a_2}{(x-\alpha)^2}+\frac{bx+c}{x^2+px+q}$$

のように部分分数分解できる（x 以外の文字は，定数である）．

　どのような形に変形できるかは，多くの場合，設問の(1)でヒントのようにして与え

られて出題される．たとえば，以下のように出題される．

(1)　$\dfrac{5x^2-3x+1}{x^2(x-1)}=\dfrac{a}{x}+\dfrac{b}{x^2}+\dfrac{c}{x-1}$ となる定数 a, b, c を求めよ．

(2)　不定積分 $\displaystyle\int\frac{5x^2-3x+1}{x^2(x-1)}dx$ を求めよ．

$$\left(\begin{array}{l}(\text{答})\quad(1)\quad a=2,\ b=-1,\ c=3\\[2mm]\qquad\quad(2)\quad 2\log|x|+\dfrac{1}{x}+3\log|x-1|+C\quad(C\text{は積分定数})\end{array}\right)$$

$2°$　[B](1)，[C](1)は，$\{\log(1+2x)\}'=\dfrac{2}{1+2x}$，$(\log x)'=\dfrac{1}{x}$ を利用できるように部分

積分を用いた．

　[B](1)では，$1=\left\{\dfrac{1}{2}(1+2x)\right\}'$ とみて，以下のように計算してもよい．

$$\int\log(1+2x)dx=\int\left\{\frac{1}{2}(1+2x)\right\}'\log(1+2x)dx$$

$$=\frac{1}{2}(1+2x)\log(1+2x)-\int\frac{1}{2}(1+2x)\cdot\frac{2}{1+2x}dx$$

$$=\frac{1}{2}(1+2x)\log(1+2x)-\int dx$$

$$=\frac{1}{2}(1+2x)\log(1+2x)-x+C\quad(C\text{ は積分定数})$$

また

$$\int \log x\,dx = x\log x - x + C \quad \text{(C は積分定数)}$$

ということを公式にしている人にとっては，$1+2x=t$ とおき，$dx=\dfrac{1}{2}dt$ を用い，置換積分し，次のように解いてもよい．

$$\int \log(1+2x)dx = \int \log t \cdot \frac{1}{2}dt = \frac{1}{2}(t\log t - t) + C$$

$$= \frac{1}{2}(1+2x)\{\log(1+2x)-1\} + C \quad \text{（C は積分定数）}$$

3° ［B］(2)，［C］(2)，(3)では，置換積分を用いた．

［B］(2)において，$\dfrac{dt}{dx}=t$ を形式的に $dx=\dfrac{1}{t}dt$ と表し

$$\int \frac{1}{1+e^x}dx = \int \frac{1}{1+t}\cdot\frac{1}{t}dt$$

と解答したが，$\dfrac{dx}{dt}=\dfrac{1}{\dfrac{dt}{dx}}=\dfrac{1}{t}$ だから，**思考のひもとき 4.** の 1 つ目の等式を用いて

$$\int \frac{1}{1+e^x}dx = \int \frac{1}{1+e^x}\frac{dx}{dt}dt = \int \frac{1}{1+t}\cdot\frac{1}{t}dt$$

と解答してもよい．

4° ［C］(2)，(3)では，わざわざ置換積分せずに

$$\int \{f(x)\}^n f'(x)dx = \frac{1}{n+1}\{f(x)\}^{n+1} + C$$

を用いて次のようにしてもよい．

$$\int \sin^9 x \cos x\,dx = \int \sin^9 x (\sin x)'dx = \frac{1}{10}\sin^{10}x + C_1$$

$$\int \sin^9 x \cos^3 x\,dx = \int \sin^9 x (1-\sin^2 x)(\sin x)'dx$$

$$= \frac{1}{10}\sin^{10}x - \frac{1}{12}\sin^{12}x + C_2 \quad \text{（C_1，C_2 は積分定数）}$$

検算は，右辺を微分して被積分関数になるかをみればよい．たとえば

$$\left(\frac{1}{10}\sin^{10}x\right)' = \sin^9 x(\sin x)' = \sin^9 x \cos x$$

のように確認できる．

41 [A]　次の定積分を求めよ.

(1)　$\displaystyle\int_1^2 \frac{x-1}{x^2-2x+2}dx$　　　　　　　　　　　　　　（宮崎大）

(2)　$\displaystyle\int_0^1 \sqrt{1+2\sqrt{x}}\,dx$　　　　　　　　　　　　　（横浜国立大）

[B]　(1)　関数 $y=\sqrt{4-x^2}$ のグラフの概形を描け.

(2)　定積分 $\displaystyle\int_{-1}^1 \sqrt{4-x^2}\,dx$ を求めよ.　　　　　　　（奈良教育大）

[C]　定積分 $\displaystyle\int_0^1 \{x(1-x)\}^{\frac{3}{2}}dx$ を求めよ.　　　　　　　　（弘前大）

[D]　(1)　$f(x)$ を区間 $0\leqq x\leqq 1$ で定義された連続関数とする. 次の等式が成り立つことを示せ.

$$\int_0^\pi xf(\sin x)dx=\frac{\pi}{2}\int_0^\pi f(\sin x)dx$$

(2)　$a>1$ とする. (1)を用いて, 積分 $\displaystyle\int_0^\pi \frac{x(a^2-4\cos^2 x)\sin x}{a^2-\cos^2 x}dx$ を求めよ.

　　　　　　　　　　　　　　　　　　　　　　　　　　（埼玉大）

積分法

思考のひもとき)∞∞ℓ

1.　$\displaystyle\int \frac{f'(x)}{f(x)}dx=\boxed{\log|f(x)|+C}$

2.　$x=g(t)$,　$\begin{array}{|c|c|}\hline x & a \longrightarrow b \\\hline t & \alpha \longrightarrow \beta \\\hline\end{array}$ のとき

$$\int_a^b f(x)dx=\int_\alpha^\beta f(x)\frac{dx}{dt}dt=\int_\alpha^\beta f(g(t))g'(t)dt\quad （置換積分）$$

3.　$\sqrt{a^2-x^2}$ を含む関数の積分では, $x=\boxed{a\sin\theta}$ とおいて置換積分.

解答

[A]　(1)　$(x^2-2x+2)'=2x-2=2(x-1)$ だから

$$\int_1^2 \frac{x-1}{x^2-2x+2}dx=\frac{1}{2}\int_1^2 \frac{(x^2-2x+2)'}{x^2-2x+2}dx=\frac{1}{2}\Big[\log|x^2-2x+2|\Big]_1^2=\frac{1}{2}\log 2$$

(2)　$\sqrt{1+2\sqrt{x}}=t$ とおくと, $t^2=1+2\sqrt{x}$ より　$x=\frac{1}{4}(t^2-1)^2$

$\begin{array}{|c|c|}\hline x & 0 \longrightarrow 1 \\\hline t & 1 \longrightarrow \sqrt{3} \\\hline\end{array}$

$\dfrac{dx}{dt}=\dfrac{1}{2}(t^2-1)\cdot 2t=t(t^2-1)$ より　　$dx=t(t^2-1)dt$

したがって

$$\int_0^1 \sqrt{1+2\sqrt{x}}\,dx = \int_1^{\sqrt{3}} t^2(t^2-1)dt = \left[\frac{1}{5}t^5 - \frac{1}{3}t^3\right]_1^{\sqrt{3}}$$

$$= \frac{1}{5}(9\sqrt{3}-1) - \frac{1}{3}(3\sqrt{3}-1) = \boldsymbol{\frac{2}{15} + \frac{4}{5}\sqrt{3}}$$

[B]　(1)　$y = \sqrt{4-x^2}\ \cdots\cdots\text{①} \iff y^2 = 4-x^2$ かつ $y \geqq 0$

$\iff x^2 + y^2 = 4$ かつ $y \geqq 0$

であるから，①は，原点中心，半径 2 の円の上半分で，

概形は図 1 のようになる．

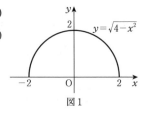

図 1

(2)　$I = \displaystyle\int_{-1}^1 \sqrt{4-x^2}\,dx$ とおく．

I は，図 2 の色がついた部分の面積を表す．

図のように記号をつけると，$\angle \text{AOB} = \dfrac{\pi}{3}$ だから

$$I = 扇形\,\text{OAB} + \triangle\text{OAH} + \triangle\text{OBK}$$

$$= \frac{1}{6} \cdot \pi \cdot 2^2 + 2\left(\frac{1}{2} \cdot 1 \cdot \sqrt{3}\right)$$

$$= \boldsymbol{\frac{2}{3}\pi + \sqrt{3}}$$

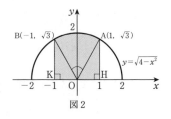

図 2

[C]　$x(1-x) = -(x^2-x) = -\left\{\left(x-\dfrac{1}{2}\right)^2 - \dfrac{1}{4}\right\} = \dfrac{1}{4} - \left(x-\dfrac{1}{2}\right)^2$

x	$0 \longrightarrow 1$
θ	$-\dfrac{\pi}{2} \longrightarrow \dfrac{\pi}{2}$

であるから，$x - \dfrac{1}{2} = \dfrac{1}{2}\sin\theta$ とおくと $dx = \dfrac{1}{2}\cos\theta\,d\theta$ で，

対応を表のようにとると，θ の変域：$-\dfrac{\pi}{2} \leqq \theta \leqq \dfrac{\pi}{2}$ において，$\cos\theta \geqq 0$ だから

$$\{x(1-x)\}^{\frac{3}{2}} = \left(\sqrt{\frac{1}{4}(1-\sin^2\theta)}\right)^3 = \left(\frac{1}{2}\cos\theta\right)^3 = \frac{1}{8}\cos^3\theta$$

したがって

$$\int_0^1 \{x(1-x)\}^{\frac{3}{2}}dx = \int_{-\frac{\pi}{2}}^{\frac{\pi}{2}} \frac{1}{8}\cos^3\theta \cdot \frac{1}{2}\cos\theta\,d\theta = \frac{1}{16}\int_{-\frac{\pi}{2}}^{\frac{\pi}{2}}\cos^4\theta\,d\theta$$

$$= \frac{1}{8}\int_0^{\frac{\pi}{2}}\cos^4\theta\,d\theta \quad (\because \quad \cos^4\theta\ は偶関数)$$

$$= \frac{1}{64}\int_0^{\frac{\pi}{2}}(3 + 4\cos 2\theta + \cos 4\theta)d\theta$$

$$\left(\because \quad \cos^4\theta=\left(\frac{1+\cos 2\theta}{2}\right)^2=\frac{1}{4}(1+2\cos 2\theta+\cos^2 2\theta)=\frac{1}{4}+\frac{1}{2}\cos 2\theta+\frac{1+\cos 4\theta}{8}\right)$$

$$=\frac{1}{64}\left[3\theta+2\sin 2\theta+\frac{1}{4}\sin 4\theta\right]_0^{\frac{\pi}{2}}=\frac{1}{64}\cdot 3\cdot\frac{\pi}{2}=\frac{3}{128}\pi$$

[D]　(1)　$x=\pi-t$ とおくと　　$dx=-dt,\ \sin x=\sin(\pi-t)=\sin t$

x	$0\ \longrightarrow\ \pi$
t	$\pi\ \longrightarrow\ 0$

対応は表のようになるから

$$\int_0^\pi xf(\sin x)dx=\int_\pi^0(\pi-t)f(\sin t)(-1)dt$$

$$=\int_0^\pi(\pi-t)f(\sin t)dt$$

$$=\pi\int_0^\pi f(\sin t)dt-\int_0^\pi tf(\sin t)dt$$

$$=\pi\int_0^\pi f(\sin x)dx-\int_0^\pi xf(\sin x)dx$$

したがって

$$2\int_0^\pi xf(\sin x)dx=\pi\int_0^\pi f(\sin x)dx$$

$$\therefore\quad \int_0^\pi xf(\sin x)dx=\frac{\pi}{2}\int_0^\pi f(\sin x)dx\quad\square$$

(2)　$$\frac{x(a^2-4\cos^2 x)\sin x}{a^2-\cos^2 x}=\frac{x\{a^2-4(1-\sin^2 x)\}\sin x}{a^2-(1-\sin^2 x)}$$

$f(x)=\dfrac{(a^2-4+4x^2)x}{a^2-1+x^2}$ とおくと，$a>1$ だから，$f(x)$ は $0\leqq x\leqq 1$ で連続であり，

与えられた定積分 I は $I=\displaystyle\int_0^\pi xf(\sin x)dx$ である.

そこで，(1)を用いて計算すると

$$I=\int_0^\pi xf(\sin x)dx=\frac{\pi}{2}\int_0^\pi f(\sin x)dx$$

$$=\frac{\pi}{2}\int_0^\pi\frac{(a^2-4\cos^2 x)\sin x}{a^2-\cos^2 x}dx$$

ここで，$\cos x=u$ とおくと $-\sin x\,dx=du$ であり，対応は表のようになるから

x	$0\ \longrightarrow\ \pi$
u	$1\ \longrightarrow\ -1$

$$I=\frac{\pi}{2}\int_1^{-1}\frac{a^2-4u^2}{a^2-u^2}(-1)du=\frac{\pi}{2}\cdot 2\int_0^1\frac{4u^2-a^2}{u^2-a^2}du$$

$$=\pi\int_0^1\left\{4+\frac{3a}{2}\left(\frac{1}{u-a}-\frac{1}{u+a}\right)\right\}du$$

$$\left(\because\ \ \frac{4u^2-a^2}{u^2-a^2}=\frac{4(u^2-a^2)+3a^2}{u^2-a^2}=4+\frac{3a^2}{(u+a)(u-a)}=4+\frac{3a}{2}\left(\frac{1}{u-a}-\frac{1}{u+a}\right)\right)$$

$$=\pi\left[4u+\frac{3a}{2}\log\left|\frac{u-a}{u+a}\right|\,\right]_0^1$$

$$=\pi\left(4+\frac{3a}{2}\log\frac{a-1}{a+1}\right)$$

解説

1° $\{\log|f(x)|\}'=\dfrac{f'(x)}{f(x)}$ であるから

$$\boxed{\ \int\frac{f'(x)}{f(x)}\,dx=\log|f(x)|+C\quad(C\ \text{は積分定数})\ }$$

この公式を［A］(1)で用いた．（分母）$'=$（分子）が見えてくるかがポイントである．

2° ［A］(2)は，$1+2\sqrt{x}=u$ とおいてもよい．

$$x=\frac{1}{4}(u-1)^2,\ \ dx=\frac{1}{2}(u-1)du,\quad
\begin{array}{|c|c|}
\hline
x & 0\ \longrightarrow\ 1 \\
\hline
u & 1\ \longrightarrow\ 3 \\
\hline
\end{array}\ \ \text{より}$$

$$\int_0^1\sqrt{1+2\sqrt{x}}\,dx=\int_1^3\sqrt{u}\cdot\frac{1}{2}(u-1)du$$

$$=\frac{1}{2}\left[\frac{2}{5}u^{\frac{5}{2}}-\frac{2}{3}u^{\frac{3}{2}}\right]_1^3=\frac{2}{15}+\frac{4}{5}\sqrt{3}$$

となる．

3° ［B］(2)は(1)がヒントであり，I がどの部分の図形の面積を表すかがわかれば，積分計算をしなくてすむ．これに気づかなければ$x=2\sin\theta$ とおき（**思考のひもとき3.**），次のように解答する．

$$dx=2\cos\theta d\theta,\quad
\begin{array}{|c|c|}
\hline
x & -1\ \longrightarrow\ 1 \\
\hline
\theta & -\dfrac{\pi}{6}\ \longrightarrow\ \dfrac{\pi}{6} \\
\hline
\end{array}$$

$$\sqrt{4-x^2}=\sqrt{4\cos^2\theta}=2|\cos\theta|=2\cos\theta\quad\left(-\frac{\pi}{6}\leqq\theta\leqq\frac{\pi}{6}\ \text{のとき}\right)$$

より

$$\int_{-1}^1\sqrt{4-x^2}\,dx=\int_{-\frac{\pi}{6}}^{\frac{\pi}{6}}2\cos\theta\cdot2\cos\theta d\theta=2\int_{-\frac{\pi}{6}}^{\frac{\pi}{6}}(1+\cos2\theta)d\theta$$

$$=2\left[\theta+\frac{1}{2}\sin2\theta\right]_{-\frac{\pi}{6}}^{\frac{\pi}{6}}=\frac{2}{3}\pi+\sqrt{3}$$

4° $\boxed{f(x) \text{ が偶関数のとき} \qquad \displaystyle\int_{-a}^{a} f(x)dx = 2\int_{0}^{a} f(x)dx}$

を［C］の $\displaystyle\int_{-\frac{\pi}{2}}^{\frac{\pi}{2}} \cos^4\theta\, d\theta = 2\int_{0}^{\frac{\pi}{2}} \cos^4\theta\, d\theta$ の所で用いた．

5° ［D］(1)の最後の方で

$$\int_{0}^{\pi} f(\sin t)dt = \int_{0}^{\pi} f(\sin x)dx,$$

$$\int_{0}^{\pi} t f(\sin t)dt = \int_{0}^{\pi} x f(\sin x)dx$$

となっているが，これは積分変数が変わっただけで，定積分の値としては同じである．

たとえば，$\displaystyle\int_{0}^{1} t^2 dt$，$\displaystyle\int_{0}^{1} x^2 dx$ のどちらも定積分の値が $\dfrac{1}{3}$ で同じである．

---

42 ［A］ 定積分 $I_n = \displaystyle\int_{0}^{\frac{\pi}{4}} \tan^n x\, dx$ $(n=1,\ 2,\ 3,\ \cdots\cdots)$ について，次の問いに答えよ．

(1) I_1，I_2 を求めよ．

(2) I_{n+2} を I_n で表せ．

(3) I_6 を求めよ． （横浜国立大）

［B］ 自然数 n に対して，$S_n = \displaystyle\int_{0}^{\pi} \sin^n x\, dx$ とする．

(1) S_1 および S_2 を求めよ．

(2) $\dfrac{S_{n+2}}{S_n} = \dfrac{n+1}{n+2}$ を示せ．

(3) $\displaystyle\lim_{n\to\infty} n S_n S_{n+1}$ を求めよ． （山梨大）

(思考のひもとき)∞◁

1. $\tan^2\theta = \boxed{\dfrac{1}{\cos^2\theta} - 1}$

2. $\displaystyle\int_{a}^{b} f'(x)g(x)dx = \boxed{\left[f(x)g(x)\right]_{a}^{b} - \int_{a}^{b} f(x)g'(x)dx}$ （部分積分）

積分法

解答

[A]　(1)　$I_1 = \displaystyle\int_0^{\frac{\pi}{4}} \tan x \, dx = \int_0^{\frac{\pi}{4}} \left\{ -\frac{(\cos x)'}{\cos x} \right\} dx$

$\qquad = \Big[-\log|\cos x| \Big]_0^{\frac{\pi}{4}} = -\log \dfrac{1}{\sqrt{2}} = \dfrac{1}{2} \log 2$

$\qquad I_2 = \displaystyle\int_0^{\frac{\pi}{4}} \tan^2 x \, dx = \int_0^{\frac{\pi}{4}} \left(\frac{1}{\cos^2 x} - 1 \right) dx = \Big[\tan x - x \Big]_0^{\frac{\pi}{4}} = 1 - \dfrac{\pi}{4}$

(2)　$I_{n+2} = \displaystyle\int_0^{\frac{\pi}{4}} \tan^n x \tan^2 x \, dx = \int_0^{\frac{\pi}{4}} \tan^n x \left(\frac{1}{\cos^2 x} - 1 \right) dx$

$\qquad = \displaystyle\int_0^{\frac{\pi}{4}} \left(\tan^n x \frac{1}{\cos^2 x} - \tan^n x \right) dx$

$\qquad = \displaystyle\int_0^{\frac{\pi}{4}} \tan^n x (\tan x)' dx - \int_0^{\frac{\pi}{4}} \tan^n x \, dx$

$\qquad = \left[\dfrac{1}{n+1} \tan^{n+1} x \right]_0^{\frac{\pi}{4}} - I_n = \dfrac{1}{n+1} - I_n$

(3)　(2)で得られた結果をくり返し用いて

$\qquad I_6 = \dfrac{1}{5} - I_4 = \dfrac{1}{5} - \left(\dfrac{1}{3} - I_2 \right)$

さらに，(1)で得られた結果を用いて

$\qquad I_6 = \dfrac{1}{5} - \dfrac{1}{3} + \left(1 - \dfrac{\pi}{4} \right) = \dfrac{13}{15} - \dfrac{\pi}{4}$

[B]　(1)　$S_1 = \displaystyle\int_0^{\pi} \sin x \, dx = \Big[-\cos x \Big]_0^{\pi} = 2$

$\qquad S_2 = \displaystyle\int_0^{\pi} \sin^2 x \, dx = \int_0^{\pi} \frac{1 - \cos 2x}{2} dx = \frac{1}{2} \left[x - \frac{1}{2} \sin 2x \right]_0^{\pi} = \dfrac{\pi}{2}$

(2)　$S_{n+2} = \displaystyle\int_0^{\pi} \sin^{n+1} x \cdot (-\cos x)' dx$

$\qquad = \Big[\sin^{n+1} x \cdot (-\cos x) \Big]_0^{\pi} - \displaystyle\int_0^{\pi} (n+1) \sin^n x \cdot \cos x \cdot (-\cos x) dx$

$\qquad = (n+1) \displaystyle\int_0^{\pi} \sin^n x \cos^2 x \, dx = (n+1) \int_0^{\pi} \sin^n x (1 - \sin^2 x) dx$

$\qquad = (n+1)(S_n - S_{n+2})$

したがって

$\qquad (n+2)S_{n+2} = (n+1)S_n \qquad \therefore \ \dfrac{S_{n+2}}{S_n} = \dfrac{n+1}{n+2} \quad \square$

(3) $T_n = S_n S_{n+1}$ $(n=1, 2, 3, \cdots\cdots)$ とおくと，(1), (2)より

$$T_1 = S_1 S_2 = \pi \qquad\qquad \cdots\cdots ①$$

$$\frac{T_{n+1}}{T_n} = \frac{S_{n+1} S_{n+2}}{S_n S_{n+1}} = \frac{S_{n+2}}{S_n} = \frac{n+1}{n+2} \quad \cdots\cdots ②$$

$$T_n = \frac{T_n}{T_{n-1}} \cdot \frac{T_{n-1}}{T_{n-2}} \cdot \cdots\cdots \cdot \frac{T_3}{T_2} \cdot \frac{T_2}{T_1} \cdot T_1$$

であるから，①，②より

$$T_n = \frac{n}{n+1} \cdot \frac{n-1}{n} \cdot \cdots\cdots \cdot \frac{3}{4} \cdot \frac{2}{3} \cdot \pi$$

$$= \frac{2\pi}{n+1}$$

よって

$$\lim_{n\to\infty} n S_n S_{n+1} = \lim_{n\to\infty} n T_n = \lim_{n\to\infty} \frac{n}{n+1} \cdot 2\pi$$

$$= \lim_{n\to\infty} \frac{1}{1+\dfrac{1}{n}} \cdot 2\pi = 2\pi$$

解説

1° ［A］(2)で $\tan x = t$ とおき，置換積分してもよい．

$$\frac{1}{\cos^2 x} dx = dt \text{ より}$$

$$(1+t^2)dx = dt \qquad \therefore \quad dx = \frac{1}{1+t^2} dt$$

対応は表のようにとれるから

x	$0 \longrightarrow \dfrac{\pi}{4}$
t	$0 \longrightarrow 1$

$$I_{n+2} = \int_0^1 t^{n+2} \cdot \frac{1}{1+t^2} dt = \int_0^1 t^n \cdot \frac{t^2}{1+t^2} dt$$

$$= \int_0^1 t^n \left(1 - \frac{1}{1+t^2}\right) dt = \left[\frac{1}{n+1} t^{n+1}\right]_0^1 - \int_0^1 t^n \cdot \frac{1}{1+t^2} dt$$

$$= \frac{1}{n+1} - I_n$$

2° ［A］(2)では，$1 + \tan^2 x = \dfrac{1}{\cos^2 x}$, $(\tan x)' = \dfrac{1}{\cos^2 x}$ を念頭におくと，$I_n + I_{n+2}$ をつくりたくなるかもしれない．実際

$$I_n + I_{n+2} = \int_0^{\frac{\pi}{4}} \tan^n x (1 + \tan^2 x) dx = \int_0^{\frac{\pi}{4}} \tan^n x \cdot \frac{1}{\cos^2 x} dx$$

$$= \int_0^{\frac{\pi}{4}} \tan^n x (\tan x)' dx = \left[\frac{1}{n+1} \tan^{n+1} x \right]_0^{\frac{\pi}{4}} = \frac{1}{n+1}$$

より, $I_{n+2} = \dfrac{1}{n+1} - I_n$ が得られる.

3° **思考のひもとき2**の $f(x)$, $g(x)$ の役割を交換すると

$$\int_a^b f(x) g'(x) dx = \left[f(x) g(x) \right]_a^b - \int_a^b f'(x) g(x) dx$$

［B］(2)の解答ではこちらの方が使われているが

$$S_{n+2} = \int_0^\pi (-\cos x)' \sin^{n+1} x \, dx$$

$$= \left[(-\cos x) \sin^{n+1} x \right]_0^\pi - \int_0^\pi (-\cos x) \cdot (n+1) \sin^n x \cos x \, dx$$

$$= (n+1) \int_0^\pi \sin^n x \cos^2 x \, dx = \cdots\cdots$$

として, **思考のひもとき2**を用いてもよい. どちらの型でも部分積分できるようにしておきたい.

---

43 (1) 定積分 $\displaystyle\int_{-\pi}^{\pi} x \sin 2x \, dx$ を求めよ.

(2) m, n が自然数のとき, 定積分 $\displaystyle\int_{-\pi}^{\pi} \sin mx \sin nx \, dx$ を求めよ.

(3) a, b を実数とする. a, b の値を変化させたときの定積分

$I = \displaystyle\int_{-\pi}^{\pi} (x - a \sin x - b \sin 2x)^2 dx$ の最小値, およびそのときの a, b の値を求めよ.

(琉球大)

思考のひもとき ∞∞

1. $\sin \alpha \sin \beta = \boxed{\dfrac{1}{2} \{\cos(\alpha - \beta) - \cos(\alpha + \beta)\}}$

2. $(x + y + z)^2 = \boxed{x^2 + y^2 + z^2 + 2xy + 2yz + 2zx}$

3. $f(x)$ が偶関数のとき $\displaystyle\int_{-a}^{a} f(x) dx = \boxed{2 \int_0^a f(x) dx}$

解答

(1)
$$\int_{-\pi}^{\pi} x\sin 2x\,dx = 2\int_{0}^{\pi} x\sin 2x\,dx \quad (\because \ x\sin 2x \ \text{は偶関数})$$

$$= 2\left\{\left[x\cdot\left(-\frac{1}{2}\cos 2x\right)\right]_{0}^{\pi} - \int_{0}^{\pi}\left(-\frac{1}{2}\cos 2x\right)dx\right\}$$

$$= -\pi + \left[\frac{1}{2}\sin 2x\right]_{0}^{\pi} = -\pi$$

(2)　$m,\ n$ は自然数とする.

$I_{m,n} = \displaystyle\int_{-\pi}^{\pi}\sin mx\sin nx\,dx$ とおくと, $\sin mx\sin nx$ は偶関数だから

$$I_{m,n} = 2\int_{0}^{\pi}\sin mx\sin nx\,dx$$

$$\sin mx\sin nx = -\frac{1}{2}\{\cos(m+n)x - \cos(m-n)x\}$$

(i)　$m \neq n$ のとき

$$I_{m,n} = -\int_{0}^{\pi}\{\cos(m+n)x - \cos(m-n)x\}dx$$

$$= -\left[\frac{1}{m+n}\sin(m+n)x - \frac{1}{m-n}\sin(m-n)x\right]_{0}^{\pi} = 0$$

(ii)　$m = n$ のとき

$$I_{m,n} = \int_{0}^{\pi}(1-\cos 2nx)dx = \left[x - \frac{1}{2n}\sin 2nx\right]_{0}^{\pi} = \pi$$

(i), (ii)より

$$\int_{-\pi}^{\pi}\sin mx\sin nx\,dx = \begin{cases} 0 & (m\neq n \text{のとき}) \\ \pi & (m=n \text{のとき}) \end{cases}$$

(3)　$(x - a\sin x - b\sin 2x)^2 = x^2 + a^2\sin^2 x + b^2\sin^2 2x - 2ax\sin x$
$$+ 2ab\sin x\sin 2x - 2bx\sin 2x$$

であり

$$\int_{-\pi}^{\pi}(x^2 + a^2\sin^2 x + b^2\sin^2 2x)dx = 2\int_{0}^{\pi}\left\{x^2 + \frac{a^2}{2}(1-\cos 2x) + \frac{b^2}{2}(1-\cos 4x)\right\}dx$$

$$= \left[\frac{2}{3}x^3 + (a^2+b^2)x - \frac{a^2}{2}\sin 2x - \frac{b^2}{4}\sin 4x\right]_{0}^{\pi}$$

$$= \frac{2}{3}\pi^3 + (a^2+b^2)\pi \quad \cdots\cdots ①$$

$$\int_{-\pi}^{\pi} x\sin x\,dx = 2\int_{0}^{\pi} x\sin x\,dx = 2\left\{\left[x\cdot(-\cos x)\right]_{0}^{\pi} - \int_{0}^{\pi}(-\cos x)\,dx\right\}$$

$$= 2\pi + 2\left[\sin x\right]_{0}^{\pi} = 2\pi \quad \cdots\cdots ②$$

したがって

$$I = \frac{2}{3}\pi^3 + \pi(a^2+b^2) - 2a\cdot 2\pi + 2ab\,I_{1,2} - 2b\int_{-\pi}^{\pi} x\sin 2x\,dx \quad (\because \quad ①, ②)$$

$$= \pi\{(a^2-4a)+(b^2+2b)\} + \frac{2}{3}\pi^3 \quad (\because \quad (1),\ (2))$$

$$= \pi\{(a-2)^2-4+(b+1)^2-1\} + \frac{2}{3}\pi^3$$

$$= \pi(a-2)^2 + \pi(b+1)^2 + \frac{2}{3}\pi^3 - 5\pi$$

よって　　$(I\ \text{の最小値}) = \dfrac{2}{3}\pi^3 - 5\pi$

であり，そのときの a, b の値は　　$a=2,\ b=-1$

解説

1° (1)は典型的な部分積分，(2)は積和の公式を使って変形し，積分する．

(2)では

$$\int \cos(m-n)x\,dx = \frac{1}{m-n}\sin(m-n)x + C \quad (m \neq n\ \text{のとき})$$

だから，$m-n \neq 0$, $m-n=0$ の場合分けを行わなければならない．

$x\sin 2x$, $\sin mx\sin nx$, $(x-a\sin x-b\sin 2x)^2$ はすべて偶関数であるから，

思考のひもとき3. を用いて計算できる．

2° (3)では

$$I = a^2\int_{-\pi}^{\pi}\sin^2 x\,dx + b^2\int_{-\pi}^{\pi}\sin^2 2x\,dx + 2ab\int_{-\pi}^{\pi}\sin x\sin 2x\,dx$$

$$-2a\int_{-\pi}^{\pi} x\sin x\,dx - 2b\int_{-\pi}^{\pi} x\sin 2x\,dx + \int_{-\pi}^{\pi} x^2\,dx$$

$k = \displaystyle\int_{-\pi}^{\pi}\sin^2 x\,dx$, $l = \displaystyle\int_{-\pi}^{\pi}\sin^2 2x\,dx$, $p = \displaystyle\int_{-\pi}^{\pi} x\sin x\,dx$, $q = \displaystyle\int_{-\pi}^{\pi} x^2\,dx$ とおくと，k, l,

p, q は定数であり

$$I = ka^2 + lb^2 - 2pa + 2\pi b + q \quad (\because \quad (1),\ (2))$$

となる．そこで，k, l, p, q を求めて，a, b について平方完成を考えればよい．

44

関数 $f(x)$ を $f(x)=\displaystyle\int_0^{\frac{\pi}{2}}|\sin t-x\cos t|dt$ $(x>0)$ とおく.

(1) $a>0$ のとき, $a=\tan\theta$ を満たす θ $\left(0<\theta<\dfrac{\pi}{2}\right)$ に対して, $\cos\theta$ を a を用いて表せ.

(2) $f(x)$ を求めよ.

(3) $f(x)$ の最小値とそのときの x の値を求めよ. （熊本大）

思考のひもとき ∞∞∽

1. $\displaystyle\int_a^b|f(t)-g(t)|dt$ は, $u=f(t)$ と $u=g(t)$ の間で

$a\leqq t\leqq b$ の部分（右図の斜線部分）の面積を表す.

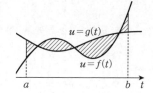

解答

(1) $a>0$ のとき, $a=\tan\theta$ $\left(0<\theta<\dfrac{\pi}{2}\right)$ とすると, θ は図 1

のような角であり

$$\cos\theta=\frac{1}{\sqrt{1+a^2}}$$

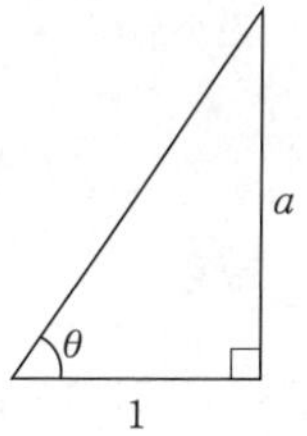

(2) $x>0$ とする.

$u=\sin t$ と $u=x\cos t$ は, $0<t<\dfrac{\pi}{2}$ の範囲にただ 1 つ

交点をもつ. その t 座標を θ とすると

$$\sin\theta=x\cos\theta, \quad 0<\theta<\frac{\pi}{2}$$

$$\therefore \quad x=\tan\theta \quad \left(0<\theta<\frac{\pi}{2}\right) \quad \cdots\cdots\text{①}$$

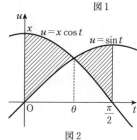

図 1

図 2

$f(x)=\displaystyle\int_0^{\frac{\pi}{2}}|\sin t-x\cos t|dt$ は, 図 2 の斜線部分の面積を表すから

$$f(x)=\int_0^\theta(x\cos t-\sin t)dt+\int_\theta^{\frac{\pi}{2}}(\sin t-x\cos t)dt$$

$$=\Big[x\sin t+\cos t\Big]_0^\theta+\Big[-\cos t-x\sin t\Big]_\theta^{\frac{\pi}{2}}$$

$$=2(x\sin\theta+\cos\theta)-1-x$$

ここで，(1)の結果と①より

$$\cos\theta = \frac{1}{\sqrt{1+x^2}}, \quad \sin\theta = \frac{x}{\sqrt{1+x^2}}$$

であるから

$$f(x) = 2\cdot\frac{x^2+1}{\sqrt{1+x^2}}-1-x = 2\cdot\sqrt{1+x^2}-1-x$$

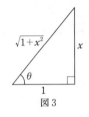

図3

(3) $$f'(x) = 2\cdot\frac{1}{2}(1+x^2)^{-\frac{1}{2}}\cdot 2x - 1 = \frac{2x-\sqrt{1+x^2}}{\sqrt{1+x^2}} = \frac{3x^2-1}{\sqrt{1+x^2}\,(2x+\sqrt{1+x^2})}$$

であるから，x の変域：$0<x$ における $f(x)$ の増域を調べると表のようになる．

x	(0)	$\cdots$	$\dfrac{1}{\sqrt{3}}$	$\cdots$
$f'(x)$		$-$	0	$+$
$f(x)$		$\searrow$		$\nearrow$

ゆえに，$x=\dfrac{1}{\sqrt{3}}$ のとき $f(x)$ は最小となり，その最小値は

$$(f(x)\text{の最小値}) = f\left(\frac{1}{\sqrt{3}}\right) = 2\cdot\frac{2}{\sqrt{3}}-1-\frac{1}{\sqrt{3}} = \sqrt{3}-1$$

解説

$1°$ (1)で，$1+\tan^2\theta=\dfrac{1}{\cos^2\theta}$ を用いて

$$\cos^2\theta = \frac{1}{1+\tan^2\theta} = \frac{1}{1+a^2} \qquad \therefore \quad \cos\theta = \frac{1}{\sqrt{1+a^2}}$$

としてもよい．

$2°$ t で積分するときに，x は定数とみなす．したがって

$$f(x) = \int_0^{\frac{\pi}{2}}|\sin t - x\cos t|\,dt$$

は，$u=\sin t$ と $u=x\cos t$ の間で，$0\leqq t\leqq\dfrac{\pi}{2}$ の部分（斜線部分）の面積を表すことに気づく．その交点は，$0<t<\dfrac{\pi}{2}$ の範囲にただ1つで，その t 座標を θ とおくと

$$\sin\theta = x\cos\theta, \quad 0<\theta<\frac{\pi}{2}$$

つまり，①を満たすことがわかる．そこで，図を参照し，2つの曲線の上下関係に注意すると，絶対値を外すことができる．

3° $0<t<\dfrac{\pi}{2}$ のとき

$$|\sin t-x\cos t|=|\cos t(\tan t-x)|=\cos t|\tan t-x|$$

$x=\tan t\ \left(0<t<\dfrac{\pi}{2}\right)$ となる t を θ とおくと

$\quad 0<t\leqq\theta$ のとき　　$\tan t\leqq x$

$\quad \theta\leqq t<\dfrac{\pi}{2}$ のとき　　$\tan t\geqq x$

であるから

$$|\tan t-x|=\begin{cases}x-\tan t & (0<t\leqq\theta\text{ のとき})\\ \tan t-x & \left(\theta\leqq t<\dfrac{\pi}{2}\text{ のとき}\right)\end{cases}$$

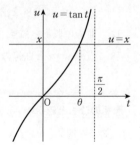

これを用いて絶対値を外し

$$|\sin t-x\cos t|=\begin{cases}x\cos t-\sin t & (0<t\leqq\theta\text{ のとき})\\ \sin t-x\cos t & \left(\theta\leqq t<\dfrac{\pi}{2}\text{ のとき}\right)\end{cases}$$

とし

$$f(x)=\int_0^\theta(x\cos t-\sin t)dt+\int_\theta^{\frac{\pi}{2}}(\sin t-x\cos t)dt$$

を得てもよい.

4° (3)において，$f(x)$ を θ で表し，次のように解答していってもよい（要は，x の関数とみるか θ の関数とみるかが大切で，どちらでもできる）.

$$f(x)=2(x\sin\theta+\cos\theta)-1-x=2(\tan\theta\sin\theta+\cos\theta)-1-\tan\theta$$

$$=\frac{2(\sin^2\theta+\cos^2\theta)}{\cos\theta}-1-\tan\theta=\frac{2}{\cos\theta}-1-\tan\theta=g(\theta)\text{ とおく.}$$

$g'(\theta)=\dfrac{2\sin\theta-1}{\cos^2\theta}$ であるから，θ の変域 : $0<\theta<\dfrac{\pi}{2}$ における $g(\theta)$ の増減は表のようになる.

表より，$f(x)$ が最小となるのは　　$\theta=\dfrac{\pi}{6}$

つまり，$x=\tan\dfrac{\pi}{6}=\dfrac{1}{\sqrt{3}}$ のときで

θ	(0)	$\cdots$	$\dfrac{\pi}{6}$	$\cdots$	$\left(\dfrac{\pi}{2}\right)$
$g'(\theta)$		$-$	0	$+$	
$g(\theta)$		$\searrow$		$\nearrow$	

$$(f(x)\text{ の最小値})=g\left(\frac{\pi}{6}\right)=\frac{4}{\sqrt{3}}-1-\frac{1}{\sqrt{3}}=\sqrt{3}-1$$

45 曲線 $y^2-2xy+x^3=0$ について，次の問いに答えよ．ただし，x および y は $x\geqq 0$，$y\geqq 0$ の実数とする．

(1) y についての解を求めよ．

(2) 曲線の概形を描き，x および y のとり得る値の範囲を求めよ．

(3) 直線 $y=x$ と曲線のうち $y\geqq x$ を満たす線分で囲まれた部分の面積 S を求めよ．

（豊橋技術科学大）

思考のひもとき ∞∞∞∽

1. 2つの関数，$y=f(x)$ と $y=g(x)$ にはさまれた右図の斜線部分の面積は

$$\int_a^b \{f(x)-g(x)\}dx$$

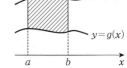

解答

(1) $y^2-2xy+x^3=0$ ……①

①を y についての2次方程式と考えて

$$y=x\pm\sqrt{(-x)^2-x^3}=x\pm\sqrt{x^2(1-x)}=x\pm x\sqrt{1-x}$$

(2) x の変域は，$x\geqq 0$ かつ $1-x\geqq 0$ より $0\leqq x\leqq 1$ である．

(イ) $y=x+x\sqrt{1-x}$ ……② のとき

②を x で微分して

$$y'=1+\sqrt{1-x}+x\frac{-1}{2\sqrt{1-x}}$$

$$=\frac{2\sqrt{1-x}+2(1-x)-x}{2\sqrt{1-x}}=\frac{2\sqrt{1-x}-(3x-2)}{2\sqrt{1-x}}$$

$y'=0$ とすると

$$2\sqrt{1-x}-(3x-2)=0 \iff 2\sqrt{1-x}=3x-2 \quad\text{……③}$$

$$\iff 4(1-x)=(3x-2)^2 \text{ かつ } 3x-2\geqq 0$$

$$\iff 9x^2-8x=0 \text{ かつ } x\geqq\frac{2}{3}$$

$$\therefore \quad x=\frac{8}{9}$$

増減表は

138

x	0	$\cdots$	$\dfrac{8}{9}$	$\cdots$	1
y'		$+$	0	$-$	
y	0	$\nearrow$	極大	$\searrow$	1

極大値は

$$\frac{8}{9}+\frac{8}{9}\sqrt{1-\frac{8}{9}}=\frac{8}{9}+\frac{8}{27}=\frac{32}{27}$$

よって，グラフは図1のようになる.

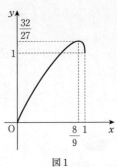

図1

(ロ)　$y=x-x\sqrt{1-x}$ ……④ のとき

④を x で微分して

$$y'=1-\sqrt{1-x}-x\frac{-1}{2\sqrt{1-x}}=1-\sqrt{1-x}+\frac{x}{2\sqrt{1-x}}$$

ここで，$0\leqq x\leqq 1$ より　　$0\leqq 1-x\leqq 1$

$$\therefore\quad 1-\sqrt{1-x}\geqq 0$$

$\dfrac{x}{2\sqrt{1-x}}\geqq 0$ であるから　　$y'\geqq 0$

増減表は

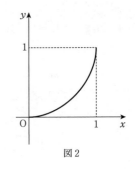

x	0	$\cdots$	1
y'		$+$	
y	0	$\nearrow$	1

図2

よって，グラフは図2のようになる.

(イ)と(ロ)を合わせて，グラフは図3のようになる.

y の変域は

$$0\leqq y\leqq\frac{32}{27}$$

(3)　求める面積の領域は，次項の図4の斜線部分である.

$$S=\int_0^1(x+x\sqrt{1-x}-x)dx$$

$$=\int_0^1 x\sqrt{1-x}\,dx$$

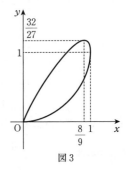

図3

$$= \int_0^1 x\left\{-\frac{2}{3}(1-x)^{\frac{3}{2}}\right\}' dx$$

$$= \left[-\frac{2}{3}x(1-x)^{\frac{3}{2}}\right]_0^1 + \frac{2}{3}\int_0^1 (1-x)^{\frac{3}{2}}dx$$

$$= \frac{2}{3}\left[-\frac{2}{5}(1-x)^{\frac{5}{2}}\right]_0^1 = \frac{2}{3}\cdot\frac{2}{5} = \frac{4}{15}$$

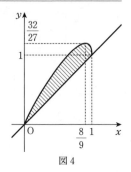

図 4

解説

1° 曲線について，$y = x \pm x\sqrt{1-x}$ だから，これは "$y=x$ に $x\sqrt{1-x}$ を加えたもの" と "$y=x$ から $x\sqrt{1-x}$ を引いたもの" と見て，$y=x$ を基準にグラフを考えるとグラフはかきやすい．

2° ③において，両辺を2乗するときに，$3x-2 \geqq 0$ という条件を落とさないように注意すること．

実際，$4(1-x) = (3x-2)^2 \iff 2\sqrt{1-x} = \pm(3x-2)$ となるので，等式の両辺を2乗するときには，その正負に注意すること．

3° (3)の積分計算は，次のようにしてもできる．

$\sqrt{1-x} = t$ とおくと

$$x = 1-t^2, \ dx = -2t\,dt$$

x	$0 \longrightarrow 1$
t	$1 \longrightarrow 0$

$$\therefore \ S = \int_0^1 x\sqrt{1-x}\,dx = \int_1^0 (1-t^2)t\cdot(-2t)dt = 2\int_0^1 (t^2-t^4)dt$$

$$= 2\left[\frac{t^3}{3}-\frac{t^5}{5}\right]_0^1 = \frac{4}{15}$$

4° (2)で曲線の概形を描くとき，凹凸は調べなくてよいであろう．ちなみに，

(イ)では，$y'' = -\dfrac{1}{2\sqrt{1-x}} - \dfrac{1}{2}\cdot\dfrac{\sqrt{1-x} - \dfrac{-x}{2\sqrt{1-x}}}{(1-x)}$

$$= -\frac{1}{4}\cdot\frac{4-3x}{(1-x)^{\frac{3}{2}}} < 0 \quad (0<x<1)$$

より，グラフは上に凸である．

(ロ)では，$y'' = \dfrac{1}{4}\cdot\dfrac{4-3x}{(1-x)^{\frac{3}{2}}} > 0 \quad (0<x<1)$

より，グラフは下に凸である．

46　曲線 $C_1 : y = \sin 2x \left(0 \leqq x \leqq \dfrac{\pi}{2} \right)$ と x 軸で囲まれた図形が，曲線 $C_2 : y = k \cos x$

$\left(0 \leqq x \leqq \dfrac{\pi}{2}, \ k \ \text{は正の定数} \right)$ によって 2 つの部分に分割されているとする．そのう

ちの，C_1 と C_2 で囲まれた部分の面積を S_1 とし，C_1 と C_2 および x 軸で囲まれた部

分の面積を S_2 とする．

(1)　2 曲線 C_1, C_2 の，点 $\left(\dfrac{\pi}{2}, \ 0 \right)$ と異なる交点の x 座標を α とするとき，k を α を

用いて表せ．

(2)　S_1 を α を用いて表せ．

(3)　$S_1 = 2S_2$ のとき，k の値を求めよ．　　　　　　　　　　　　　　（富山大）

思考のひもとき $\infty\!\!\!\!\sim\!\!\!\!\sim$

1.　$y = f(x)$ と $y = g(x)$ の共有点の x 座標が α とするとき，$\boxed{f(\alpha) = g(\alpha)}$ が成り立つ．

解答

(1)　$y = \sin 2x$ と $y = k \cos x$ の交点のうち，$\left(\dfrac{\pi}{2}, \ 0 \right)$

と異なる点の x 座標が α だから

$$\sin 2\alpha = k \cos \alpha$$

$$\therefore \ \ 2 \sin \alpha \cos \alpha = k \cos \alpha$$

$0 < \alpha < \dfrac{\pi}{2}$ より　　$\cos \alpha \neq 0$

$$\therefore \ \ k = 2 \sin \alpha \quad \cdots\cdots \text{①}$$

(2)　$$S_1 = \int_{\alpha}^{\frac{\pi}{2}} (\sin 2x - k \cos x)\,dx$$

$$= \left[-\frac{1}{2} \cos 2x - k \sin x \right]_{\alpha}^{\frac{\pi}{2}}$$

$$= \frac{1}{2} - k + \frac{1}{2} \cos 2\alpha + k \sin \alpha$$

①より

$$S_1 = \frac{1}{2} - 2 \sin \alpha + \frac{1}{2} (1 - 2 \sin^2 \alpha) + 2 \sin^2 \alpha$$

$$= \sin^2 \alpha - 2 \sin \alpha + 1 = (\sin \alpha - 1)^2$$

---

(3)

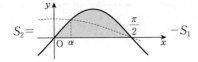

$$S_2 = \int_0^{\frac{\pi}{2}} \sin 2x \, dx - S_1 = \left[-\frac{1}{2} \cos 2x \right]_0^{\frac{\pi}{2}} - S_1 = 1 - S_1 \quad \cdots\cdots ②$$

$S_1 = 2S_2$ のとき，②より $\quad S_1 = 2(1 - S_1)$

$$\therefore \quad S_1 = \frac{2}{3} \qquad \therefore \quad (\sin\alpha - 1)^2 = \frac{2}{3}$$

①より，$\sin\alpha = \dfrac{k}{2}$ だから

$$\left(\frac{k}{2} - 1 \right)^2 = \frac{2}{3} \qquad \therefore \quad \frac{k}{2} - 1 = \pm\sqrt{\frac{2}{3}} = \pm\frac{\sqrt{6}}{3}$$

$$\therefore \quad k = 2 \pm \frac{2}{3}\sqrt{6} \quad \cdots\cdots ③$$

ここで，$0 < \alpha < \dfrac{\pi}{2}$ より $\quad 0 < \sin\alpha < 1 \qquad \therefore \quad 0 < \dfrac{k}{2} < 1$

$$\therefore \quad 0 < k < 2 \quad \cdots\cdots ④$$

③が④を満たすかを調べると，$4 < 6 < 9$ より $\quad 2 < \sqrt{6} < 3$

$$\therefore \quad \frac{4}{3} < \frac{2}{3}\sqrt{6} < 2 \quad \cdots\cdots ⑤$$

$$\therefore \quad 3 < \frac{10}{3} < 2 + \frac{2}{3}\sqrt{6} < 4$$

したがって，④より，$2 + \dfrac{2}{3}\sqrt{6}$ は不適.

また，⑤より

$$-\frac{4}{3} > -\frac{2}{3}\sqrt{6} > -2 \qquad \therefore \quad \frac{2}{3} > 2 - \frac{2}{3}\sqrt{6} > 0$$

これは④を満たす.

$$\therefore \quad k = 2 - \frac{2}{3}\sqrt{6}$$

解説

1°　このタイプの問題で，2 曲線の交点がポイントになってくる問題はよくあるが，この交点が求まらない場合には，その x 座標を適当な文字でおいて解答を進めていくことはよくある．その際，その x 座標が満たす関係式，本問の場合は，$\sin 2\alpha = k \cos \alpha$ が成り立つことがポイントになる．

2°　$\sin 2\alpha = k \cos \alpha$ が α と k の関係式であるから，これが α を k に，逆に k を α に変換するときの式となる．これを意識していくことは重要である．

3°　(3)で，$0 < k < 2$ であるから，$2 \pm \dfrac{2}{3}\sqrt{6}$ がこの範囲に入っているかどうか，を調べることは重要である．

47　xy 平面上に原点 O を中心とする半径 1 の円 S_1 と，点 A を中心とする半径 1 の円 S_2 がある．円 S_2 は円 S_1 に外接しながら，すべることなく円 S_1 のまわりを反時計回りに一周する．点 A の出発点は $(2,\ 0)$ であり，円 S_2 上の点で，このとき $(1,\ 0)$ に位置している点を P とする．点 A が $(2,\ 0)$ から出発し，$(2,\ 0)$ に戻ってくるとき，点 P の描く曲線を C とすると，図のようになる．また，動径 OA と x 軸の正の部分とのなす角が θ（$0 \leqq \theta \leqq 2\pi$）であるときの点 P の座標を $(x(\theta),\ y(\theta))$ とする．このとき，次の問いに答えよ．

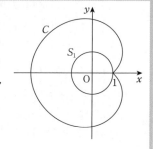

(1)　$x(\theta),\ y(\theta)$ を θ を用いて表せ．

(2)　曲線 C が x 軸に関して対称であることを証明せよ．

(3)　曲線 C と円 S_1 によって囲まれた部分の面積を求めよ．　　　　（長崎大）

思考のひもとき〜〜〜

1.　$(x,\ y)$ の x 軸に関する対称点は $\boxed{(x,\ -y)}$ である．

$$（x(2\pi - \theta),\ y(2\pi - \theta)) = (x(\theta),\ -y(\theta))$$

$$\Longrightarrow\quad (x(\theta),\ y(\theta)) は \boxed{x 軸対称} な曲線を描く$$

解答

(1) $\overparen{\text{TP}} = \overparen{\text{TP}_0} = \theta$ より $\angle\text{TAP} = \theta$ となるから

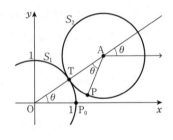

$$\overrightarrow{\text{OP}} = \overrightarrow{\text{OA}} + \overrightarrow{\text{AP}}$$

$$= \begin{pmatrix} 2\cos\theta \\ 2\sin\theta \end{pmatrix} + \begin{pmatrix} \cos(\pi+2\theta) \\ \sin(\pi+2\theta) \end{pmatrix}$$

$$= \begin{pmatrix} 2\cos\theta - \cos 2\theta \\ 2\sin\theta - \sin 2\theta \end{pmatrix}$$

$$\therefore \begin{cases} x(\theta) = 2\cos\theta - \cos 2\theta \\ y(\theta) = 2\sin\theta - \sin 2\theta \end{cases}$$

(2) $\quad x(2\pi-\theta) = 2\cos(2\pi-\theta) - \cos 2(2\pi-\theta)$

$$= 2\cos(-\theta) - \cos(-2\theta) = 2\cos\theta - \cos 2\theta = x(\theta)$$

$\quad y(2\pi-\theta) = 2\sin(2\pi-\theta) - \sin 2(2\pi-\theta)$

$$= 2\sin(-\theta) - \sin(-2\theta)$$

$$= -2\sin\theta + \sin 2\theta$$

$$= -(2\sin\theta - \sin 2\theta) = -y(\theta)$$

したがって，曲線 C の $0 \leqq \theta \leqq \pi$ の部分と $\pi \leqq \theta \leqq 2\pi$ の部分とは x 軸対称である．

よって，C は x 軸に関して対称である．　□

(3) $\begin{cases} x(\theta) = 2\cos\theta - \cos 2\theta \\ y(\theta) = 2\sin\theta - \sin 2\theta \end{cases}$ について，x 軸対称なので，$0 \leqq \theta \leqq \pi$ で考える．

$$\frac{dx}{d\theta} = -2\sin\theta + 2\sin 2\theta = -2\sin\theta(1 - 2\cos\theta)$$

$$\frac{dy}{d\theta} = 2\cos\theta - 2\cos 2\theta$$

$$= -2(2\cos^2\theta - \cos\theta - 1) = -2(2\cos\theta + 1)(\cos\theta - 1)$$

$\dfrac{dx}{d\theta} = 0$ とすると

$$\sin\theta = 0 \quad \text{または} \quad \cos\theta = \frac{1}{2}$$

$$\therefore \quad \theta = 0,\ \pi,\ \frac{\pi}{3}$$

$\dfrac{dy}{d\theta} = 0$ とすると

$$\cos\theta = 1, \ -\frac{1}{2}$$

$$\therefore \quad \theta = 0, \ \frac{2}{3}\pi$$

よって，増減表は

θ	0	$\cdots$	$\dfrac{\pi}{3}$	$\cdots$	$\dfrac{2}{3}\pi$	$\cdots$	π
$\dfrac{dx}{d\theta}$	0	$+$	0	$-$	$-$	$-$	0
x	1	↗	$\dfrac{3}{2}$	↘	$-\dfrac{1}{2}$	↘	-3
$\dfrac{dy}{d\theta}$	0	$+$	$+$	$+$	0	$-$	
y	0	↗	$\dfrac{\sqrt{3}}{2}$	↗	$\dfrac{3\sqrt{3}}{2}$	↘	0
$\begin{pmatrix} x \\ y \end{pmatrix}$	$\begin{pmatrix} 1 \\ 0 \end{pmatrix}$	↗	$\begin{pmatrix} \frac{3}{2} \\ \frac{\sqrt{3}}{2} \end{pmatrix}$	↖	$\begin{pmatrix} -\frac{1}{2} \\ \frac{3\sqrt{3}}{2} \end{pmatrix}$	↙	$\begin{pmatrix} -3 \\ 0 \end{pmatrix}$

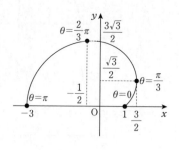

表より，点 (x, y) は

$0 \leqq \theta \leqq \dfrac{\pi}{3}$ においては，$(1, 0)$ から $\left(\dfrac{3}{2}, \dfrac{\sqrt{3}}{2}\right)$ まで右上に進み，

$\dfrac{\pi}{3} \leqq \theta \leqq \dfrac{2}{3}\pi$ においては，$\left(\dfrac{3}{2}, \dfrac{\sqrt{3}}{2}\right)$ から $\left(-\dfrac{1}{2}, \dfrac{3\sqrt{3}}{2}\right)$ まで左上に進み，

$\dfrac{2}{3}\pi \leqq \theta \leqq \pi$ においては，$\left(-\dfrac{1}{2}, \dfrac{3\sqrt{3}}{2}\right)$ から $(-3, 0)$ まで左下に進む．

したがって，$0 \leqq \theta \leqq \pi$ の部分の概形は上図のようになる．ここで

$0 \leqq \theta \leqq \dfrac{\pi}{3}$ の部分を C_1 とし，C_1 上の点の y 座標を y_1

$\dfrac{\pi}{3} \leqq \theta \leqq \pi$ の部分を C_2 とし，C_2 上の点の y 座標を y_2

とおく．面積を求める部分は x 軸に関して対称だから，x 軸より上の部分の面積を考えて 2 倍すればよい．求める面積を S とすると

$$\frac{S}{2} =$$ [figure] $-$ [figure]

$$= \int_{-3}^{\frac{3}{2}} y_2\, dx - \int_1^{\frac{3}{2}} y_1\, dx - \frac{1}{2}\pi \cdot 1^2$$

$x(\theta) = 2\cos\theta - \cos 2\theta$ より $\qquad x'(\theta) = \dfrac{dx}{d\theta} = -2\sin\theta + 2\sin 2\theta$

C_2

x	$-3 \longrightarrow \dfrac{3}{2}$
θ	$\pi \longrightarrow \dfrac{\pi}{3}$

C_1

x	$1 \longrightarrow \dfrac{3}{2}$
θ	$0 \longrightarrow \dfrac{\pi}{3}$

$$\therefore \quad \frac{S}{2} = \int_{\pi}^{\frac{\pi}{3}} y\frac{dx}{d\theta}d\theta - \int_0^{\frac{\pi}{3}} y\frac{dx}{d\theta}d\theta - \frac{\pi}{2}$$

$$= -\left(\int_0^{\frac{\pi}{3}} y\frac{dx}{d\theta}d\theta + \int_{\frac{\pi}{3}}^{\pi} y\frac{dx}{d\theta}d\theta \right) - \frac{\pi}{2}$$

$$= -\int_0^{\pi} y\frac{dx}{d\theta}d\theta - \frac{\pi}{2}$$

$$= -\int_0^{\pi} (2\sin\theta - \sin 2\theta)(-2\sin\theta + 2\sin 2\theta)d\theta - \frac{\pi}{2}$$

$$= 2\int_0^{\pi} (2\sin\theta - \sin 2\theta)(\sin\theta - \sin 2\theta)d\theta - \frac{\pi}{2}$$

$$= 2\int_0^{\pi} (2\sin^2\theta - 3\sin\theta\sin 2\theta + \sin^2 2\theta)d\theta - \frac{\pi}{2}$$

$$= 2\int_0^{\pi} \left\{ 2\cdot\frac{1-\cos 2\theta}{2} - 3\left(-\frac{1}{2}\right)(\cos 3\theta - \cos\theta) + \frac{1-\cos 4\theta}{2} \right\}d\theta - \frac{\pi}{2}$$

$$= 2\int_0^{\pi} \left\{ (1-\cos 2\theta) + \frac{3}{2}(\cos 3\theta - \cos\theta) + \frac{1}{2} - \frac{1}{2}\cos 4\theta \right\}d\theta - \frac{\pi}{2}$$

$$=2\left[\frac{3}{2}\theta-\frac{1}{2}\cdot\frac{1}{4}\sin 4\theta+\frac{3}{2}\cdot\frac{1}{3}\sin 3\theta-\frac{1}{2}\sin 2\theta-\frac{3}{2}\sin\theta\right]_0^\pi-\frac{\pi}{2}$$

$$=3\pi-\frac{\pi}{2}=\frac{5}{2}\pi$$

$$\therefore\quad S=5\pi$$

解説

1° $y=f(x)$ $(a\leqq x\leqq b$ で $f(x)\geqq 0)$ のとき，x 軸とこの関数で囲まれた部分の面積は $\displaystyle\int_a^b y\,dx=\int_a^b f(x)\,dx$ である．式の意味としては，縦が $y(=f(x))$，横が dx である微小な長方形(その面積は (縦)×(横)$=y\,dx$ である)を，$x=a$ から $x=b$ まですべて足していく $\left(=\displaystyle\int_a^b\right)$ ということである．したがって，C_2 と x 軸とで囲まれた部分の面積は $\displaystyle\int_{-3}^{\frac{3}{2}} y_2\,dx$ となる．

ここで式の形に惑わされて，$\displaystyle\int_{-3}^{\frac{3}{2}} y_2\,d\theta$ とは考えないこと．dx とか $d\theta$ はどの方向に沿って長方形を加えていくのか，ということを表している．$d\theta$ では求める図形の面積にはならない．実際に計算するときには，$y=y(\theta)$ で θ の関数であるから，$x=x(\theta)$ の置換積分を実行することになる．

2° y_1 と y_2 は，θ について同じ関数であるが，定義域が異なるので，区別をして考えた．

3° この問題で取り上げられている曲線 C は，実は**カージオイド(心臓形)** とよばれる曲線である．この曲線の極方程式について考えてみよう．

〈**カージオイド(心臓形)について**〉

円 $C_1:\left(x-\dfrac{1}{2}\right)^2+y^2=\dfrac{1}{4}$ とそれに外接する同じ

半径の円 $C_2:\left(x-\dfrac{3}{2}\right)^2+y^2=\dfrac{1}{4}$ がある．

始めに C_2 上の点 $(2,\ 0)$ に印 P をつける．C_2 を C_1 のまわりにすべることなく転がしていくとき，この印 P が描く曲線をカージオイド(心臓形)という．

右図のように記号をつけると，$\overset{\frown}{\mathrm{BT}}=\overset{\frown}{\mathrm{QT}}$ であるから $\angle\mathrm{BAT}=\angle\mathrm{QRT}$

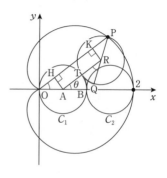

AB＝RQ と合わせると，四角形 BQRA は等脚台形，OA＝PR と合わせると，四角形 ARPO も等脚台形となる．

そこで ∠POA＝θ，OP＝r とすると

$$r=1+\cos\theta \quad \left(\because \quad r=\mathrm{OP}=\mathrm{AR}+\mathrm{OH}+\mathrm{PK}=1+\frac{1}{2}\cos\theta+\frac{1}{2}\cos\theta\right)$$

が成り立つ．

よって，このカージオイドの極方程式は

$$r=1+\cos\theta \quad (0\leqq\theta\leqq2\pi)$$

で表される．

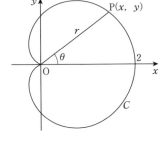

この問題の曲線もカージオイドであることを確かめてみよう．$\mathrm{T}_0(1, 0)$ を中心，T_0 から x 軸の正方向への半直線を始線とする極座標を考えると，$\mathrm{T}_0\mathrm{P}=r$ として

$$r=2(1-\cos\theta) \quad (0\leqq\theta\leqq2\pi) \quad \cdots\cdots(*)$$

と表せる．実際，(1)で得られた結果から

$$\begin{cases} x-1=2\cos\theta-\cos2\theta-1=2\cos\theta(1-\cos\theta) \\ \quad y=2\sin\theta-\sin2\theta \quad\quad =2\sin\theta(1-\cos\theta) \end{cases} \text{より}$$

$$\begin{pmatrix} x-1 \\ y \end{pmatrix}=2(1-\cos\theta)\begin{pmatrix} \cos\theta \\ \sin\theta \end{pmatrix}$$

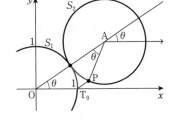

と表され，これより（＊）であることが確認できる．

48 $I=\displaystyle\int e^{-x}\sin x\,dx,\ J=\int e^{-x}\cos x\,dx$ とするとき，次の問いに答えよ．

(1) 次の関係式が成り立つことを証明せよ．

$$I=J-e^{-x}\sin x,\quad J=-I-e^{-x}\cos x$$

(2) I，J を求めよ．

(3) 曲線 $y=e^{-x}\sin x\ (x\geqq0)$ と x 軸とで囲まれた図形で x 軸の下側にある部分の

面積を，y 軸に近い方から順に S_1，S_2，S_3，…… とするとき，無限級数 $\displaystyle\sum_{n=1}^{\infty}S_n$

を求めよ． （鳥取大）

思考のひもとき ∿∿∿

1. 無限等比級数 $\displaystyle\sum_{n=1}^{\infty}ar^{n-1}$ が収束するのは，$\boxed{a=0\ \text{または}\ |r|<1}$ のときで，その和は

$$\sum_{n=1}^{\infty}ar^{n-1}=\boxed{\dfrac{a}{1-r}}$$

解答

(1) $I=\displaystyle\int e^{-x}\sin x\,dx=\int(-e^{-x})'\sin x\,dx$

　　$=-e^{-x}\sin x+\displaystyle\int e^{-x}\cos x\,dx=-e^{-x}\sin x+J$

　　$J=\displaystyle\int e^{-x}\cos x\,dx=\int(-e^{-x})'\cos x\,dx$

　　$=-e^{-x}\cos x+\displaystyle\int e^{-x}(-\sin x)\,dx=-e^{-x}\cos x-I$

　　$\therefore\ I=J-e^{-x}\sin x$ ……①

　　　　$J=-I-e^{-x}\cos x$ ……② □

(2) ①より $I-J=-e^{-x}\sin x$ ……①′

　　②より $I+J=-e^{-x}\cos x$ ……②′

　　$\dfrac{①′+②′}{2}$ より $I=-\dfrac{1}{2}e^{-x}(\sin x+\cos x)$

　　$\therefore\ I=-\dfrac{1}{2}e^{-x}(\sin x+\cos x)+C_1$

　　$\dfrac{②′-①′}{2}$ より $J=\dfrac{1}{2}e^{-x}(\sin x-\cos x)$

$$\therefore \quad J=\frac{1}{2}e^{-x}(\sin x-\cos x)+C_2 \quad (C_1,\ C_2 \text{ は積分定数})$$

(3) $\qquad y=e^{-x}\sin x \quad \cdots\cdots③$

③を x で微分して

$$y'=-e^{-x}\sin x+e^{-x}\cos x=-e^{-x}(\sin x-\cos x)=-e^{-x}\cdot\sqrt{2}\sin\left(x-\frac{\pi}{4}\right)$$

$y'=0$ とすると $\qquad \sin\left(x-\frac{\pi}{4}\right)=0$

$$\therefore \quad x-\frac{\pi}{4}=n\pi \qquad \therefore \quad x=n\pi+\frac{\pi}{4} \quad (n \text{ は } 0 \text{ 以上の整数})$$

増減表は

x	0	$\cdots$	$\dfrac{\pi}{4}$	$\cdots$	$\dfrac{5}{4}\pi$	$\cdots$	$\dfrac{9}{4}\pi$	$\cdots$	$\dfrac{13}{4}\pi$	$\cdots$	4π	
y'		$+$	0	$-$	0	$+$	0	$-$	0	$+$		$\cdots$
y		↗	極大	↘	極小	↗	極大	↘	極小	↗		$\cdots$

$y=0$ とすると，$\sin x=0$ より

$\qquad x=m\pi \quad (m \text{ は } 0 \text{ 以上の整数})$

以上より，グラフの概形は右図のようになる.

よって，S_n は $(2n-1)\pi\leqq x\leqq 2n\pi$ における斜線部分の面積 $(n=1,\ 2,\ 3,\ \cdots\cdots)$ ということになる.

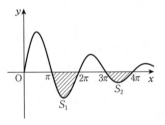

$$S_n=\int_{(2n-1)\pi}^{2n\pi}|e^{-x}\sin x|dx=\int_{(2n-1)\pi}^{2n\pi}(-e^{-x}\sin x)dx$$

$$=\frac{1}{2}\Big[e^{-x}(\sin x+\cos x)\Big]_{(2n-1)\pi}^{2n\pi} \quad (\because \ (2))$$

$$=\frac{1}{2}\{e^{-2n\pi}+e^{-(2n-1)\pi}\}$$

$$=\frac{1}{2}e^{-2n\pi}(1+e^{\pi})$$

$$\therefore \quad \sum_{n=1}^{\infty}S_n=\sum_{n=1}^{\infty}\frac{1}{2}(1+e^{\pi})e^{-2n\pi}$$

$$=\sum_{n=1}^{\infty}\frac{1}{2}(1+e^{\pi})e^{-2\pi}e^{-2(n-1)\pi}=\sum_{n=1}^{\infty}\frac{1}{2}(1+e^{\pi})e^{-2\pi}(e^{-2\pi})^{n-1}$$

これは，初項 $\dfrac{1}{2}(1+e^{\pi})e^{-2\pi}$，公比 $e^{-2\pi}$ の無限等比級数であり，$|e^{-2\pi}|=\left|\dfrac{1}{e^{2\pi}}\right|<1$ で

あるから収束する.

$$\therefore \sum_{n=1}^{\infty} S_n = \frac{\frac{1}{2}(1+e^{\pi})e^{-2\pi}}{1-e^{-2\pi}} = \frac{1}{2}\frac{1+e^{\pi}}{e^{2\pi}-1}$$

$$= \frac{1}{2}\frac{e^{\pi}+1}{(e^{\pi}+1)(e^{\pi}-1)} = \frac{1}{2}\cdot\frac{1}{e^{\pi}-1}$$

解説

1°　$I = \displaystyle\int e^{ax}\sin mx\,dx$, $J = \displaystyle\int e^{ax}\cos mx\,dx$ などの積分は, I と J を別々に考えるよ

りも, I と J を組にして考えた方が見通しはよくなる.

$$I = \int \left(\frac{1}{a}e^{ax}\right)' \sin mx\,dx$$

$$= \frac{1}{a}e^{ax}\sin mx - \frac{1}{a}\int e^{ax}(m\cos mx)\,dx$$

$$= \frac{1}{a}e^{ax}\sin mx - \frac{m}{a}\int e^{ax}\cos mx\,dx$$

$$= \frac{1}{a}e^{ax}\sin mx - \frac{m}{a}J \quad\cdots\cdots①$$

$$J = \int \left(\frac{1}{a}e^{ax}\right)' \cos mx\,dx$$

$$= \frac{1}{a}e^{ax}\cos mx - \frac{1}{a}\int e^{ax}(-m\sin mx)\,dx$$

$$= \frac{1}{a}e^{ax}\cos mx + \frac{m}{a}\int e^{ax}\sin mx\,dx$$

$$= \frac{1}{a}e^{ax}\cos mx + \frac{m}{a}I \quad\cdots\cdots②$$

①より　　　$aI + mJ = e^{ax}\sin mx \quad\cdots\cdots①'$

②より　　　$mI - aJ = -e^{ax}\cos mx \quad\cdots\cdots②'$

$\dfrac{(①'\times a + ②'\times m)}{a^2+m^2}$ より　　$I = \dfrac{1}{a^2+m^2}e^{ax}(a\sin mx - m\cos mx) + C_1$

$\dfrac{(①'\times m - ②'\times a)}{a^2+m^2}$ より　　$J = \dfrac{1}{a^2+m^2}e^{ax}(m\sin mx + a\cos mx) + C_2$

$(C_1,\ C_2$ は積分定数$)$

2°　$y = e^{-x}\sin x$ のグラフについては, $y = \sin x$ に e^{-x} を掛けているので, グラフの山

は低く, 谷は浅くなっていく. このことに気がつくと, グラフの概形は理解しやすい.

積分法

$3°$　S_n がどの部分の面積を表しているのか，をきちんと認識することは重要である．実際にグラフを適当な範囲でかいてみて，積分区間が具体的にどこになるのか，を確認すること．

　　$y≦0$ となる x の範囲は，$π≦x≦2π$，$3π≦x≦4π$，…… となるので，S_n の積分区間は $(2n-1)π≦x≦2nπ$ とわかる．

49　[A]　次の問いに答えよ．ただし，対数は自然対数とする．

　　(1)　k が自然数のとき，次の不等式を示せ．

$$\frac{1}{k+1}≦\int_k^{k+1}\frac{1}{x}dx≦\frac{1}{k}$$

　　(2)　n が2以上の自然数のとき，次の不等式を示せ．

$$\log(n+1)≦\sum_{k=1}^{n}\frac{1}{k}≦1+\log n$$

　　(3)　極限 $\displaystyle\lim_{n\to\infty}\frac{1}{\log n}\sum_{k=1}^{n}\frac{1}{k}$ を求めよ．　　　　　　（福岡教育大）

　[B]　次の不等式が成り立つことを示せ．

　　(1)　$0≦x≦1$ のとき，$1-\dfrac{1}{3}x≦\dfrac{1}{\sqrt{1+x^2}}≦1$

　　(2)　$\dfrac{π}{3}-\dfrac{1}{6}≦\displaystyle\int_0^{\frac{\sqrt{3}}{2}}\frac{1}{\sqrt{1-x^4}}dx≦\dfrac{π}{3}$　　　　　　（横浜国立大）

思考のひもとき ◯◯◯◯

1.　右図のように，$y=f(x)$ が $k≦x≦k+1$ において減少しているとき，斜線部分の面積に注目すると

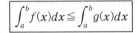

$$\boxed{f(k+1)}<\int_k^{k+1}f(x)dx<\boxed{f(k)}$$

2.　$a≦x≦b$ で，$f(x)≦g(x)$ ならば

$$\boxed{\int_a^b f(x)dx≦\int_a^b g(x)dx}$$

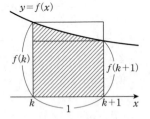

解答

[A] (1) $y=\dfrac{1}{x}$ は，$x>0$ において減少しつづけるから，

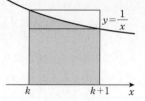

k が自然数のとき

$k \leqq x \leqq k+1$ において　$\dfrac{1}{k+1} \leqq \dfrac{1}{x} \leqq \dfrac{1}{k}$

辺々，$x=k$ から $x=k+1$ まで積分すると

$$\int_k^{k+1}\dfrac{1}{k+1}dx \leqq \int_k^{k+1}\dfrac{1}{x}dx \leqq \int_k^{k+1}\dfrac{1}{k}dx \qquad \therefore\quad \dfrac{1}{k+1} \leqq \int_k^{k+1}\dfrac{1}{x}dx \leqq \dfrac{1}{k} \quad \square$$

(2) (1)の結果

$$\dfrac{1}{k+1} \leqq \int_k^{k+1}\dfrac{1}{x}dx \quad (k=1,\ 2,\ 3,\ \cdots\cdots) \quad \cdots\cdots ①$$

$$\int_k^{k+1}\dfrac{1}{x}dx \leqq \dfrac{1}{k} \quad (k=1,\ 2,\ 3,\ \cdots\cdots) \quad \cdots\cdots ②$$

n が2以上の自然数のとき，①の両辺を $k=1$ から $k=n-1$ まで，②の両辺を $k=1$ から $k=n$ まで，それぞれ加えて

$$\dfrac{1}{2}+\dfrac{1}{3}+\cdots\cdots+\dfrac{1}{n} \leqq \sum_{k=1}^{n-1}\int_k^{k+1}\dfrac{1}{x}dx = \int_1^n\dfrac{1}{x}dx = \Big[\log x\Big]_1^n = \log n \quad \cdots\cdots ③$$

$$1+\dfrac{1}{2}+\dfrac{1}{3}+\cdots\cdots+\dfrac{1}{n} \geqq \sum_{k=1}^{n}\int_k^{k+1}\dfrac{1}{x}dx = \int_1^{n+1}\dfrac{1}{x}dx = \Big[\log x\Big]_1^{n+1} = \log(n+1)$$

$$\cdots\cdots ④$$

③の両辺に1を加えて得られる不等式と④より

$$\log(n+1) \leqq \sum_{k=1}^{n}\dfrac{1}{k} \leqq 1+\log n \quad \square$$

(3) n が2以上の自然数とすると，(2)で示した不等式を $\log n (>0)$ で割ると

$$\dfrac{\log(n+1)}{\log n} \leqq \dfrac{1}{\log n}\sum_{k=1}^{n}\dfrac{1}{k} \leqq \dfrac{1}{\log n}+1 \quad \cdots\cdots ⑤$$

ここで，$\displaystyle\lim_{n\to\infty}\log n=\infty$ を用いると

$$\lim_{n\to\infty}\Big(\dfrac{1}{\log n}+1\Big)=1,\quad \lim_{n\to\infty}\dfrac{\log(n+1)}{\log n}=\lim_{n\to\infty}\Big(1+\dfrac{\log(n+1)-\log n}{\log n}\Big)$$

$$=\lim_{n\to\infty}\Big\{1+\dfrac{1}{\log n}\cdot\log\Big(1+\dfrac{1}{n}\Big)\Big\}=1$$

であるから，はさみうちの原理を用いると，⑤より

$$\lim_{n\to\infty}\dfrac{1}{\log n}\sum_{k=1}^{n}\dfrac{1}{k}=\mathbf{1}$$

[B] (1) $0 \leqq x \leqq 1$ のとき, $0 < \sqrt{1+x^2}$ だから

$$1 - \frac{1}{3}x \leqq \frac{1}{\sqrt{1+x^2}} \leqq 1 \iff \left(1 - \frac{1}{3}x\right)\sqrt{1+x^2} \leqq 1 \leqq \sqrt{1+x^2} \quad \cdots\cdots①$$

であるから, ①が成り立つことを示せばよい.

$x^2 \geqq 0$ だから $\quad 1 \leqq 1+x^2 \quad \therefore \quad 1 \leqq \sqrt{1+x^2} \quad \cdots\cdots②$

$f(x) = 1 - \left(1 - \frac{1}{3}x\right)\sqrt{1+x^2}$ とおくと

$$f'(x) = \frac{1}{3}\sqrt{1+x^2} - \left(1 - \frac{1}{3}x\right) \cdot \frac{1}{2}(1+x^2)^{-\frac{1}{2}} \cdot 2x = \frac{(1+x^2) - 3x\left(1 - \frac{1}{3}x\right)}{3\sqrt{1+x^2}}$$

$$= \frac{2x^2 - 3x + 1}{3\sqrt{1+x^2}} = \frac{(x-1)(2x-1)}{3\sqrt{1+x^2}}$$

よって, $0 \leqq x \leqq 1$ における $f(x)$ の増減は表のようになる.

$f(0) = 0, \quad f(1) = \dfrac{3 - 2\sqrt{2}}{3} > 0$

x	0	$\cdots$	$\dfrac{1}{2}$	$\cdots$	1
$f'(x)$		$+$	0	$-$	0
$f(x)$	0	↗		↘	

であるから, 表より

$0 \leqq x \leqq 1$ のとき $\quad f(x) \geqq 0 \quad \cdots\cdots③$

②, ③より, ①が成り立つ.

ゆえに, $0 \leqq x \leqq 1$ のとき

$$1 - \frac{1}{3}x \leqq \frac{1}{\sqrt{1+x^2}} \leqq 1 \quad \cdots\cdots(*)$$

（いずれの等号も $x=0$ のときのみ成立する）

が成り立つ. □

(2) $0 \leqq x \leqq \dfrac{\sqrt{3}}{2}$ において, $\sqrt{1-x^2} > 0$ だから, $(*)$ の辺々を $\sqrt{1-x^2}$ で割り

$$\frac{1 - \dfrac{1}{3}x}{\sqrt{1-x^2}} \leqq \frac{1}{\sqrt{1-x^4}} \leqq \frac{1}{\sqrt{1-x^2}} \quad \cdots\cdots④$$

そこで, ④の辺々を $0 \leqq x \leqq \dfrac{\sqrt{3}}{2}$ の範囲で積分すると

$$\int_0^{\frac{\sqrt{3}}{2}} \left(\frac{1}{\sqrt{1-x^2}} - \frac{1}{3} \cdot \frac{x}{\sqrt{1-x^2}}\right) dx \leqq \int_0^{\frac{\sqrt{3}}{2}} \frac{1}{\sqrt{1-x^4}} dx \leqq \int_0^{\frac{\sqrt{3}}{2}} \frac{1}{\sqrt{1-x^2}} dx \quad \cdots\cdots⑤$$

が成り立つ. ここで

$$\int_0^{\frac{\sqrt{3}}{2}} \frac{x}{\sqrt{1-x^2}}\,dx = \left[-(1-x^2)^{\frac{1}{2}}\right]_0^{\frac{\sqrt{3}}{2}}$$

$$\left(\because\ \ \left\{(1-x^2)^{\frac{1}{2}}\right\}' = \frac{1}{2}(1-x^2)^{-\frac{1}{2}}\cdot(-2x) = -\frac{x}{\sqrt{1-x^2}}\right)$$

$$= -\frac{1}{2}+1 = \frac{1}{2} \quad \cdots\cdots ⑥$$

$x=\sin\theta$ とおくと，$dx=\cos\theta\,d\theta$ であり，対応は表のように

なる．この範囲で $\sqrt{1-x^2}=\sqrt{\cos^2\theta}=\cos\theta$ だから

x	$0 \longrightarrow \dfrac{\sqrt{3}}{2}$
θ	$0 \longrightarrow \dfrac{\pi}{3}$

$$\int_0^{\frac{\sqrt{3}}{2}} \frac{1}{\sqrt{1-x^2}}\,dx = \int_0^{\frac{\pi}{3}} \frac{1}{\cos\theta}\cos\theta\,d\theta$$

$$= \int_0^{\frac{\pi}{3}} d\theta = \left[\theta\right]_0^{\frac{\pi}{3}} = \frac{\pi}{3} \quad \cdots\cdots ⑦$$

⑥，⑦を⑤に代入することにより

$$\frac{\pi}{3}-\frac{1}{6} \leqq \int_0^{\frac{\sqrt{3}}{2}} \frac{1}{\sqrt{1-x^4}}\,dx \leqq \frac{\pi}{3} \quad \square$$

解説

1°　[A]について．$x>0$ において $y=\dfrac{1}{x}$ は減少であり，下図を参照すると

$$\frac{1}{2}+\frac{1}{3}+\cdots\cdots+\frac{1}{n} < \int_1^n \frac{1}{x}\,dx = \log n \quad (n\geqq 2 \text{ のとき})$$

$$1+\frac{1}{2}+\frac{1}{3}+\cdots\cdots+\frac{1}{n} > \int_1^{n+1} \frac{1}{x}\,dx = \log(n+1)$$

が成り立つ．このことを丁寧に書いたものが，(1)，(2)の解答である．

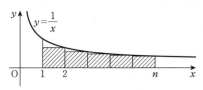 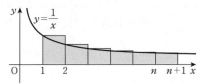

2°　[B](1)について．$0\leqq x\leqq 1$ のとき，$\left(1-\dfrac{1}{3}x\right)\sqrt{1+x^2} > 0$ だから

$$g(x) = 1^2 - \left(1-\frac{1}{3}x\right)^2(\sqrt{1+x^2})^2 = 1 - \left(\frac{1}{3}x-1\right)^2(1+x^2)$$

とおき，$g(x)\geqq 0$ を示してもよい．

$$g'(x) = -2\left(\frac{1}{3}x-1\right)\cdot\frac{1}{3}\cdot(1+x^2)-\left(\frac{1}{3}x-1\right)^2\cdot 2x$$

$$= -\left(\frac{1}{3}x-1\right)\left\{\frac{2}{3}(1+x^2)+2x\left(\frac{1}{3}x-1\right)\right\}$$

$$= -\frac{2}{9}(x-3)(x-1)(2x-1)$$

$0 \leqq x \leqq 1$ における $g(x)$ の増減は表のようになる

から $g(x) \geqq 0$　（$0 \leqq x \leqq 1$ のとき）

②と合わせると，（＊）を得る.

x	0	$\cdots$	$\frac{1}{2}$	$\cdots$	1
$g'(x)$	+	+	0	−	0
$g(x)$	0	↗		↘	$\frac{1}{9}$

3° ［B］(2)では，不等式④を得た後，**思考のひもとき2**を用いて⑤を得た.

（＊）や④において，どの等号も成立するのは $x=0$ のときのみだから，⑤のかわりに

$$\int_0^{\frac{\sqrt{3}}{2}}\left(\frac{1}{\sqrt{1-x^2}}-\frac{1}{3}\cdot\frac{x}{\sqrt{1-x^2}}\right)dx < \int_0^{\frac{\sqrt{3}}{2}}\frac{1}{\sqrt{1-x^4}}dx < \int_0^{\frac{\sqrt{3}}{2}}\frac{1}{\sqrt{1-x^2}}dx$$

つまり，$\dfrac{\pi}{3}-\dfrac{1}{6} < \displaystyle\int_0^{\frac{\sqrt{3}}{2}}\dfrac{1}{\sqrt{1-x^4}}\,dx < \dfrac{\pi}{3}$ が成り立つことがわかる.

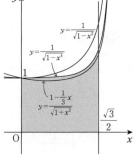

ここでは，基本事項

$a \leqq x \leqq b$ において，$f(x) \leqq g(x)$ ならば

$$\int_a^b f(x)dx \leqq \int_a^b g(x)dx$$

が成り立つ.

ここで，等号が成り立つのは，$a \leqq x \leqq b$ で恒等的に $f(x)=g(x)$ が成り立つ場合だけである.

を用いた.

50

［A］　自然数 n に対して，$S_n = \displaystyle\sum_{k=n+1}^{2n} \frac{\log k - \log n}{k}$ とするとき，$\displaystyle\lim_{n \to \infty} S_n = \boxed{}$ である．

(山梨大)

［B］　極限 $\displaystyle\lim_{n \to \infty} \left\{ \frac{(2n)!}{n! \, n^n} \right\}^{\frac{1}{n}}$ を求めよ．

(横浜国立大)

思考のひもとき ∞∞∞∞

1.　$0 \le x \le 1$ で連続な関数 $f(x)$ $(f(x) \ge 0)$ に対して，区間 $0 \le x \le 1$ を n 等分し，幅 $\dfrac{1}{n}$ の長方形 n 個からなる図形(色のついた部分)の面積の極限を考えると

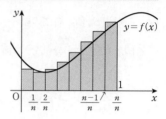

$$\frac{1}{n}\left\{ f\left(\frac{1}{n}\right) + f\left(\frac{2}{n}\right) + \cdots\cdots + f\left(\frac{n}{n}\right) \right\} \longrightarrow \boxed{\int_0^1 f(x)dx} \quad (n \to \infty \text{ のとき})$$

すなわち　$\displaystyle\lim_{n \to \infty} \sum_{k=1}^{n} \frac{1}{n} \cdot f\left(\frac{k}{n}\right) = \boxed{\int_0^1 f(x)dx}$　(区分求積法)

解答

［A］　$\log k - \log n = \log \dfrac{k}{n}$ であるから

$$S_n = \sum_{k=n+1}^{2n} \frac{\log \dfrac{k}{n}}{k} = \frac{\log \dfrac{n+1}{n}}{n+1} + \frac{\log \dfrac{n+2}{n}}{n+2} + \cdots\cdots + \frac{\log \dfrac{n+n}{n}}{n+n}$$

$$= \frac{1}{n} \cdot \left\{ \frac{\log\left(1+\dfrac{1}{n}\right)}{1+\dfrac{1}{n}} + \frac{\log\left(1+\dfrac{2}{n}\right)}{1+\dfrac{2}{n}} + \cdots\cdots + \frac{\log\left(1+\dfrac{n}{n}\right)}{1+\dfrac{n}{n}} \right\}$$

この和 S_n は右図の色のついた部分の面積に相当するから

$$S_n \longrightarrow \int_0^1 \frac{\log(1+x)}{1+x}dx \quad (n \to \infty \text{ のとき})$$

すなわち

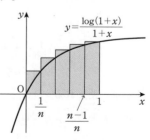

$$\lim_{n \to \infty} S_n = \int_0^1 \frac{\log(1+x)}{1+x}dx$$

$$= \left[\frac{1}{2}\{\log(1+x)\}^2 \right]_0^1 = \frac{1}{2}(\log 2)^2$$

[B] $S_n=\log\left\{\dfrac{(2n)!}{n!\,n^n}\right\}^{\frac{1}{n}}$ とおくと，$S_n=\dfrac{1}{n}\log\left\{\dfrac{(n+1)(n+2)\cdots\cdots(n+n)}{n^n}\right\}$ だから

$$S_n=\frac{1}{n}\log\left(\frac{n+1}{n}\cdot\frac{n+2}{n}\cdot\cdots\cdots\cdot\frac{n+n}{n}\right)$$

$$=\frac{1}{n}\left\{\log\left(1+\frac{1}{n}\right)+\log\left(1+\frac{2}{n}\right)+\cdots\cdots+\log\left(1+\frac{n}{n}\right)\right\}$$

この和 S_n は，右図の幅 $\dfrac{1}{n}$ の長方形 n 個からな

る図形（色のついた部分）の面積に相当する．

よって

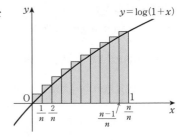

$$\lim_{n\to\infty}S_n=\int_0^1\log(1+x)dx$$

$$=\int_0^1(x+1)'\log(x+1)dx$$

$$=\left[(x+1)\log(x+1)\right]_0^1-\int_0^1dx$$

$$=2\log 2-1=\log 4-\log e=\log\frac{4}{e}$$

$$\therefore\quad \lim_{n\to\infty}\left\{\frac{(2n)!}{n!\,n^n}\right\}^{\frac{1}{n}}=\frac{4}{e}$$

解説

$1°$　$a\leqq x\leqq b$ で連続な関数 $f(x)$ に対して，区間 $a\leqq x\leqq b$ を n 等分して

$x_k=a+\dfrac{b-a}{n}k\ (k=1,\ 2,\ \cdots\cdots,\ n)$ とすると

$$\sum_{k=1}^{n}\frac{1}{n}\cdot f(x_k)=\frac{1}{n}\left\{f\left(a+\frac{b-a}{n}\right)+\cdots\cdots+f\left(a+\frac{b-a}{n}k\right)\right.$$

$$\left.+\cdots\cdots+f\left(a+\frac{b-a}{n}n\right)\right\}$$

$$\longrightarrow\int_a^b f(x)dx\quad(n\longrightarrow\infty)$$

特に，$a=0$，$b=1$ の場合（**思考のひもとき 1.**）

がよく使われる．$f(x)$ として何を選ぶかがポイ

ントである．ここでは，$a=1$，$b=2$ として使っ

てみると次のようになる．

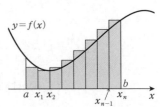

>>> 別解 ◀

[A] $S_n = \sum\limits_{k=n+1}^{2n} \dfrac{1}{k} \log \dfrac{k}{n} = \sum\limits_{k=n+1}^{2n} \dfrac{1}{n} \cdot \dfrac{\log \dfrac{k}{n}}{\dfrac{k}{n}}$

$= \dfrac{1}{n} \left\{ \dfrac{\log\left(1 + \dfrac{1}{n}\right)}{1 + \dfrac{1}{n}} + \dfrac{\log\left(1 + \dfrac{2}{n}\right)}{1 + \dfrac{2}{n}} + \cdots\cdots + \dfrac{\log\left(1 + \dfrac{k}{n}\right)}{1 + \dfrac{k}{n}} \right.$

$\left. + \cdots\cdots + \dfrac{\log\left(1 + \dfrac{n}{n}\right)}{1 + \dfrac{n}{n}} \right\}$

$\longrightarrow \displaystyle\int_1^2 \dfrac{\log x}{x}\,dx = \left[\dfrac{1}{2}(\log x)^2 \right]_1^2$

$= \dfrac{1}{2}(\log 2)^2 \quad (n \longrightarrow \infty \text{ のとき})$

[B] $S_n = \log \left\{ \dfrac{(2n)!}{n!\,n^n} \right\}^{\frac{1}{n}}$ とおくと

$S_n = \dfrac{1}{n} \left\{ \log\left(1 + \dfrac{1}{n}\right) + \log\left(1 + \dfrac{2}{n}\right) + \cdots\cdots \right.$

$\left. + \log\left(1 + \dfrac{n-1}{n}\right) + \log\left(1 + \dfrac{n}{n}\right) \right\}$

$\longrightarrow \displaystyle\int_1^2 \log x\,dx = \Big[x \log x - x \Big]_1^2$

$= 2 \log 2 - 1 \quad (n \longrightarrow \infty \text{ のとき})$

より $\quad \lim\limits_{n \to \infty} S_n = 2 \log 2 - 1 = \log \dfrac{4}{e}$

$\quad \therefore \quad \lim\limits_{n \to \infty} \left\{ \dfrac{(2n)!}{n!\,n^n} \right\}^{\frac{1}{n}} = \dfrac{4}{e}$

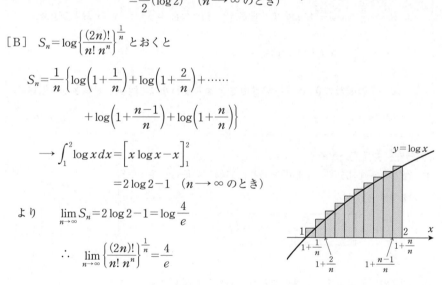

積分法

51 ［A］ 曲線 $C: y = \dfrac{\log x}{x}$ について次の問いに答えよ. 答えを導く過程を記すこと.

(1) 原点から曲線 C に引いた接線 l の方程式と接点の座標を求めよ.

(2) 曲線 C と接線 l および x 軸とで囲まれた部分の面積を求めよ.

(3) 曲線 C と接線 l および x 軸とで囲まれた図形を x 軸のまわりに1回転してできる立体の体積を求めよ. 　　　　　　　　(北九州市立大)

［B］ 曲線 $y = \dfrac{1-x^2}{1+x^2}$ と x 軸とで囲まれた図形を S とする. 次の問いに答えよ.

(1) S の面積を求めよ.

(2) S を y 軸のまわりに1回転してできる立体の体積を求めよ.

　　　　　　　　(兵庫県立大)

［C］ (1) $-\dfrac{\pi}{2} \leqq x \leqq \dfrac{\pi}{2}$ において次の不等式を解け. 　$\sin x + \cos 2x \geqq 0$

(2) $-\dfrac{\pi}{2} \leqq x \leqq \dfrac{\pi}{2}$ において，曲線 $y = \sin x$ と曲線 $y = -\cos 2x$ および直線

$x = -\dfrac{\pi}{2}$ が囲む図形の面積 S を求めよ.

(3) 上の図形の $0 \leqq x \leqq \dfrac{\pi}{2}$ の部分を x 軸のまわりに1回転してできる回転体の

体積 V を求めよ. 　　　　　　　　(長崎大)

思考のひもとき ◯∽∽◯

1. 図1の斜線部分を，x 軸のまわりに回転して得られる
立体の体積 V_1 は

$$V_1 = \boxed{\int_a^b \pi y^2\,dx = \pi \int_a^b \{f(x)\}^2\,dx}$$

である.

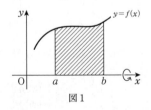

図1

2. 図2の斜線部分を，y 軸のまわりに回転して得られる
立体の体積 V_2 は

$$V_2 = \boxed{\int_c^d \pi x^2\,dy = \pi \int_c^d \{g(y)\}^2\,dy}$$

である.

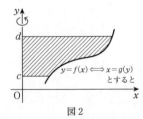

図2

解答

[A] (1) $y=\dfrac{\log x}{x}$ ……①

①を x で微分して $\quad y'=\dfrac{\dfrac{1}{x}x-\log x}{x^2}=\dfrac{1-\log x}{x^2}$

求める接線の接点を $\left(t,\ \dfrac{\log t}{t}\right)$ とすると，接線の方程式は

$$y-\dfrac{\log t}{t}=\dfrac{1-\log t}{t^2}(x-t) \qquad \therefore \quad y=\dfrac{1-\log t}{t^2}x+\dfrac{2\log t-1}{t} \quad ……②$$

②が原点を通るから，②に $(0,\ 0)$ を代入して

$$0=\dfrac{2\log t-1}{t} \qquad \therefore \quad \log t=\dfrac{1}{2} \qquad \therefore \quad t=\sqrt{e}$$

よって，l の方程式は $y=\dfrac{1}{2e}x$, 接点は $\left(\sqrt{e},\ \dfrac{1}{2\sqrt{e}}\right)$

(2) $y'=0$ とすると $\quad \log x=1 \qquad \therefore \quad x=e$

増減表を考えて

x	(0)	$\cdots$	e	$\cdots$
y'		$+$	0	$-$
y		↗		↘

$$\lim_{x\to +0}\dfrac{\log x}{x}=-\infty,\ \lim_{x\to +\infty}\dfrac{\log x}{x}=0$$

したがって，曲線 C の概形は図 3 のようになり，面積を求めるべき図形は図の斜線部分となる．

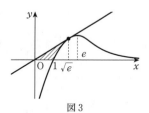

図 3

よって，求める面積 S は

$$S= \qquad \raisebox{-0.5em}{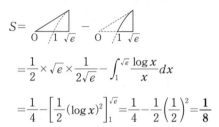}$$

$$=\dfrac{1}{2}\times\sqrt{e}\times\dfrac{1}{2\sqrt{e}}-\int_1^{\sqrt{e}}\dfrac{\log x}{x}dx$$

$$=\dfrac{1}{4}-\left[\dfrac{1}{2}(\log x)^2\right]_1^{\sqrt{e}}=\dfrac{1}{4}-\dfrac{1}{2}\left(\dfrac{1}{2}\right)^2=\dfrac{1}{8}$$

(3) 求める体積を V とすると

$$V = \text{(図)} - \text{(図)}$$

(triangle figures with O, 1, √e axes)

$$= \frac{1}{3}\pi\left(\frac{1}{2\sqrt{e}}\right)^2\sqrt{e} - \int_1^{\sqrt{e}}\pi y^2\,dx$$

$$= \frac{\pi}{12\sqrt{e}} - \pi\int_1^{\sqrt{e}}\left(\frac{\log x}{x}\right)^2 dx$$

ここで

$$\int_1^{\sqrt{e}}\left(\frac{\log x}{x}\right)^2 dx = \int_1^{\sqrt{e}}(-x^{-1})'(\log x)^2\,dx$$

$$= \left[-\frac{1}{x}(\log x)^2\right]_1^{\sqrt{e}} - \int_1^{\sqrt{e}}\left(-\frac{1}{x}\right)2(\log x)\cdot\frac{1}{x}\,dx$$

$$= -\frac{1}{4\sqrt{e}} + 2\int_1^{\sqrt{e}}\frac{1}{x^2}(\log x)\,dx$$

$$= -\frac{1}{4\sqrt{e}} + 2\int_1^{\sqrt{e}}(-x^{-1})'(\log x)\,dx$$

$$= -\frac{1}{4\sqrt{e}} + 2\left\{\left[-\frac{1}{x}(\log x)\right]_1^{\sqrt{e}} - \int_1^{\sqrt{e}}\left(-\frac{1}{x}\right)\frac{1}{x}\,dx\right\}$$

$$= -\frac{1}{4\sqrt{e}} - 2\frac{1}{2\sqrt{e}} + 2\left[-\frac{1}{x}\right]_1^{\sqrt{e}}$$

$$= -\frac{5}{4\sqrt{e}} + 2\left(-\frac{1}{\sqrt{e}} + 1\right) = 2 - \frac{13}{4\sqrt{e}}$$

$$\therefore\quad V = \frac{\pi}{12\sqrt{e}} - \pi\left(-\frac{13}{4\sqrt{e}} + 2\right) = \boldsymbol{\frac{10}{3\sqrt{e}}\pi - 2\pi}$$

[B]　　　$y = \dfrac{1-x^2}{1+x^2}$　……①

①は偶関数であるから，グラフは y 軸対称となる．

①と x 軸との交点を求めると

$1-x^2=0$ より　　$x=\pm 1$　　$\therefore$　$(\pm 1,\ 0)$

（①の右辺）$= \dfrac{-(x^2+1)+2}{x^2+1} = -1 + \dfrac{2}{x^2+1}$ となるから，

$y' = \dfrac{-4x}{(x^2+1)^2} < 0$ $(x>0$ のとき$)$ より①は $x>0$ で単調に

減少する．

以上より，①のグラフは図4のようになる．

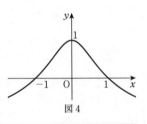

図4

(1)　　　$(S \text{ の面積}) = \displaystyle\int_{-1}^{1} y\,dx = 2\int_{0}^{1} y\,dx$

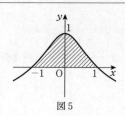

図 5

$\qquad\qquad = 2\displaystyle\int_{0}^{1}\left(\dfrac{2}{x^2+1}-1\right)dx$

$\qquad\qquad = 4\displaystyle\int_{0}^{1}\dfrac{1}{x^2+1}dx - 2\int_{0}^{1}dx$

第 1 項の積分において，$x = \tan\theta$ とすると　　　$dx = \dfrac{1}{\cos^2\theta}d\theta$

x	$0 \longrightarrow 1$
θ	$0 \longrightarrow \dfrac{\pi}{4}$

$\therefore\quad \displaystyle\int_{0}^{1}\dfrac{1}{x^2+1}dx = \int_{0}^{\frac{\pi}{4}}\dfrac{1}{\tan^2\theta+1}\dfrac{1}{\cos^2\theta}d\theta$

$\qquad\qquad\qquad = \displaystyle\int_{0}^{\frac{\pi}{4}}\dfrac{1}{\dfrac{1}{\cos^2\theta}}\dfrac{1}{\cos^2\theta}d\theta$

$\qquad\qquad\qquad = \displaystyle\int_{0}^{\frac{\pi}{4}}d\theta = \Big[\,\theta\,\Big]_{0}^{\frac{\pi}{4}} = \dfrac{\pi}{4}$

$\therefore\quad (S \text{ の面積}) = 4\cdot\dfrac{\pi}{4}-2 = \boldsymbol{\pi-2}$

(2)　求める体積を V とすると

$\qquad V = \displaystyle\int_{0}^{1}\pi x^2\,dy$

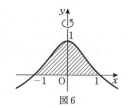

図 6

ここで，$y = \dfrac{1-x^2}{1+x^2}$ より

$\qquad (1+x^2)y = 1-x^2$　つまり　$(y+1)x^2 = 1-y$

$\qquad\therefore\quad x^2 = \dfrac{1-y}{1+y}$

$\qquad\therefore\quad V = \pi\displaystyle\int_{0}^{1}\dfrac{1-y}{1+y}dy$

$\qquad\qquad = \pi\displaystyle\int_{0}^{1}\dfrac{-(1+y)+2}{1+y}dy = \pi\int_{0}^{1}\left(-1+\dfrac{2}{y+1}\right)dy$

$\qquad\qquad = \pi\Big[-y+2\log(y+1)\Big]_{0}^{1} = \boldsymbol{\pi(-1+2\log 2)}$

[C]　(1)　$\sin x + \cos 2x \geqq 0 \iff \sin x + (1-2\sin^2 x) \geqq 0$

$\qquad\qquad\qquad\qquad\quad \iff 2\sin^2 x - \sin x - 1 \leqq 0$

$\qquad\qquad\qquad\qquad\quad \iff (2\sin x + 1)(\sin x - 1) \leqq 0$

$\qquad\therefore\quad -\dfrac{1}{2} \leqq \sin x \leqq 1$

積分法

$$-\frac{\pi}{2} \leqq x \leqq \frac{\pi}{2} \quad \text{より} \qquad -\frac{\pi}{6} \leqq x \leqq \frac{\pi}{2}$$

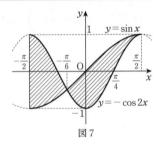

図7

(2) S は図7の斜線部分の面積であるから

$$S = \int_{-\frac{\pi}{2}}^{-\frac{\pi}{6}} \{(-\cos 2x) - \sin x\} dx$$

$$+ \int_{-\frac{\pi}{6}}^{\frac{\pi}{2}} \{\sin x - (-\cos 2x)\} dx$$

$$= -\int_{-\frac{\pi}{2}}^{-\frac{\pi}{6}} (\cos 2x + \sin x) dx + \int_{-\frac{\pi}{6}}^{\frac{\pi}{2}} (\cos 2x + \sin x) dx$$

$$= -\left[\frac{1}{2}\sin 2x - \cos x\right]_{-\frac{\pi}{2}}^{-\frac{\pi}{6}} + \left[\frac{1}{2}\sin 2x - \cos x\right]_{-\frac{\pi}{6}}^{\frac{\pi}{2}}$$

$$= -\left\{\frac{1}{2}\sin\left(-\frac{\pi}{3}\right) - \cos\left(-\frac{\pi}{6}\right) - \frac{1}{2}\sin(-\pi) + \cos\left(-\frac{\pi}{2}\right)\right\}$$

$$+ \left(\frac{1}{2}\sin \pi - \cos\frac{\pi}{2}\right) - \left\{\frac{1}{2}\sin\left(-\frac{\pi}{3}\right) - \cos\left(-\frac{\pi}{6}\right)\right\}$$

$$= -\left(-\frac{\sqrt{3}}{4} - \frac{\sqrt{3}}{2}\right) - \left(-\frac{\sqrt{3}}{4} - \frac{\sqrt{3}}{2}\right) = \frac{3\sqrt{3}}{4} \times 2 = \frac{3\sqrt{3}}{2}$$

(3) V は図8の斜線部分を x 軸のまわりに回転してできる立体の体積である.

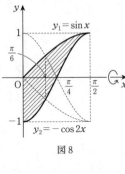

図8

x 軸に関して折り返したグラフともとのグラフとの上下の位置関係に注意して, $y_1 = \sin x$, $y_2 = -\cos 2x$ とすると

$$V = \int_0^{\frac{\pi}{6}} \pi y_2{}^2 dx + \int_{\frac{\pi}{6}}^{\frac{\pi}{4}} \pi y_1{}^2 dx + \int_{\frac{\pi}{4}}^{\frac{\pi}{2}} \pi (y_1{}^2 - y_2{}^2) dx$$

$$= \pi \int_0^{\frac{\pi}{6}} y_2{}^2 dx + \pi \int_{\frac{\pi}{6}}^{\frac{\pi}{2}} y_1{}^2 dx - \pi \int_{\frac{\pi}{4}}^{\frac{\pi}{2}} y_2{}^2 dx$$

$$= \pi \int_0^{\frac{\pi}{6}} \cos^2 2x \, dx + \pi \int_{\frac{\pi}{6}}^{\frac{\pi}{2}} \sin^2 x \, dx - \pi \int_{\frac{\pi}{4}}^{\frac{\pi}{2}} \cos^2 2x \, dx$$

$$= \pi \int_0^{\frac{\pi}{6}} \frac{1 + \cos 4x}{2} dx + \pi \int_{\frac{\pi}{6}}^{\frac{\pi}{2}} \frac{1 - \cos 2x}{2} dx - \pi \int_{\frac{\pi}{4}}^{\frac{\pi}{2}} \frac{1 + \cos 4x}{2} dx$$

$$= \frac{\pi}{2}\left[x + \frac{1}{4}\sin 4x\right]_0^{\frac{\pi}{6}} + \frac{\pi}{2}\left[x - \frac{1}{2}\sin 2x\right]_{\frac{\pi}{6}}^{\frac{\pi}{2}} - \frac{\pi}{2}\left[x + \frac{1}{4}\sin 4x\right]_{\frac{\pi}{4}}^{\frac{\pi}{2}}$$

$$= \frac{\pi}{2}\left(\frac{\pi}{6} + \frac{1}{4}\sin\frac{2}{3}\pi\right) + \frac{\pi}{2}\left(\frac{\pi}{2} - \frac{\pi}{6} + \frac{1}{2}\sin\frac{\pi}{3}\right) - \frac{\pi}{2}\left(\frac{\pi}{2} - \frac{\pi}{4}\right)$$

$$= \frac{\pi}{2}\left(\frac{\pi}{6} + \frac{\sqrt{3}}{8}\right) + \frac{\pi}{2}\left(\frac{\pi}{3} + \frac{\sqrt{3}}{4}\right) - \frac{\pi}{2}\cdot\frac{\pi}{4}$$

$$= \frac{\pi}{2}\left\{\left(\frac{\pi}{6} + \frac{\pi}{3} - \frac{\pi}{4}\right) + \frac{\sqrt{3}}{8} + \frac{\sqrt{3}}{4}\right\} = \frac{\pi}{16}(2\pi + 3\sqrt{3})$$

解説

1°　回転体の体積を考えるときには，回転軸に垂直な断面の面積を考えるのが基本である．断面は必ず円となり，その半径がわかれば断面の面積は簡単に求まる．

　　たとえば，x軸のまわりの回転体の場合，$(x, 0)$を通り，x軸に垂直な平面での断面を考えると，その断面は円となり，半径はy，断面の面積$S(x)$は$S(x) = \pi y^2$となる．

　　これに微小な厚みdxを掛けて，微小な厚みの円柱の体積を求め（$= S(x)dx$），それをxの変域（$a \leqq x \leqq b$）で加えていけば体積$\left(= \displaystyle\int_a^b S(x)dx\right)$は求まる（図9参照）．

　　y軸のまわりの回転体でも考え方は全く同じであり，y軸に垂直な平面での断面を考えると，断面積$S(y)$は$S(y) = \pi x^2$であり，微小な厚みdyの円柱の体積は$S(y)dy$となる．yの変域を$c \leqq y \leqq d$とすると，体積は$\displaystyle\int_c^d S(y)dy$で求まる（図10参照）．

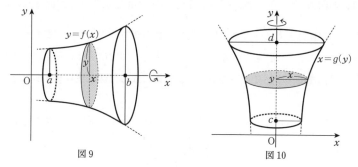

図9　　　　　　　　　　　　　　　図10

2°　y軸のまわりの回転体の体積を求める方法として，バウムクーヘン分割の考え方があるが，何の説明もなしに，いきなりこの公式を用いることは避けたい．

〈**バウムクーヘン分割について**〉

　　図11のように，$y = f(x)$とx軸で挟まれた，$a \leqq x \leqq b$の部分をy軸のまわりに回転した立体の体積Vは

$$V = \int_a^b 2\pi x\, f(x)\, dx$$

で表される.

(説明)

　閉区間 $[a,\ x]$ の部分の y 軸のまわりの回転体の
体積を $V(x)$ とする. 図11のように, x の増分 Δx
に対する体積の増分 ΔV は

$$\Delta V = V(x+\Delta x)-V(x)$$
$$\fallingdotseq \pi\{(x+\Delta x)^2-x^2\}f(x)$$
$$= \pi(2x+\Delta x)(\Delta x)f(x)$$

$$\therefore\quad \frac{\Delta V}{\Delta x} \fallingdotseq 2\pi x\, f(x)+\pi f(x)\,\Delta x$$
$$\fallingdotseq 2\pi x\, f(x)$$

$$\therefore\quad V'(x)=\frac{dV}{dx}=2\pi x\, f(x)$$

$$\therefore\quad V=\int_a^b 2\pi x\, f(x)\, dx$$

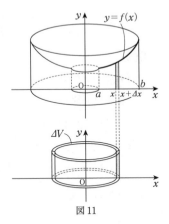

図11

3° 　[C]の問題の $0 \leqq x \leqq \dfrac{\pi}{4}$ の部分のように, 2つの関数のグラフで囲まれた部分を回

転した立体の体積を考えるときには, 関数の値の絶対値の大きい方が考える立体の外

側の表面となることに注意をする. 絶対値の小さい関数は大きい関数に含まれてしま

うので, 考えなくてよいことになる. 常に外側になる関数に注目をすること.

▶▶▶ **別解** ◀

[B] (2) y 軸のまわりの回転体であるので, バウムクーヘン分割の考え方を用いれば

$$V = \int_0^1 2\pi x\, y\, dx = 2\pi \int_0^1 x\frac{1-x^2}{1+x^2}\, dx$$
$$= 2\pi \int_0^1 x\left(-1+\frac{2}{x^2+1}\right)dx$$
$$= 2\pi \int_0^1 \left(-x+\frac{2x}{x^2+1}\right)dx$$
$$= 2\pi\left[-\frac{1}{2}x^2+\log(x^2+1)\right]_0^1 = \pi(-1+2\log 2)$$

52　xyz 空間において，点 A$(1, \ 0, \ 0)$，B$(0, \ 1, \ 0)$，C$(0, \ 0, \ 1)$ を通る平面上にあり，正三角形 ABC に内接する円板を D とする．円板 D の中心を P，円板 D と辺 AB の接点を Q とする．

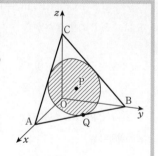

(1)　点 P と点 Q の座標を求めよ．

(2)　円板 D が平面 $z=t$ と共有点をもつ t の範囲を求めよ．

(3)　円板 D と平面 $z=t$ の共通部分が線分であるとき，その線分の長さを t を用いて表せ．

(4)　円板 D を z 軸のまわりに回転してできる立体の体積を求めよ．　　　　（筑波大）

> **思考のひもとき**)∞∞∞

1.　正三角形の $\boxed{\text{重心}}$ と $\boxed{\text{外心}}$ と $\boxed{\text{内心}}$ は一致する．

2.　xy 平面上の線分 AB を原点のまわりに回転したときの線分 AB の通過領域は，円から円をくり抜いた $\boxed{\text{ドーナツ状の図形}}$ である．外側の円は原点 O から線分 AB への距離が一番 $\boxed{\text{遠い}}$ 点の描く円であり，内側の円は原点 O から線分 AB への距離が一番 $\boxed{\text{近い}}$ 点の描く円となる．

解答

(1)　△ABC は正三角形だから，内接円の中心 P と △ABC の重心とは一致する．

$$\therefore \quad \text{P}\left(\frac{1+0+0}{3}, \ \frac{0+1+0}{3}, \ \frac{0+0+1}{3}\right)=\left(\frac{1}{3}, \ \frac{1}{3}, \ \frac{1}{3}\right)$$

点 Q は辺 AB の中点となるから

$$\text{Q}\left(\frac{1+0}{2}, \ \frac{0+1}{2}, \ 0\right)=\left(\frac{1}{2}, \ \frac{1}{2}, \ 0\right)$$

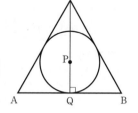

(2)　CQ と内接円との Q 以外の交点を R とする．

P は △ABC の重心でもあるから

$$\text{CP}:\text{PQ}=2:1$$

また，RP と PQ は円板 D の半径より

$$\text{RP}=\text{PQ}$$

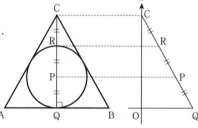

$$\therefore \quad \text{CR:RP:PQ}=1:1:1$$

R は C と P の中点だから

$$\text{R}\left(\dfrac{0+\dfrac{1}{3}}{2}, \ \dfrac{0+\dfrac{1}{3}}{2}, \ \dfrac{1+\dfrac{1}{3}}{2}\right)=\left(\dfrac{1}{6}, \ \dfrac{1}{6}, \ \dfrac{2}{3}\right)$$

$z=t$ と円板 D が共有点をもつとき，$z=t$ と線分 QR が共有点をもつから，求める t の範囲は

$$0\leqq t\leqq\dfrac{2}{3}$$

(3) (2)より $0<t<\dfrac{2}{3}$ のとき，円板 D と平面 $z=t$ の共通部分は線分となる．右図のように，この線分を ST，CQ と ST の交点を U とする．

$\text{P}'\left(0, \ 0, \ \dfrac{1}{3}\right)$，$\text{U}'(0, \ 0, \ t)$ とする．

ここで

$$\text{AB}=\sqrt{2} \qquad \therefore \quad \text{AQ}=\dfrac{\sqrt{2}}{2}$$

$\triangle$ABC は正三角形より $\quad \text{CQ}=\text{AC}\sin\dfrac{\pi}{3}=\text{AB}\sin\dfrac{\pi}{3}=\dfrac{\sqrt{6}}{2}$

$$\text{P}'\text{U}'=\left|t-\dfrac{1}{3}\right|$$

であるから

$$\text{P}'\text{U}':\text{PU}=\text{CO}:\text{CQ} \text{ より} \qquad \left|t-\dfrac{1}{3}\right|:\text{PU}=1:\dfrac{\sqrt{6}}{2}$$

$$\therefore \quad \text{PU}=\dfrac{\sqrt{6}}{2}\left|t-\dfrac{1}{3}\right|$$

円板 D の半径 r は $r=\text{PQ}=\dfrac{1}{3}\text{CQ}=\dfrac{\sqrt{6}}{6}$ であるから，$\triangle$PSU において，三平方の定理より

$$\text{SU}=\sqrt{r^2-\text{PU}^2}=\sqrt{\left(\dfrac{\sqrt{6}}{6}\right)^2-\left\{\dfrac{\sqrt{6}}{2}\left|t-\dfrac{1}{3}\right|\right\}^2}$$

$$= \sqrt{\frac{1}{6} - \frac{3}{2}\left(t^2 - \frac{2}{3}t + \frac{1}{9}\right)} = \sqrt{-\frac{3}{2}t^2 + t}$$

求める線分の長さは ST だから，ST＝2SU より

$$ST = 2\sqrt{-\frac{3}{2}t^2 + t} \quad \left(0 < t < \frac{2}{3}\right)$$

(4)　円板 D の $z=t$ による断面は，(2)，(3)より，$0 \leqq t \leqq \dfrac{2}{3}$

のとき線分 ST であり，円板 D を z 軸のまわりに回転し

てできる立体の $z=t$ による断面は，この線分 ST を z 軸

のまわりに回転したときの通過領域となる．

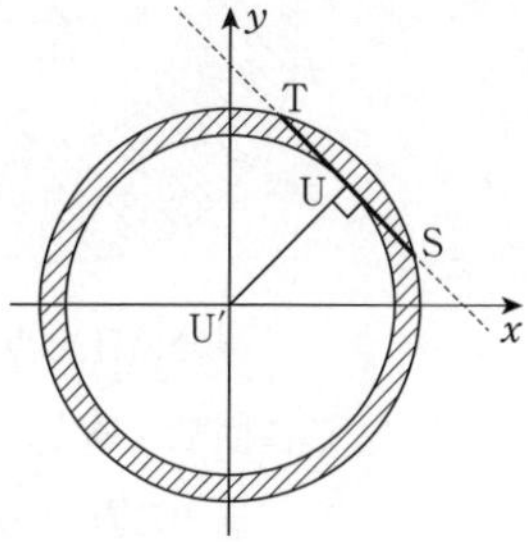

　　右図のように，半径 U′S の円から半径 U′U の円をく

り抜いたものとなるから，この断面積を $S(t)$ とすると

$$S(t) = \pi U'S^2 - \pi U'U^2$$

$$= \pi(U'S^2 - U'U^2) \quad (\triangle U'SU \text{において三平方の定理より})$$

$$= \pi\left(-\frac{3}{2}t^2 + t\right) \quad (\because \ (3))$$

よって，求める体積を V とすると

$$V = \int_0^{\frac{2}{3}} S(t)\,dt$$

$$= \int_0^{\frac{2}{3}} \pi\left(-\frac{3}{2}t^2 + t\right)dt$$

$$= \pi\left[-\frac{1}{2}t^3 + \frac{1}{2}t^2\right]_0^{\frac{2}{3}}$$

$$= \pi \frac{1}{2}\left(\frac{2}{3}\right)^2\left(-\frac{2}{3} + 1\right) = \frac{2}{27}\pi$$

解説

1°　回転体の体積を求めるときにまず考えることは，回転軸に垂直に切ったときの断面

である．本問の場合，z 軸のまわりの回転体を考えているので，z 軸に垂直な平面

（すなわち $z=t$（一定））での断面を考えていくことになる．

2°　平面上にある線分を，その平面に垂直な直線を軸として回転した場合，その線分が

通過する部分はドーナツ状になる．外側は回転軸から一番遠い点の軌跡であり，内側

は回転軸から一番近い点の軌跡となる（いずれも円となる）．

　　この考え方は線分でなくて図形でも同じで，平面上の図形を，その平面に垂直な直

積分法

線を軸として回転した場合，その図形が通過する部分はやはりドーナツ状であり，外側は回転軸から一番遠い点の軌跡で，内側は回転軸から一番近い点の軌跡となる．

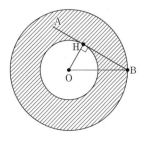

線分 AB を点 O のまわりに回転すると，線分 AB の通過する部分の面積は $\pi \mathrm{OB}^2 - \pi \mathrm{OH}^2$

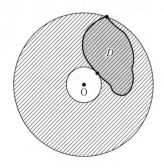

領域 D を点 O のまわりに回転すると，D の通過領域は図の斜線部分となる．

53

(1) 定積分 $\displaystyle\int_0^1 \frac{t^2}{1+t^2}dt$ を求めよ．

(2) 不等式 $x^2+y^2+\log(1+z^2) \leqq \log 2$ の定める立体の体積を求めよ．　　　（埼玉大）

思考のひもとき ∞∞∞

1. 非回転体の体積を求めるときには，適当な　座標軸に垂直に切った切り口　を考える．

解答

(1) $\displaystyle\int_0^1 \frac{t^2}{1+t^2}dt = \int_0^1 \frac{(1+t^2)-1}{1+t^2}dt$

$\displaystyle\qquad\qquad\quad = \int_0^1 \left(1-\frac{1}{1+t^2}\right)dt = \int_0^1 dt - \int_0^1 \frac{1}{1+t^2}dt$

$\displaystyle\int_0^1 dt = \Big[\ t\ \Big]_0^1 = 1$

$\displaystyle\int_0^1 \frac{1}{1+t^2}dt = I$ とし，$t = \tan\theta$ とおくと

$\displaystyle dt = \frac{1}{\cos^2\theta}d\theta$

t	$0 \longrightarrow 1$
θ	$0 \longrightarrow \dfrac{\pi}{4}$

$$\therefore \quad I = \int_0^{\frac{\pi}{4}} \frac{1}{1+\tan^2\theta} \frac{1}{\cos^2\theta} d\theta$$

$$= \int_0^{\frac{\pi}{4}} \frac{1}{\dfrac{1}{\cos^2\theta}} \frac{1}{\cos^2\theta} d\theta = \int_0^{\frac{\pi}{4}} d\theta = \Big[\ \theta\ \Big]_0^{\frac{\pi}{4}} = \frac{\pi}{4}$$

$$\therefore \quad \int_0^1 \frac{t^2}{1+t^2} dt = 1 - \frac{\pi}{4}$$

(2) 　　　　$x^2 + y^2 + \log(1+z^2) \leqq \log 2$　……①

①において，$z=k$（一定）とすると

$$x^2 + y^2 + \log(1+k^2) \leqq \log 2$$

このとき，$x^2 \geqq 0$，$y^2 \geqq 0$ であるから

$$\log(1+k^2) \leqq \log 2$$

$$\therefore \quad 1+k^2 \leqq 2 \qquad \therefore \quad -1 \leqq k \leqq 1$$

よって，①の $z=k$ による切り口の xy 平面への正射影は

$$x^2 + y^2 \leqq \log 2 - \log(1+k^2) \quad ……②$$

であるから，原点中心，半径が $\sqrt{\log 2 - \log(1+k^2)}$ の円の周および内部である.

よって，立体①を平面 $z=k$ で切ったときの断面の面積を $S(k)$ とすると

$$S(k) = \pi\{\log 2 - \log(1+k^2)\}$$

である.

求める体積を V とすると，k の変域に注意して

$$V = \int_{-1}^1 S(k)dk = 2\int_0^1 S(k)dk \quad (\because \quad S(k) \text{ は偶関数})$$

$$= 2\pi \int_0^1 \{\log 2 - \log(1+k^2)\}dk$$

$$= 2\pi \Big\{\log 2 - \int_0^1 \log(1+k^2)dk\Big\}$$

ここで

$$\int_0^1 \log(1+k^2)dk = \int_0^1 (k)' \log(1+k^2)dk$$

$$= \Big[k \log(1+k^2)\Big]_0^1 - \int_0^1 k \frac{2k}{1+k^2} dk$$

$$= \log 2 - 2\int_0^1 \frac{k^2}{1+k^2} dk$$

$$= \log 2 - 2\left(1 - \frac{\pi}{4}\right) \quad (\because \quad (1))$$

$$= \log 2 - 2 + \frac{\pi}{2}$$

$$\therefore \quad V = 2\pi\left\{\log 2 - \left(\log 2 - 2 + \frac{\pi}{2}\right)\right\}$$

$$= 2\pi\left(2 - \frac{\pi}{2}\right) = \pi(4 - \pi)$$

解説

1° 非回転体の体積を求める問題である．回転体であっても，非回転体であっても，体積を求めるための基本的な考え方は同じで，常に(断面積)×(高さ)を意識して，この高さの方向に沿って積分を実行していけばよい．断面積と高さが垂直であるように，回転体の場合には回転軸に垂直な断面(＝円)を考えて，この回転軸に沿って積分を実行する．

　非回転体の場合は，普通，x軸，y軸，z軸のいずれかに垂直な断面を考えていくことになる．kを定数として，$x = k$，$y = k$，$z = k$という平面での断面を考える．結局，x，y，zからなる条件式の1文字を消去することになる．どの文字を消去するのか(どの軸に垂直に切るのか)というと

　　① 最も次数の高い文字

　　② 式の中に出てくる回数の多い文字

　　③ 複雑な式の中にある文字

という基準で考えていけばよい．

　本問の場合は，x，y，zともに2次であり，式の中には1カ所にしか出てこない．結局，x^2，y^2，$\log(1 + z^2)$のうち，一番複雑な形をしているのが$\log(1 + z^2)$なので，$z = k$(一定)での断面を考えていく．このときkの変域(断面が存在するようなkの範囲)を必ず考えること．このkの変域が積分区間となる($a \leqq k \leqq b$とする)．

　断面積が求まれば($S(k)$とすると)，次にz軸に沿って積分をしていくので

$$V = \int_a^b S(k)dk$$

となる．

54　媒介変数 t を用いて $x=t^2$, $y=t^3$ と表される曲線を C とする. ただし, t は実数全体を動くとする. また, 実数 a $(a \neq 0)$ に対して, 点 $(a^2,\ a^3)$ における C の接線を l_a とする. 次の問いに答えよ.

(1)　l_a の方程式を求めよ.

(2)　曲線 C の $0 \leqq t \leqq 1$ に対応する部分の長さを求めよ. ただし, 曲線 $x=f(t)$, $y=g(t)$ の $\alpha \leqq t \leqq \beta$ に対応する部分の長さは $\displaystyle\int_\alpha^\beta \sqrt{\left(\dfrac{dx}{dt}\right)^2 + \left(\dfrac{dy}{dt}\right)^2}\, dt$ で与えられる.

(3)　曲線 C と直線 l_1 で囲まれた図形の面積を求めよ.

(4)　曲線 C と直線 l_1 で囲まれた図形を y 軸のまわりに 1 回転してできる回転体の体積を求めよ.　　　　　　　　　　　　　　　　　　　　　　　　　　（山形大）

思考のひもとき 〜〜〜

1.　曲線 $x=f(t)$, $y=g(t)$ $(\alpha \leqq t \leqq \beta)$ の長さ L は

$$L = \boxed{\int_\alpha^\beta \sqrt{\left(\dfrac{dx}{dt}\right)^2 + \left(\dfrac{dy}{dt}\right)^2}\, dt = \int_\alpha^\beta \sqrt{\{f'(t)\}^2 + \{g'(t)\}^2}\, dt}$$

解答

(1)　　　　$\dfrac{dx}{dt} = 2t$, $\dfrac{dy}{dt} = 3t^2$　……①

より, $t \neq 0$ のとき　　$\dfrac{dy}{dx} = \dfrac{\dfrac{dy}{dt}}{\dfrac{dx}{dt}} = \dfrac{3t^2}{2t} = \dfrac{3}{2}t$

$t=a$ $(a \neq 0)$ のとき, $(x,\ y) = (a^2,\ a^3)$, $\dfrac{dy}{dx} = \dfrac{3}{2}a$ であるから, 点 $(a^2,\ a^3)$ $(a \neq 0)$

における C の接線 l_a の方程式は

$$y = \frac{3}{2}a(x-a^2) + a^3 \qquad \therefore\quad y = \frac{3}{2}ax - \frac{1}{2}a^3$$

(2)　$C : x=t^2$, $y=t^3$ の $0 \leqq t \leqq 1$ に対応する部分の長さを L とすると

$$L = \int_0^1 \sqrt{\left(\frac{dx}{dt}\right)^2 + \left(\frac{dy}{dt}\right)^2}\, dt = \int_0^1 \sqrt{4t^2 + 9t^4}\, dt$$

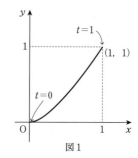

図1

$$= \int_0^1 t \cdot \sqrt{4+9t^2}\, dt$$

$$(\because \quad 0 \leqq t \leqq 1 \text{ において, } \sqrt{t^2(4+9t^2)} = t \cdot \sqrt{4+9t^2})$$

$$= \frac{1}{18} \int_0^1 (4+9t^2)^{\frac{1}{2}} \cdot (4+9t^2)'\, dt = \frac{1}{18}\left[\frac{2}{3}(4+9t^2)^{\frac{3}{2}} \right]_0^1$$

$$= \frac{1}{27}\left(13^{\frac{3}{2}} - 4^{\frac{3}{2}} \right) = \frac{13\sqrt{13}-8}{27}$$

(3) $x = t^2$ より

$$t = \begin{cases} \sqrt{x} & (t \geqq 0 \text{ のとき}) \\ -\sqrt{x} & (t < 0 \text{ のとき}) \end{cases}$$

であるから，C は

$$y = \begin{cases} x^{\frac{3}{2}} & (t \geqq 0 \text{ のとき}) \\ -x^{\frac{3}{2}} & (t < 0 \text{ のとき}) \end{cases}$$

で，概形は図2のようになる．

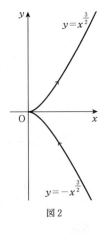

図2

$C : x = t^2,\ y = t^3$ を $l_1 : y = \dfrac{3}{2}x - \dfrac{1}{2}$ に代入すると

$t^3 = \dfrac{3}{2}t^2 - \dfrac{1}{2}$ より

$$2t^3 - 3t^2 + 1 = (t-1)^2(2t+1) = 0$$

$$\therefore \quad t = 1,\ -\frac{1}{2}$$

したがって，C と l_1 との $(1,\ 1)$ 以外の交点は，$\left(\left(-\dfrac{1}{2}\right)^2,\ \left(-\dfrac{1}{2}\right)^3 \right)$，つまり，

$\left(\dfrac{1}{4},\ -\dfrac{1}{8} \right)$

図3の斜線部分が面積を求めるべき図形であり，台形 AA′B′B から，OAA′，OBB′ の部分を除いた部分である．その面積を S とすると

$$S = \frac{1}{2}\left(1 + \frac{1}{4} \right) \cdot \frac{9}{8} - \int_{-\frac{1}{8}}^{1} x\, dy$$

$$= \frac{45}{64} - \int_{-\frac{1}{2}}^{1} x\, \frac{dy}{dt}\, dt \quad \left(\because \right.$$

y	$-\dfrac{1}{8} \longrightarrow 1$
t	$-\dfrac{1}{2} \longrightarrow 1$

$\left. \right)$

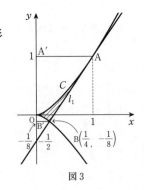

図3

$$= \frac{45}{64} - \int_{-\frac{1}{2}}^{1} t^2 \cdot 3t^2 \, dt = \frac{45}{64} - \left[\frac{3}{5} t^5 \right]_{-\frac{1}{2}}^{1} = \frac{\mathbf{27}}{\mathbf{320}}$$

(4) 台形 AA′B′B を y 軸のまわりに回転してできる円錐台から，OAA′，OBB′ を y 軸のまわりに回転してできる立体を除いたものが体積を求めるべき立体で，その体積を V とすると

$$V = \left\{ \frac{1}{3} \pi \cdot 1^2 \cdot \frac{3}{2} - \frac{1}{3} \pi \cdot \left(\frac{1}{4} \right)^2 \cdot \frac{3}{8} \right\} - \pi \int_{-\frac{1}{8}}^{1} x^2 \, dy$$

$$= \frac{63}{128} \pi - \pi \int_{-\frac{1}{2}}^{1} x^2 \frac{dy}{dt} \, dt = \frac{63}{128} \pi - \pi \int_{-\frac{1}{2}}^{1} t^4 \cdot 3t^2 \, dt$$

$$= \frac{63}{128} \pi - \pi \left[\frac{3}{7} t^7 \right]_{-\frac{1}{2}}^{1} = \frac{\mathbf{27}}{\mathbf{448}} \pi$$

解説

1° (1)では

$$\frac{dx}{dt} \neq 0 \text{ のとき} \qquad \frac{dy}{dx} = \frac{\dfrac{dy}{dt}}{\dfrac{dx}{dt}} \quad \text{（媒介変数表示された関数の微分）}$$

を用いた．

2° C の概形をかけ，という設問はないが，(3)，(4)を解答するには必要である．かき方は，2 通りの方法がある．

1) t を消去し，x と y の関係式を求める方法

(1−i) t を x で表し，$t = \begin{cases} \sqrt{x} & (t \geqq 0) \\ -\sqrt{x} & (t < 0) \end{cases}$ を得て，これを $y = t^3$ に代入し

$$y = \begin{cases} x^{\frac{3}{2}} & (t \geqq 0) \\ -x^{\frac{3}{2}} & (t < 0) \end{cases}$$

(1−ii) t を y で表し，$t = \sqrt[3]{y}$ を得て，これを $x = t^2$ に代入し $\quad x = y^{\frac{2}{3}}$

2) x，y の t についての増減を調べる方法

$t = a$ に対応する点 (a^2, a^3) と $t = -a$ に対応する点 $(a^2, -a^3)$ とは x 軸対称であるから，C の $0 \leqq t$ に対応する部分 C_+ と $t \leqq 0$ に対応する部分 C_- とは x 軸対称である．

「$0 \leqq t$ において，$x=t^2$，$y=t^3$ はともに増加する」 ……（*）

から，点 $(t^2,\ t^3)$ は右上に進んでいくので，C_+ の概形がかけ

る．あとはそれを x 軸に関して折り返して C_- をかき，合わせ

て C の概形がかける（図4参照）．ここでは，（*）がすぐにわか

ったが，$\dfrac{dx}{dt}=2t>0$，$\dfrac{dy}{dt}=3t^2>0$　（$t>0$ のとき）から（*）が

わかるといった方法も知っておくとよい．

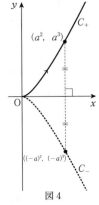

図4

3°　$y=f(x)$ の $a \leqq x \leqq b$ における部分の長さ L は

$$L=\int_a^b \sqrt{1+\left(\frac{dy}{dx}\right)^2}\,dx$$

を用いる（x をパラメータとみなし，曲線を $x=x,\ y=f(x)$ として**思考のひもとき 1.** の

公式を適用すると，この公式が得られる）と，(2)で $0 \leqq t \leqq 1$ に対応する部分は

$C_+ : y=x^{\frac{3}{2}}$ の $0 \leqq x \leqq 1$ の部分であるから，求める長さ L は

$$L=\int_0^1 \sqrt{1+\left(\frac{dy}{dx}\right)^2}\,dx=\int_0^1 \sqrt{1+\left(\frac{3}{2}x^{\frac{1}{2}}\right)^2}\,dx=\int_0^1 \sqrt{1+\frac{9}{4}x}\,dx$$

$$=\frac{4}{9}\int_0^1 \left(1+\frac{9}{4}x\right)^{\frac{1}{2}}\left(1+\frac{9}{4}x\right)'dx=\frac{4}{9}\left[\frac{2}{3}\left(1+\frac{9}{4}x\right)^{\frac{3}{2}}\right]_0^1$$

$$=\frac{8}{27}\left\{\left(\frac{13}{4}\right)^{\frac{3}{2}}-1\right\}=\frac{1}{27}\left(13\sqrt{13}-8\right)$$

と求まる．

4°　$C : x=y^{\frac{2}{3}}$　（$\because$　$t=\sqrt[3]{y}$ を $x=t^2$ に代入），$l_1 : x=\dfrac{1}{3}(2y+1)$ であるから，(3), (4)を

次のようにして求めてもよい．

(3)　$S=\displaystyle\int_{-\frac{1}{8}}^1 \left\{\frac{1}{3}(2y+1)-y^{\frac{2}{3}}\right\}dy$

$$=\left[\frac{1}{3}(y^2+y)-\frac{3}{5}y^{\frac{5}{3}}\right]_{-\frac{1}{8}}^1=\frac{27}{320}$$

(4)　$V=\pi\displaystyle\int_{-\frac{1}{8}}^1 \left\{\frac{1}{9}(2y+1)^2-\left(y^{\frac{2}{3}}\right)^2\right\}dy$

$$=\pi\left[\frac{1}{54}(2y+1)^3-\frac{3}{7}y^{\frac{7}{3}}\right]_{-\frac{1}{8}}^1=\frac{27}{448}\pi$$

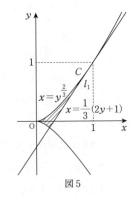

図5

55 正の実数 a と関数 $f(x)=|x^2-a^2|$ $(-2a\leqq x\leqq 2a)$ がある．$y=f(x)$ のグラフを y 軸のまわりに回転させてできる形の容器に πa^2 $(\text{cm}^3/\text{秒})$ の割合で水を静かに注ぐ．水を注ぎ始めてから容器がいっぱいになるまでの時間を T（秒）とする．ただし，長さの単位は cm とする．次の問いに答えよ．

(1) $y=f(x)$ のグラフの概形を描け．

(2) 水面の高さが a^2（cm）になったとき，容器中の水の体積を V（cm^3）とする．V を a を用いて表せ．

(3) T を a を用いて表せ．

(4) 水を注ぎ始めてから t 秒後の水面の高さを h（cm）とする．h を a と t を用いて表せ．ただし，$0<t<T$ とする．

(5) 水を注ぎ始めてから t 秒後の水面の上昇速度を v（cm／秒）とする．v を a と t を用いて表せ．ただし，$0<t<T$ とする． （九州工業大）

思考のひもとき ◇◇◇◇

1. t 秒後の水面の高さを h cm とすると，水面の上昇速度は $\boxed{\dfrac{dh}{dt}}$（cm／秒）

解答

(1) $f(x)=|x^2-a^2|=\begin{cases} x^2-a^2 & (-2a\leqq x\leqq -a \text{ または } a\leqq x\leqq 2a \text{ のとき}) \\ a^2-x^2 & (-a\leqq x\leqq a \text{ のとき}) \end{cases}$

であるから，$y=f(x)$ のグラフは図1のようになる．

(2) 図2の斜線部分を y 軸のまわりに回転したときにできる立体の体積が V である．

$0\leqq y\leqq a^2$ のとき，$y=|x^2-a^2|$ を x について解くと

$x^2-a^2=\pm y$ より　　$x^2=a^2\pm y$

$\therefore\quad x=\pm\sqrt{a^2\pm y}$

このとき，$x_1=\sqrt{a^2-y}$，$x_2=\sqrt{a^2+y}$ とおくと，図2 を参照して

$$V=\pi\int_0^{a^2}\{(x_2)^2-(x_1)^2\}dy=\pi\int_0^{a^2}2y\,dy$$

$$=\pi\Big[\,y^2\,\Big]_0^{a^2}=\pi a^4$$

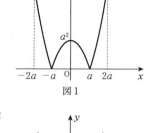

図1

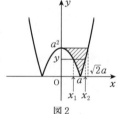

図2

(3) 水の高さが h (cm) のときの容器中の水の体積を $V(h)$ とおくと，(2)より $V(a^2)=\pi a^4$ であり，容器がいっぱいになったときの水の体積は $V(3a^2)$ である.

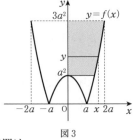

図3

$a^2<y\leqq3a^2$ のとき，$y=f(x)$ を x について解くと

$y=x^2-a^2$ より $\qquad x^2=a^2+y \qquad \therefore \quad x=\pm\sqrt{a^2+y}$

したがって

$$V(3a^2)=V(a^2)+\pi\int_{a^2}^{3a^2}(\sqrt{a^2+y}\,)^2dy$$

$$=\pi a^4+\pi\left[a^2y+\frac{1}{2}y^2\right]_{a^2}^{3a^2}=7\pi a^4$$

πa^2 (cm^3/秒) の割合で水を注ぐのであるから，求める時間は

$$T=\frac{V(3a^2)}{\pi a^2}=\frac{7\pi a^4}{\pi a^2}=7a^2$$

(4) t 秒後の水面の高さが h (cm) であることを考えると，t 秒後の水量で等式をつくり，h を t で表す.

(ⅰ) $0<h\leqq a^2$ のとき，つまり $0<t\leqq a^2$ のとき $\left(h=a^2$ となるのは，$t=\dfrac{\pi a^4}{\pi a^2}=a^2$ のとき$\right)$

$\pi a^2t=\pi\displaystyle\int_0^h2y\,dy=\pi h^2$ より $\qquad h=a\sqrt{t}$ (cm)

(ⅱ) $a^2\leqq h<3a^2$ のとき，つまり，$a^2\leqq t<7a^2$ のとき

$$\pi a^2t=\pi a^4+\pi\int_{a^2}^h(a^2+y)\,dy$$

$$=\pi a^4+\pi\left[a^2y+\frac{1}{2}y^2\right]_{a^2}^h=\pi\left(\frac{1}{2}h^2+a^2h-\frac{1}{2}a^4\right)$$

より $\qquad h^2+2a^2h-a^2(a^2+2t)=0$

$h>0$ だから

$$h=-a^2+\sqrt{a^4+a^4+2a^2t}$$

$$=-a^2+a\sqrt{2a^2+2t}\ \text{(cm)}$$

(ⅰ), (ⅱ)より

$$h=\begin{cases}a\sqrt{t} & (0<t\leqq a^2\ \text{のとき})\\-a^2+a\sqrt{2a^2+2t} & (a^2\leqq t<7a^2\ \text{のとき})\end{cases}$$

(5) 水面の上昇速度は $\qquad v=\dfrac{dh}{dt}$

(4)の結果より

$$v = \frac{dh}{dt} = \begin{cases} \dfrac{a}{2\sqrt{t}} & (0 < t \leqq a^2 \text{ のとき}) \\[4mm] \dfrac{a}{\sqrt{2a^2 + 2t}} & (a^2 \leqq t < 7a^2 \text{ のとき}) \end{cases} \quad \cdots\cdots(*)$$

$$\left(\because \quad t = a^2 \text{ のとき, } \frac{a}{2\sqrt{t}} = \frac{a}{\sqrt{2a^2 + 2t}} \text{ だから, } (*) \text{ で } t = a^2 \text{ のときは, どちらにも} \right.$$

属している.$\Big)$

解説

$1°$ (2), (3), (4)について, 回転体の体積を求めるときには, 回転軸(この問いの場合 y 軸)に垂直に切った断面を考えることが重要である.

$(0,\ y)$ を通り, y 軸に垂直な平面で回転体を切ったときの断面積 $S(y)$ は

(i) $0 \leqq y \leqq a^2$ のとき

$$\begin{aligned} S(y) &= \pi(\mathrm{PR}^2 - \mathrm{PQ}^2) \\ &= \pi\{(\sqrt{a^2 + y}\,)^2 - (\sqrt{a^2 - y}\,)^2\} \\ &= \pi \cdot 2y \end{aligned}$$

(ii) $a^2 \leqq y \leqq 3a^2$ のとき

$$\begin{aligned} S(y) &= \pi \mathrm{PR}^2 \\ &= \pi(\sqrt{a^2 + y}\,)^2 \\ &= \pi(a^2 + y) \end{aligned}$$

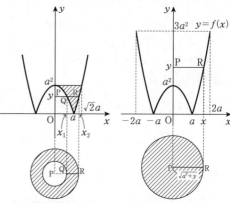

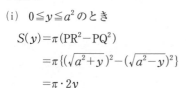

(i)の場合の断面の図　　(ii)の場合の断面の図

(i), (ii)の断面積 $S(y)$ を微小の厚み dy で積分し, 体積を得ている.

56 [A] 関数 $f(x)$ は $f(x) = \cos x + \int_0^{2\pi} f(y) \sin(x-y) dy$ を満たすものとする.

(1) $f(x)$ は $f(x) = a \sin x + b \cos x$ の形に表されることを示せ. ただし, a と b は定数である.

(2) $f(x)$ を求めよ. (鹿児島大)

[B] 関数 $f(x)$ は微分可能で, 導関数 $f'(x)$ は連続であるとする. $p(x) = xe^{2x}$ とおくとき, $f(x)$ は $\int_0^x f(t) \cos(x-t) dt = p(x)$ を満たしている.

(1) $f(0) = p'(0)$ を示せ.

(2) $f'(x) = p(x) + p''(x)$ を示せ.

(3) $f(x)$ を求めよ. (宮城教育大)

思考のひもとき ◯◯◯◯

1. a, b は定数とする. y について積分するときは, x を 定数 とみなし

$$\int_a^b f(x)g(y)dy = \boxed{f(x) \int_a^b g(y)dy}$$

のように $f(x)$ を積分記号の前にだせる.

ここで, 定積分 $\int_a^b g(y)dy$ は 定数 である.

2. 連続関数 $g(t)$ に対して

$$f(x) = \int_a^x g(t)dt \iff f'(x) = \boxed{g(x)} \text{ かつ } f(a) = \boxed{0}$$

ただし, a は x によらない定数とする.

解答

[A] (1) $f(x) = \cos x + \int_0^{2\pi} f(y)(\sin x \cos y - \cos x \sin y) dy$

$$= \cos x + \sin x \int_0^{2\pi} f(y) \cos y \, dy - \cos x \int_0^{2\pi} f(y) \sin y \, dy$$

であるから

$$a = \int_0^{2\pi} f(y) \cos y \, dy, \quad b = 1 - \int_0^{2\pi} f(y) \sin y \, dy \quad \cdots\cdots(*)$$

とおくと, $f(x) = a \sin x + b \cos x$ と表せて, しかも a, b は, 定数である. □

(2) $(*)$ より

$$a=\int_0^{2\pi}(a\sin y+b\cos y)\cos y\,dy=\frac{1}{2}\int_0^{2\pi}\{a\sin 2y+b(1+\cos 2y)\}dy$$

$$=\frac{1}{2}\left[-\frac{a}{2}\cos 2y+by+\frac{b}{2}\sin 2y\right]_0^{2\pi}=\pi b \quad\cdots\cdots①$$

$$1-b=\int_0^{2\pi}(a\sin y+b\cos y)\sin y\,dy=\frac{1}{2}\int_0^{2\pi}\{a(1-\cos 2y)+b\sin 2y\}dy$$

$$=\frac{1}{2}\left[ay-\frac{a}{2}\sin 2y-\frac{b}{2}\cos 2y\right]_0^{2\pi}=\pi a$$

これより

$$b=1-\pi a \quad\cdots\cdots②$$

②を①に代入すると

$$a=\pi(1-\pi a) \qquad \therefore \quad a=\frac{\pi}{1+\pi^2}$$

②に代入して　　$b=\dfrac{1}{1+\pi^2}$

ゆえに　　$f(x)=\dfrac{\pi}{1+\pi^2}\sin x+\dfrac{1}{1+\pi^2}\cos x$

［B］　(1)　$\displaystyle\int_0^x f(t)(\cos x\cos t+\sin x\sin t)\,dt=p(x)$

より

$$\cos x\int_0^x f(t)\cos t\,dt+\sin x\int_0^x f(t)\sin t\,dt=p(x) \quad\cdots\cdots①$$

①の両辺を x で微分すると

$$-\sin x\int_0^x f(t)\cos t\,dt+f(x)\cos^2 x+\cos x\int_0^x f(t)\sin t\,dt+f(x)\sin^2 x=p'(x)$$

$\cos^2 x+\sin^2 x=1$ だから

$$-\sin x\int_0^x f(t)\cos t\,dt+\cos x\int_0^x f(t)\sin t\,dt+f(x)=p'(x) \quad\cdots\cdots②$$

②の両辺に $x=0$ を代入すると　　$f(0)=p'(0) \quad\cdots\cdots③$　　□

(2)　②の両辺を x で微分すると

$$-\cos x\int_0^x f(t)\cos t\,dt-f(x)\sin x\cos x-\sin x\int_0^x f(t)\sin t\,dt+f(x)\sin x\cos x+f'(x)=p''(x)$$

$$\therefore \quad -\left\{\cos x\int_0^x f(t)\cos t\,dt+\sin x\int_0^x f(t)\sin t\,dt\right\}+f'(x)=p''(x)$$

①と合わせると

$$-p(x)+f'(x)=p''(x)$$

$$\therefore \quad f'(x) = p(x) + p''(x) \quad \cdots\cdots ④ \quad \square$$

(3) $p(x) = xe^{2x}$ より $\qquad p'(x) = e^{2x} + x \cdot 2e^{2x} = (2x+1)e^{2x}$

$$p''(x) = 2e^{2x} + (2x+1) \cdot 2e^{2x} = 4(x+1)e^{2x}$$

であるから，④より

$$f'(x) = (5x+4)e^{2x}$$

両辺を積分して

$$f(x) = \int (5x+4)e^{2x}\,dx = (5x+4) \cdot \frac{1}{2}e^{2x} - \int 5 \cdot \frac{1}{2}e^{2x}\,dx$$

$$= \frac{1}{2}(5x+4)e^{2x} - \frac{5}{4}e^{2x} + C$$

$$= \frac{1}{4}(10x+3)e^{2x} + C \quad (C は積分定数) \quad \cdots\cdots ⑤$$

と表せる．

ここで，③より $\qquad f(0) = p'(0) = 1$

⑤で $x=0$ として $\qquad f(0) = \frac{3}{4} + C \qquad \therefore \quad C = \frac{1}{4}$

$$\therefore \quad f(x) = \frac{1}{4}(10x+3)e^{2x} + \frac{1}{4}$$

解説

1° ［A］(1)では，まず，y で積分するときに x は定数とみなして

$$\int_0^{2\pi} f(y)\sin x \cos y\,dy = \sin x \int_0^{2\pi} f(y)\cos y\,dy$$

とし，ここで，$\displaystyle\int_0^{2\pi} f(y)\cos y\,dy$ は定数であるから，a とおいた．

同様にして，$f(x)$ の $\cos x$ の係数が $1 - \displaystyle\int_0^{2\pi} f(y)\sin y\,dy$ となるので，この定数を b とおいた．

2° ［B］(1)で，①の左辺を x で微分するときには，積の微分法を用いている．

$$\left\{ \cos x \int_0^x f(t)\cos t\,dt \right\}' = (\cos x)' \int_0^x f(t)\cos t\,dt + \cos x \cdot \frac{d}{dx}\int_0^x f(t)\cos t\,dt$$

$$= -\sin x \int_0^x f(t)\cos t\,dt + f(x)\cos^2 x$$

といった具合に．

3°　[B]で**思考のひもとき2**に書かれていることを実行すると

$$① \iff ② \quad かつ \quad 0 = p(0)$$

$$\iff 「④ \quad かつ \quad ③」 \quad かつ \quad p(0) = 0$$

$p(x) = xe^{2x}$ のとき, $p(0) = 0$ が成り立つから

$$① \iff ④ \quad かつ \quad ③$$

となる.

④より　　$f'(x) = (5x + 4)e^{2x}$

③より　　$f(0) = 1$

であるから

$$f(x) = 1 + \int_0^x f'(t)dt = 1 + \int_0^x (5t + 4)e^{2t}dt \quad \cdots\cdots(*)$$

$$= \left[(5t + 4) \cdot \frac{1}{2}e^{2t} \right]_0^x - \frac{5}{2}\int_0^x e^{2t}dt + 1$$

$$= \frac{1}{2}(5x + 4)e^{2x} - 2 - \frac{5}{4}\left[e^{2t} \right]_0^x + 1$$

$$= \frac{1}{4}\{(10x + 3)e^{2x} + 1\}$$

のように計算してもよい.

（*）では

$$f(x) = f(a) + \int_a^x f'(t)dt$$

を $a = 0$ として用いている.

57

[A]　微分方程式 $\dfrac{dy}{dx}=(2y-3)x$ の解で，$x=0$ のとき $y=1$ となるものを求めよ.

(琉球大)

[B]　関数 $f(x)$ が与えられているとき，微分方程式 $\dfrac{dy}{dx}-xy=f(x)$ を $x=0$ のとき $y=1$ という初期条件のもとで考える.

(1)　上の微分方程式の解 y を $y=u(x)e^{\frac{x^2}{2}}$ とおくことによって，関数 $f(x)$ を用いて表せ.

(2)　$f(x)=x^3$ のとき，上の微分方程式の解を求めよ.

(埼玉大)

思考のひもとき　∞∞∞

1.　未知関数の導関数を含む方程式を 微分方程式 という.

$\dfrac{dy}{dx}=f(x)g(y)$ の形の微分方程式 (**変数分離形**) は，$g(y) \neq 0$ のとき

$\displaystyle \int \dfrac{1}{g(y)}dy= \boxed{\int f(x)dx}$ から解が求まる.

2.　$u'(x)=g(x)$, $u(a)=k$ ならば　　$u(x)= \boxed{k+\displaystyle\int_a^x g(t)dt}$

解答

[A]　$\begin{cases} \dfrac{dy}{dx}=(2y-3)x & \cdots\cdots① \\ x=0 \text{ のとき } y=1 & \cdots\cdots② \end{cases}$

$y \neq \dfrac{3}{2}$ の範囲で①を解くと

$\dfrac{dy}{2y-3}=xdx$ より　　$\displaystyle\int \dfrac{dy}{2y-3}=\int xdx$

$\therefore \quad \dfrac{1}{2}\log|2y-3|=\dfrac{1}{2}x^2+C_1$　　$\therefore \quad \log|2y-3|=x^2+C_2 \quad (C_2=2C_1)$

$\therefore \quad 2y-3=\pm e^{x^2+C_2}=\pm e^{C_2} \cdot e^{x^2}$

$C=\pm e^{C_2}$ とおくと　　$2y-3=Ce^{x^2}$

$\therefore\quad y=\dfrac{3+Ce^{x^2}}{2}$（$C$は0以外の任意定数）……③

$y=\dfrac{3}{2}$を満たす点$(x,\ y)$では，①が$\dfrac{dy}{dx}=0$となるから，$y=\dfrac{3}{2}$も①の解となる.

これは，③の$C=0$のものに相当する.

ゆえに，①の一般解は　　$y=\dfrac{3+Ce^{x^2}}{2}$　（Cは任意定数）

このうち，②を満たすのは，$1=\dfrac{3+C}{2}$より，$C=-1$のもの.

$\therefore\quad y=\dfrac{3}{2}-\dfrac{1}{2}e^{x^2}$

[B]　$\begin{cases} \dfrac{dy}{dx}-xy=f(x) & ……① \\ x=0\text{のとき }y=1 & ……② \end{cases}$　について

(1)　$y=u(x)e^{\frac{x^2}{2}}$とおくと　　$\dfrac{dy}{dx}=u'(x)e^{\frac{x^2}{2}}+u(x)\cdot xe^{\frac{x^2}{2}}$

これを①に代入すると

$\{u'(x)+xu(x)\}e^{\frac{x^2}{2}}-xu(x)e^{\frac{x^2}{2}}=f(x)$

$\therefore\quad f(x)=u'(x)e^{\frac{x^2}{2}}$

したがって　　$u'(x)=e^{-\frac{x^2}{2}}f(x)$

②より　　$u(0)=1$

$\therefore\quad u(x)=1+\displaystyle\int_0^x e^{-\frac{t^2}{2}}f(t)dt$

$\therefore\quad \boldsymbol{y=e^{\frac{x^2}{2}}u(x)=e^{\frac{x^2}{2}}+e^{\frac{x^2}{2}}\displaystyle\int_0^x e^{-\frac{t^2}{2}}f(t)dt}$

(2)　$f(x)=x^3$とすると

$\displaystyle\int_0^x e^{-\frac{t^2}{2}}f(t)dt=\int_0^x t^3 e^{-\frac{t^2}{2}}dt=\int_0^x t^2\cdot\left(-e^{-\frac{t^2}{2}}\right)'dt$

$\displaystyle\qquad\qquad\qquad=\left[t^2\cdot\left(-e^{-\frac{t^2}{2}}\right)\right]_0^x-\int_0^x 2t\cdot\left(-e^{-\frac{t^2}{2}}\right)dt$

$\displaystyle\qquad\qquad\qquad=-x^2 e^{-\frac{x^2}{2}}-2\left[e^{-\frac{t^2}{2}}\right]_0^x=2-(x^2+2)e^{-\frac{x^2}{2}}$

よって，求める微分方程式の解は　　$y=e^{\frac{x^2}{2}}+e^{\frac{x^2}{2}}\left\{2-(x^2+2)e^{-\frac{x^2}{2}}\right\}$

$$\therefore \quad y = 3e^{\frac{x^2}{2}} - x^2 - 2$$

解説

1° ［A］①のように未知関数の導関数を含む方程式を微分方程式という．微分方程式を満たす関数の一般形をその微分方程式の**一般解**という．たとえば，①の一般解は

$$y = \frac{3 + Ce^{x^2}}{2} \quad (C \text{は任意定数}) \quad \cdots\cdots ⓐ$$

である．このうち，条件②を満たすものは，ただ1つ

$$y = \frac{3}{2} - \frac{1}{2}e^{x^2} \quad \cdots\cdots ⓑ$$

に決まる．このような条件を**初期条件**といい，それによって特定された解を**特殊解**とよぶ．①からⓐを求めることを微分方程式①を解くといい，ⓑを求めることを微分方程式①を初期条件②のもとで解くという．

2° ［A］において，$\{\log|f(x)|\}' = \dfrac{f'(x)}{f(x)}$ を用いると，$y \neq \dfrac{3}{2}$ のとき

①より　$\dfrac{(2y-3)'}{2y-3} = 2x$　　$\therefore \quad \log|2y-3| = x^2 + C_2$

として解答してもよい．

3° ［B］において，$u(x) = ye^{-\frac{x^2}{2}}$ として次のように解答してもよい．

$$u'(x) = y'e^{-\frac{x^2}{2}} + y \cdot \left(-xe^{-\frac{x^2}{2}} \right) = (y' - xy)e^{-\frac{x^2}{2}}$$

①を代入すると　$u'(x) = f(x)e^{-\frac{x^2}{2}}$　　$\therefore \quad u(x) = \int f(x)e^{-\frac{x^2}{2}}dx$

②より，$u(0) = 1$ だから，$u(x) = 1 + \displaystyle\int_0^x f(t)e^{-\frac{t^2}{2}}dt$ を得て，答がでる．

一般に

$$\frac{dy}{dx} + P(x)y = Q(x)$$

の形の微分方程式では，$u(x) = ye^{\int P(x)dx}$ とおき，$u'(x)$ を計算するとうまくいく．

この問題では，$P(x) = -x$ で，$\displaystyle\int P(x)dx = \int (-x)dx = -\frac{x^2}{2} + C$ だから，$u(x) = ye^{-\frac{x^2}{2}}$ とおいた．

この方法で［A］の微分方程式 $\dfrac{dy}{dx} - 2xy = -3x$ を解いてみると，$P(x) = -2x$ より，

$$\int P(x)dx = -x^2 + C \text{ だから, } u(x) = ye^{-x^2} \text{ とおくと}$$

$$u'(x) = y'e^{-x^2} + y \cdot (-2xe^{-x^2}) = (y' - 2xy)e^{-x^2} = -3xe^{-x^2}$$

$$\therefore \quad u(x) = -3\int xe^{-x^2}dx = \frac{3}{2}e^{-x^2} + C_0$$

$$\therefore \quad y = u(x)e^{x^2} = \frac{3}{2} + C_0 e^{x^2} \quad (C_0 \text{ は任意定数})$$

---

58 点 $(1, 1)$ を通る曲線 $y = f(x)$ $(x > 0)$ 上の任意の点 P における接線が x 軸と交わる点を Q, 点 P から x 軸に下ろした垂線と x 軸との交点を R とする. このとき, 三角形 PQR の面積が常に $\frac{1}{2}$ となるような減少する関数 $f(x)$ を求めよ. （信州大）

思考のひもとき ∞∞∞

1. 曲線 $y = f(x)$ 上の点 $(t, f(t))$ における接線の傾きは $\boxed{f'(t)}$

解答

曲線 $y = f(x)$ $(x > 0)$ 上の点 $P(t, f(t))$ $(t > 0)$ における接線は

$$y = f'(t)(x - t) + f(t) \quad \cdots\cdots ①$$

と表せる.

①に $y = 0$ を代入すると

$0 = f'(t)(x - t) + f(t)$ より

$$x = t - \frac{f(t)}{f'(t)} \qquad \therefore \quad Q\left(t - \frac{f(t)}{f'(t)}, 0\right)$$

これより, $QR = \left|\dfrac{f(t)}{f'(t)}\right|$ であり, また, $PR = |f(t)|$ であるから, $\triangle PQR$ の面積は

$$\triangle PQR = \frac{1}{2}QR \cdot PR = \frac{1}{2}\left|\frac{f(t)}{f'(t)}\right||f(t)| = \frac{\{f(t)\}^2}{2|f'(t)|}$$

$f(x)$ は減少関数だから, $f'(t) < 0$ であることを考えると, $\triangle PQR = \dfrac{1}{2}$ より

$$-\frac{\{f(t)\}^2}{2f'(t)} = \frac{1}{2} \qquad \therefore \quad f'(t) = -\{f(t)\}^2$$

が成り立つ. t を x におき換えると $f'(x) = -\{f(x)\}^2$, つまり

$$\frac{dy}{dx} = -y^2 \quad \cdots\cdots②$$

が成り立つ. ただし, 常に $y = f(x) \neq 0$ であることに注意する.

また, 曲線 $y = f(x)$ $(x > 0)$ が点 $(1, 1)$ を通ることより

$$x = 1 \text{ のとき} \quad y = 1 \quad \cdots\cdots③$$

である.

微分方程式②を解く. 常に, $y \neq 0$ であるから

$$-\frac{dy}{y^2} = dx \qquad \therefore \quad -\int \frac{dy}{y^2} = \int dx$$

$$\therefore \quad \frac{1}{y} = x + C \qquad \therefore \quad y = \frac{1}{x + C} \quad (C \text{ は任意定数})$$

ここで, 初期条件③を用いると $\quad C = 0 \qquad \therefore \quad y = \frac{1}{x} \quad (x > 0)$

よって $\quad f(x) = \dfrac{1}{x} \quad (x > 0)$

解説

1° $y = f(x)$ $(x > 0)$ 上の点 P の x 座標を t とおき, 微分方程式 $f'(t) = -\{f(t)\}^2$ を得た.

そこで変数 t を x におき換えて, $y = f(x)$ について

$$f'(x) = -\{f(x)\}^2 \quad \text{つまり} \quad \frac{dy}{dx} = -y^2$$

と書き直した.

2° $f(x) \neq 0$ であることから, 微分方程式 $f'(x) = -\{f(x)\}^2$ を次のように解いてもよい.

$$-\frac{1}{\{f(x)\}^2} f'(x) = 1 \qquad \therefore \quad \left\{\frac{1}{f(x)}\right\}' = 1$$

これより

$$\frac{1}{f(x)} = x + C \qquad \therefore \quad f(x) = \frac{1}{x + C} \quad (C \text{ は任意定数})$$

59 放物線 $y=x^2$ を y 軸のまわりに回転してできる容器に,深さ h まで水を満たし,この容器の底に穴をあけ,水を流出させた.

(1) 水面の高さが $y(<h)$ となるまでにどれだけの水が流出したか.y の関数として表せ.

(2) t 秒後までに流出する水の量を $f(t)$ とするとき $df(t)/dt=2\sqrt{y}$ が成り立つ.容器の水が空になるまでに要する時間を求めよ.

(3) 容器の水の量が最初の $\dfrac{1}{16}$ になったとき,水面の降下速度 v を求めよ.

(三重大)

思考のひもとき ∞∞✍

1. $z=g(y)$ について $\dfrac{dz}{dt}=\dfrac{dz}{dy}\cdot\dfrac{dy}{dt}=\boxed{g'(y)\dfrac{dy}{dt}}$

2. 時刻 t における水面の高さが y のとき

(水面の上昇速度)$=\boxed{\dfrac{dy}{dt}}$ (水面の下降速度)$=\boxed{-\dfrac{dy}{dt}}$

解答

(1) 容器は y 軸のまわりの回転体であるから $(0,\ y)$ を通り,y 軸に垂直な平面で容器を切った断面は円で,その面積を $S(y)$ とすると

$$S(y)=\pi x^2=\pi y$$

よって,高さが y となるまでに流出した水量を $V(y)$ とすると

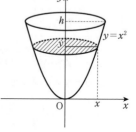

$$V(y)=\int_y^h S(y)dy=\pi\int_y^h y\,dy$$

$$=\frac{\pi}{2}\Big[\,y^2\,\Big]_y^h=\frac{\pi}{2}(h^2-y^2)$$

(2) t 秒後の水面の高さを y,流出した水量を $f(t)$ とすると,(1)より

$$f(t)=V(y)=\frac{\pi}{2}(h^2-y^2)\quad\cdots\cdots①$$

また,与えられた条件より

$$\frac{df(t)}{dt}=2\sqrt{y} \quad \cdots\cdots ②$$

①を t で微分すると $\quad \dfrac{df(t)}{dt}=-\pi y\dfrac{dy}{dt}$

②に代入して $\quad -\pi y\dfrac{dy}{dt}=2\sqrt{y}$ $\quad \therefore \quad \dfrac{dy}{dt}=-\dfrac{2}{\pi}\cdot\dfrac{1}{\sqrt{y}}$ $\quad \cdots\cdots ③$

③を解くと, $\sqrt{y}\,dy=-\dfrac{2}{\pi}dt$ より $\quad \displaystyle\int\sqrt{y}\,dy=-\dfrac{2}{\pi}\int dt$

$\quad \therefore \quad \dfrac{2}{3}y^{\frac{3}{2}}=-\dfrac{2}{\pi}t+C$

$t=0$ のとき, $y=h$ であるから $\quad \dfrac{2}{3}h^{\frac{3}{2}}=C$

$\quad \therefore \quad \dfrac{2}{3}y^{\frac{3}{2}}=-\dfrac{2}{\pi}t+\dfrac{2}{3}h^{\frac{3}{2}}$ $\quad \therefore \quad t=\dfrac{\pi}{3}\left(h^{\frac{3}{2}}-y^{\frac{3}{2}}\right)$

よって, 空になるまでに要する時間 T(秒) は, $y=0$ となる t で

$$T=\frac{\pi}{3}h^{\frac{3}{2}} \text{(秒)}$$

(3) 最初の水量を V とすると $V=V(0)=\dfrac{\pi}{2}h^2$ $\cdots\cdots ④$ であり, $f(t)=\dfrac{15}{16}V$ $\cdots\cdots ⑤$ と

なるときの水面の降下速度 $v=-\dfrac{dy}{dt}$ を求めればよい.

⑤となるのは, ①, ④より

$$\frac{\pi}{2}(h^2-y^2)=\frac{15}{16}\cdot\frac{\pi}{2}h^2 \quad \text{つまり} \quad y^2=\frac{1}{16}h^2 \quad \therefore \quad y=\frac{1}{4}h \text{ のとき}$$

このときの降下速度 v を求めると, ③より

$$v=-\frac{dy}{dt}=\frac{2}{\pi}\cdot\frac{2}{\sqrt{h}}=\frac{4}{\pi\sqrt{h}}$$

解説

1° (2)で, (1)の結果を用いると①が成り立つことに気づくことがポイントである. そこで, ①の両辺を t で微分するのである. このとき, **思考のひもとき 1.** を用いる.

微分方程式③を初期条件「$t=0$ のとき, $y=h$」のもとで解き, $y=0$ となる t を求めて要する時間 T を求めたが, 次のように一挙に式を立てて求めてもよい.

$$\int_h^0\sqrt{y}\,dy=-\frac{2}{\pi}\int_0^T dt \quad \therefore \quad \frac{2}{3}\left(0-h^{\frac{3}{2}}\right)=-\frac{2}{\pi}T$$

$$\therefore \quad T = \frac{\pi}{3} h^{\frac{3}{2}} \text{ (秒)}$$

2° 逆関数の微分法 $\dfrac{dt}{dy} = \dfrac{1}{\dfrac{dy}{dt}}$ $\left(\dfrac{dy}{dt} \neq 0 \text{ のとき} \right)$ を用いると，③は $\dfrac{dt}{dy} = -\dfrac{\pi}{2}\sqrt{y}$ とな

るから

$$t = -\frac{\pi}{2} \int \sqrt{y}\, dy = -\frac{\pi}{2} \cdot \frac{2}{3} y^{\frac{3}{2}} + C_0 = -\frac{\pi}{3} y^{\frac{3}{2}} + C_0$$

を得る．そこで初期条件を用いて C_0 を求めて答を得てもよい．

60 [A] 関数 $f(x)$ が $f(x+y)=f(x)f(y)$ (x, y は任意の実数) を満たすとする. 更に関数 $g(x)$ があって $\lim_{x \to 0} g(x)=1$, $g(0)=1$ を満たし, $f(x)=1+xg(x)$ と表されるとする.

(1) $f(x)$ は $x=0$ において微分可能で, $f'(0)=1$ であることを示せ.

(2) $f(x)$ は任意の点において微分可能で, 微分方程式 $f'(x)=f(x)$ を満たすことを示せ.

(3) $F(x)=e^{-x}f(x)$ とおくとき, $F'(x)=0$ となることを示せ.

(4) (3)を用いて, $f(x)$ を求めよ. (鹿児島大)

[B] 次の問いに答えよ.

(1) 微分方程式 $y''(x)=-y(x)$ を満たす関数 $y(x)$ は, $\dfrac{d}{dx}\{y^2+(y')^2\}=0$ を満足することを示せ.

(2) $z(0)=z'(0)=0$ かつ $z''(x)=-z(x)$ を満足する関数 $z(x)$ を求めよ.

(3) $y(x)=\sin x+\cos x$ は, $y(0)=y'(0)=1$ かつ $y''(x)=-y(x)$ を満たすことを示せ.

(4) $y''(x)=-y(x)$ かつ $y(0)=y'(0)=1$ を満たす関数 $y(x)$ と $\sin x+\cos x$ との差を $z(x)$ とおくとき, $z(x)$ は, $z(0)=z'(0)=0$ かつ $z''(x)=-z(x)$ を満足することを示し, $y''(x)=-y(x)$ かつ $y(0)=y'(0)=1$ を満足する関数は, $y(x)=\sin x+\cos x$ のみであることを証明せよ. (高知女子大)

思考のひもとき)∞∞√

1. $F'(x)=0 \implies F(x)=$ 定数

2. $F'(x)=0$ かつ $F(a)=0$ (a はある定数) $\implies$ $F(x)=0$ （常に）

$f'(x)=g'(x)$ かつ $f(a)=g(a)$ (a はある定数) $\implies$ $f(x)=g(x)$ （常に）

解答

[A] $\begin{cases} f(x+y)=f(x)f(y) & \cdots\cdots① \\ \lim_{x \to 0} g(x)=1, \ g(0)=1 & \cdots\cdots② \\ f(x)=1+xg(x) & \cdots\cdots③ \end{cases}$

(1) ③より, $f(h)=1+hg(h)$, $f(0)=1$ だから

$$\lim_{h \to 0} \frac{f(0+h)-f(0)}{h} = \lim_{h \to 0} \frac{1+hg(h)-1}{h} = \lim_{h \to 0} g(h) = 1 \quad (\because \ ②)$$

よって，$f(x)$ は $x=0$ において微分可能で　　$f'(0) = \lim_{h \to 0} \frac{f(h)-f(0)}{h} = 1$　□

(2)　①より，$f(x+h) = f(x)f(h)$ であるから

$$\lim_{h \to 0} \frac{f(x+h)-f(x)}{h} = \lim_{h \to 0} \frac{f(x)\{f(h)-1\}}{h} = f(x)\lim_{h \to 0} \frac{f(h)-f(0)}{h} \quad (\because \ f(0)=1)$$

$$= f(x)f'(0) = f(x)$$

よって，$f(x)$ は任意の点 x において微分可能で

$$f'(x) = f(x) \quad \cdots\cdots④$$

を満たす．　□

(3)　$F(x) = e^{-x}f(x)$ とおくと

$$F'(x) = (-e^{-x})f(x) + e^{-x}f'(x) = \{f'(x)-f(x)\}e^{-x} = 0 \quad (\because \ ④) \quad \cdots\cdots⑤ \quad □$$

(4)　⑤より

$$F(x) = C \quad (C は定数)$$

ここで，$F(0) = e^0 f(0) = 1$ であるから　　$C = F(0) = 1$

$$\therefore \ e^{-x}f(x) = 1 \qquad \therefore \ f(x) = e^x$$

[B]　(1)　$y'' = -y$ を満たす $y = y(x)$ は

$$\frac{d}{dx}\{y^2+(y')^2\} = 2yy' + 2y'y'' = 2y'(y+y'') = 0$$

を満たす．　□

(2)　　　$z(0) = z'(0) = 0 \ \cdots\cdots①$　　かつ　　$z''(x) = -z(x) \ \cdots\cdots②$

が成り立つとすると，(1)より

$$\frac{d}{dx}\{z^2+(z')^2\} = 0 \qquad \therefore \ z^2+(z')^2 = C \quad (C は定数)$$

$x=0$ として，①を用いると　　$C = \{z(0)\}^2 + \{z'(0)\}^2 = 0$

$$\therefore \ \{z(x)\}^2 + \{z'(x)\}^2 = 0 \quad \cdots\cdots③$$

$z(x)$，$z'(x)$ は実数であるから，③より

$$z(x) = 0, \ z'(x) = 0 \qquad \therefore \ z(x) = \boldsymbol{0}$$

(3)　$y(x) = \sin x + \cos x$ について

$$y(0) = \sin 0 + \cos 0 = 1$$

また，$y'(x) = \cos x - \sin x$ より　　$y'(0) = \cos 0 - \sin 0 = 1$

さらに，$y''(x) = -\sin x - \cos x$ だから

$$y''(x) = -y(x)$$

も成り立つ．□

(4) $y(x)$ は，「$y'' = -y$ かつ $y(0) = y'(0) = 1$」……(*) を満たすとする．

$z(x) = y(x) - (\sin x + \cos x)$ とおくと　　$z(0) = y(0) - 1 = 0$

$z'(x) = y'(x) - (\cos x - \sin x)$ より　　$z'(0) = y'(0) - 1 = 0$

もう1回微分すると

$$z''(x) = y''(x) + (\sin x + \cos x) = y''(x) + y(x) = 0$$

よって，$z(0) = z'(0) = 0$ かつ $z''(x) = -z(x)$ が成り立つ．

(2)より，$z(x) = 0$ となるから　　$y(x) = \sin x + \cos x$　……④

すなわち，(*) を満たす関数 $y(x)$ は，④のみである．□

解説

1° 定義に基づくと，$\displaystyle\lim_{h \to 0} \frac{f(a+h) - f(a)}{h}$ ……Ⓐ が存在するとき，$f(x)$ は $x = a$ で微分可能であるといい，このとき，Ⓐの極限値を $f(x)$ の $x = a$ における微分係数といい，$f'(a)$ と書くのであった．そこで，a を変化させたとき，$f'(a)$ を a についての関数とみなし，a を x におき換えたものである $f'(x)$ が，$f(x)$ の導関数とよばれるものである．したがって，〔A〕(2)では $f'(x) = \displaystyle\lim_{h \to 0} \frac{f(x+h) - f(x)}{h}$ の極限値が，任意の x に対して存在することを示せばよい．

①より，$f(x+h) = f(x)f(h)$ だから，分子が $f(x)$ でくくれることに気づきたい．

2° 〔A〕①で，$x = y = 0$ とすると，$f(0) = \{f(0)\}^2$ となり　　$f(0) = 0$ または 1

$f(0) = 0$ ならば，①で $y = 0$ とすると　　$f(x) = f(x)f(0) = 0$

したがって，②，③の代わりに

　　条件：$f(0) \neq 0$，$f'(0) = 1$

を考えると，①と合わせて，(1)～(4)すべて同じ結果が得られる．

3° 微分方程式 $\dfrac{dy}{dx} = f(x,\ y)$ を視覚化してみると，xy 平面を水面とみなしたとき，微分方程式は各点 $(x,\ y)$ での水の流れの方向を与えている．この水面に葉を浮かべると，流れに沿って流されていく．この葉の描く曲線が微分方程式の解なのである．また，葉をおく場所を指定するのが初期条件である．

右図は［A］で得られる微分方程式 $\dfrac{dy}{dx}=y$ ……①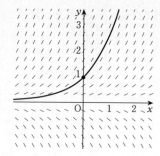
の平面上の各点 $(x,\ y)$ での流れを表したもので，太
線は葉を $(0,\ 1)$ に浮かべたときにできる曲線である．
ただし，$x \leqq 0$ の部分は，時間をさかのぼった場合の
曲線と考える．また，$y=0$ 上のどんな点に葉をおい
ても流れの方向は $\dfrac{dy}{dx}=0$（水平）となるので，葉は水
平に x 軸上を流れていく．

　つまり，$y=0$ も微分方程式①の解の1つである．

4°　［B］では

$$\begin{cases} y''(x)=-y(x) & \cdots\cdots Ⓐ \\ y(0)=y'(0)=1 & \cdots\cdots Ⓑ \end{cases}$$

について，$y(x)=\sin x+\cos x$ は，Ⓐ，Ⓑを満たし（(3)），それ以外には，Ⓐ，Ⓑを満
たす関数はない（(4)）ことを示すことが要求されている．(1), (2)は，そのための準備
である．

　ここで示すことはできないが，実は，微分方程式Ⓐの一般解は

$$y=C_1 \sin x+C_2 \cos x \quad (C_1,\ C_2\ \text{は任意定数})$$

であることが知られている．

微分方程式

国公立標準問題集
CanPass 数学Ⅲ・C［複素数平面, 式と曲線］〈第3版〉

著　　　者	桑　田　孝　泰
	古　梶　裕　之
発　行　者	山　﨑　良　子
印刷・製本	日　経　印　刷　株　式　会　社
ＤＴＰ組版	株　式　会　社　シ　ー　キ　ュ　ー　ブ
発　行　所	駿　台　文　庫　株　式　会　社

〒 101 - 0062　東京都千代田区神田駿河台 1 - 7 - 4
小畑ビル内
TEL. 編集　03(5259)3302
販売　03(5259)3301
《三①－ 232pp.》

©Takayasu Kuwata and Hiroyuki Kokaji 2014

ISBN978 - 4 - 7961 - 1361 - 8　　　Printed in Japan

駿台文庫 Web サイト
https://www.sundaibunko.jp